Callwey

Karl Klöckner

Alte Fachwerkbauten

Aktualisiert und erweitert von Ingrid Krupp

Callwey

CIP-Kurztitelaufnahme der Deutschen Bibliothek
Klöckner, Karl:
Alte Fachwerkbauten / Karl Klöckner. Aktualisiert
und erw. von Ingrid Krupp. – 3., erw. u. durchges.
Aufl. – München: Callwey, 1991
ISBN 3-7667-0911-9

3., aktualisierte und erweiterte Auflage 1991

Schutzumschlag Baur + Belli Design, München
Satz und Druck Kastner & Callwey GmbH & Co.,
München
Bindung Conzella, Urban Meister, München
Printed in Germany 1991
ISBN 3-7667-0911-9

Inhalt

Allgemeiner Teil

Zur Einführung[1]

Fachwerk bezeichnet eine Wandbauweise, bei der die Zwischenräume eines tragenden Holzgerüstes (Gefache) mit einem anderen Material ausgefüllt werden. Da aber im Normalfall Wände Teile von Gebäuden sind, ist Fachwerk – auch im allgemeinen Verständnis – eine spezifische Art und Weise, Gebäude zu errichten, bei denen die Außenwände und die inneren Trennwände aus Fachwerk bestehen. Decken und Dächer fallen nicht unter den Begriff des Fachwerks. Sie sind zwar hölzerne Gefüge, werden aber auf andere Weise geschlossen: durch Füllmassen und Verbretterung (wenigstens ursprünglich) bei Decken, durch eine Außenhaut aus unterschiedlichem Material bei Dächern.

Daneben gibt es Gerüste, deren Zwischenräume nicht oder nur teilweise geschlossen werden: Laubengänge, Vorhallen oder etwa die Ständerreihen im Innern niederdeutscher Hallenhäuser. Es könnte hier von offenem Fachwerk gesprochen werden, doch ist dieser Begriff wenig gebräuchlich. Dach- und Deckenkonstruktionen waren (sind) in Steinbauten die gleichen wie in Fachwerkhäusern. Es ist also nur der Charakter der Wände, der einen Bau als Stein- oder Fachwerkbau klassifiziert. In Fachwerkbauten sind Decken und Dachkonstruktionen Teil des Gesamtgefüges, während sie im Steinbau den Außen- oder Innenwänden aufgelegt sind. Es gibt Mischformen, wenn etwa Fachwerkwände zwischen steinerne Mauern eingespannt sind oder Fachwerkbauten ein steinernes Untergeschoß haben.

Der Fachwerkbau ist eine Form des Gerüst- oder Skelettbaus, aus dem er auch hervorgegangen ist und der bis ins 19. Jahrhundert fast ausschließlich ein Holzgerüstbau war.

Die Statik kennt den Begriff des Fachwerks als »starres System meist im Dreieck verbundener Stäbe«, wie es beispielsweise der Fachwerkträger einer Stahlbrücke verkörpert. Fachwerk im hier verstandenen Sinn besteht zwar auch aus »Stäben« und nutzt Dreieckskonstruktionen zur Aussteifung von Wänden, es ist aber kein »starres System«. Statisch gesehen ist das hölzerne Gerüst einer Fachwerkwand ein gelenkiges Gefüge.

Eine Auseinandersetzung mit dem Begriff des »räumlichen Fachwerks« als einer Art räumlicher Tragwerke würde hier zu weit führen, obgleich auch einer Fachwerkkonstruktion durch den räumlichen Zusammenhang der Wände Tragfähigkeitsreserven zuwachsen, die über die Tragfähigkeit der einzelnen Wände hinausgehen. (Der Ingenieur berechnet bekanntlich die Tragfähigkeit nur in Ebenen, also für jede Wand gesondert.) Den Zimmerleuten oder Baumeistern, die die hier im Mittelpunkt der Darstellung stehenden Fachwerkbauten errichtet haben, standen wissenschaftliche Hilfsmittel nicht zur Verfügung. Handwerkliche Erfahrung und Intuition ließen sie die zum Abtragen der auf ein Bauwerk einwirkenden Lasten und Kräfte die gemäße Konstruktion finden. Das unterscheidet die alten Fachwerkbauten auch vom modernen Skelettbau in Stahl und Stahlbeton. Erst gegen Ende des 19. Jahrhunderts sind die Teile des Fachwerkgefüges auch berechnet und auf das statisch notwendige Maß reduziert worden.

Fachwerkbau im Sinne der vorliegenden Arbeit wird nicht nur auf den Stockwerksbau bezogen, bei dem jedes Stockwerk für sich abgezimmert wird. Es schien im Gegenteil notwendig, den Fachwerkbau in den größeren Zusammenhang des frühen Gerüst- und Skelettbaus einzuordnen. Das ist zugleich die Einordnung in den übergeordneten Begriff des Hauses allgemein. Hausbau und Fachwerkbau sind von der frühgeschichtlichen Zeit bis weit in die Neuzeit hinein im mitteleuropäischen Raum nahezu identisch. Die Einordnung in den übergeordneten Begriff des Hauses könnte davor bewahren, in einem Fachwerkbau nur das Gefüge des Außenbaues zu sehen. Wenn hier auch nur in Ausnahmefällen der soziale Kontext zur Sprache kommen kann, so versuche man sich hin und wieder vorzustellen, daß und wie in den Bauten, die beschrieben werden, Menschen gearbeitet, gewohnt, gelebt haben – und das immer noch tun.

Am Anfang war das der Bauer, der nach dem Jäger und Sammler ein ganzes Weltalter bestimmt hat und der in Teilen der Erde heute noch das Leben bestimmt. Danach und daneben waren es Ackerbürger und Bürger, letztere als Handwerker und Kaufleute – und seit frühesten Zeiten auch schon die »Herren« verschiedenen Ranges auf Höfen, Burgen oder (später) Schlössern. Auch sie wohnten lange in Fachwerkbauten. Erinnert sei nur an die Schlösser in Gießen und Weilburg aus dem 17. Jahrhundert. Noch an der Wende zum folgenden Jahrhundert wurde das große Schloß in Wolfenbüttel als Fachwerkbau errichtet, allerdings mit einer Putzschicht überzogen, die Steinbau vortäuschte, weil Steinbau mittlerweile als vornehmer galt.

In Gebieten überwiegenden Holzbaus waren auch die frühen christlichen Kirchen Holzbauten, gleichwohl sie nur als Provisorien zugelassen waren; denn von ihrem römischen Ursprung her war die Kirche der »Fels Christi«, mußte auf Fels gegründet und in Stein erbaut werden. Im protestantischen Schlesien entstehen noch in der zweiten Hälfte des 17. Jahrhunderts die in Fachwerk errichteten großen Friedenskirchen. Dorfkirchen vom spätesten Mittelalter bis ins 19. Jahrhundert gibt es noch zahlreich im mittleren und nördlichen Hessen.

Das restaurative Bauen des späten 19. und frühen 20. Jahrhunderts hat sich auch auf den Fachwerkbau erstreckt.

Wiederbelebungsversuche hat es im Dritten Reich gegeben, doch konnte und kann das nicht darüber hinwegtäuschen, daß der alte Fachwerkbau – nicht der Holzbau moderner Konstruktionen – bedeutungslos geworden ist.

Die große Zeit des Fachwerkbaus waren die ersten Jahrhunderte der Neuzeit, von der Mitte des 15. bis in die 2. Hälfte des 17. Jahrhunderts, partiell und in ländlichen Gebieten auch darüber hinaus.

Unter den Dokumenten aus dieser Zeit hat der letzte Krieg gewaltig aufgeräumt. In einer einzigen Bombennacht des letzten Krieges sank z. B. der größte Teil der über 2000 Fachwerkbauten Braunschweigs in Trümmer oder ging in Flammen auf. Ähnlich erging es Hildesheim, das wie Braunschweig trotz ansehnlicher Steinbauten im ganzen noch eine Fachwerkstadt war. Die Verluste in anderen Städten sollen hier nicht aufgeführt werden, so sehr es reizte, den präsentierten Objekten und Ensembles eine Verlustliste voranzustellen. Gottseidank haben eine Anzahl von Klein- und Mittelstädten ihren Bestand an Fachwerkbauten über den Krieg retten können. Trotz nicht geringerer Nachkriegsverluste ist es noch genug, um von einem großen Erbe der Vergangenheit sprechen zu können. Ein Erbe, das nicht nur »in erster Linie ästhetisch-optisches Reizobjekt im erlebten Raum unserer Städte und Dörfer« ist, wie Günter Binding meint, sondern auch noch ganz reale Funktionen erfüllen kann.

Die ersten Jahrzehnte nach dem Zweiten Weltkrieg waren gerade für Fachwerkbauten eine ausgesprochen ungünstige Zeit. Eine Modernisierungswelle hat nicht nur im ländlichen Raum vieles zerstört, was durchaus noch funktionsfähig war und mehr Gesicht hatte als das, was an die Stelle des Alten gesetzt wurde. Fortschrittsglaube und Wachstumseuphorie haben noch nie so die gebaute Umwelt verändern können, wie das in jüngster Vergangenheit geschehen ist. Erst die zunehmende Sättigung mit nutzbarem gebautem Raum hat die Möglichkeit zu einer Denkpause gegeben und läßt neben einem auflebenden geschichtlichen Interesse auch die Erscheinung unserer gebauten Umwelt zu einem Problem werden, das alle angeht.

Fachwerkbauten sind davon direkt betroffen; denn fraglos wird die Erscheinung unserer gebauten Umwelt ärmer, gleichförmiger geworden sein, wenn es die noch erhaltenen Fachwerkbauten nicht mehr gibt. Daß sich ein Bewußtsein für ihre Erhaltung und Pflege entwikkelt, gehört mit zum Sinn der vorliegenden Bemühungen. Es ist das eine Aufgabe, die ganz nüchtern und ohne Sentimentalität angegangen werden kann. Man mag es bedauern, daß wir allgemein nüchterner geworden sind und daß uns etwa die Sprache der frühen Apologeten des Fachwerks, der Hermann Phleps oder Heinrich Walbe, nicht mehr so eingeht – so schön es sich anhört, wenn Hermann Phleps schreibt, »daß die Wiegen Goethes, seiner Geliebten Friedericke, Schillers und seiner Mutter, Klopstocks, der Märchensammler Gebrüder Grimm sowie Brahms in Fachwerkhäusern gestanden haben, daß dort Dürer seine Meisterwerke malte und Hans Sachs seine Schwänke dichtete«. Es hat keinen Sinn, den »baumlosen Süden« gegen die »heimatlichen Wälder« auszuspielen, den Holzbau gegen den Steinbau. Stein und Holz sind Urbaustoffe der Menschheit. Der Mensch hat sie genutzt, wie er sie vorfand – ohne daß da angeborene Affinitäten die Wahl des Baustoffes bestimmt hätten. Für wärmere Länder hat der Stein seine besonderen Vorzüge. Wie der Süden den Steinbau entwickelt hat, so der Norden und die Mitte Europas den Holzbau. Auch in einem Holzbau kann Monumentalität erreicht werden, doch ist Holz kein Baustoff für Jahrtausende. Hier wie dort geht es darum, daß das aus alter und älterer Zeit überkommene und noch Funktionsfähige oder wieder funktionsfähig zu Machende längstmöglich erhalten bleibt, weil es nicht nur ein geschichtliches Dokument, sondern ein wichtiger Bestandteil unserer gebauten Umwelt ist.

Die Aufklärung über die Entwicklung eines Teilbereichs dieser gebauten Umwelt – von den Frühstufen bis zur hochentwickelten Form und landschaftlichen Differenzierung – wird im folgenden versucht. Zum besseren Verständnis scheint es geboten, vorher kurz über den Baustoff Holz und das Handwerk seiner Verarbeitung, der Arbeit des Zimmermanns, zu berichten.

Ein Fachwerkbau besteht zwar nicht nur aus Holz, doch sein tragendes Gerüst, seine »Knochen«, sind aus Holz. Seine Struktur ist dem Holz gemäß und diese Struktur bestimmt auch das äußere Bild der Fachwerkbauten. Das in der Regel dunkle, zumindest farbig hervorstechende Gerüst ist in jedem Fachwerkbau die aktive Form, die Gefache sind nicht nur von der Herstellung her das Sekundäre; sie wirken auch als das, was sie sind: passive Füllflächen. Gegenüber den graphisch-linearen (aktiven) Formen treten sie zurück, selbst dort, wo sie ein gewisses Eigenleben entfalten – wie in ornamentiertem Putz oder den als Ornament wirkenden hellen Fugen der Ausfachung mit flachen Ziegeln in Teilen des niederdeutschen Raumes.

Der Werkstoff Holz

Kein Lebendiges verkörpert in seiner Erscheinung so wie der Baum Wirkkräfte und Prinzipien der Natur. So konnte der Baum zum (Sinn-)Bild des Lebens, zum Lebens-Baum werden.

Das spielt in seine Nützlichkeit hinein und macht das Holz zu einem Baustoff besonderer Art. Wenn man von der »Wärme« des Holzes spricht, so meint man damit nicht nur seine gute Isolierfähigkeit. Während beim Bauen mit Erde (Lehm) und Stein nur der Schwerkraft begegnet werden mußte – selbst bei den frühen (Krag-) Gewölben oder den Lehmkuppeln des Orients erstickten alle schiebenden Kräfte in der Masse des Materials – hat das Holz zuerst den Menschen zum Konstruieren herausgefordert.

Holz ist wie alles Organische aus Zellen aufgebaut und behält auch im abgestorbenen Zustand, als gefällter Baum, seine organische Struktur. Die wichtigsten Stoffe der Zellwandungen sind Zellulose und Lignin. Zellulose ist dabei die feste und zähe Substanz des zellularen Gerüstes, während das Lignin eine kittende Wirkung hat. Darin sind die vorzüglichen statischen Eigenschaften des Holzes begründet: es kann parallel zur Faser auf Druck *und* Zug belastet werden und hat einen hohen Grad von Festigkeit gegenüber Biegung, Knickung und Abscheren. In Schnittflächen parallel zur Wuchsrichtung zeigt Holz die Maserung, wie man das Oberflächenbild der hellen und dunklen Jahresringe nennt, die deutlicher noch in einem Schnitt quer zur Wuchsrichtung, im sogenannten Hirnholz, in Erscheinung treten. Ein Jahresring bezeichnet das in einem Jahr nachwachsende Holz. Das im Frühjahr sich bildende Holz ist großporiger und heller, weil die Vermehrung der Zuwachszellen dann schneller erfolgt als gegen den Herbst hin. Der helle Teil eines Jahresringes ist darum auch breiter.

Aus der Tatsache, daß die Jahresringe fruchtbarer Jahre breiter sind als die normaler oder magerer Jahre, hat sich eine Methode zur Altersbestimmung von Hölzern entwickelt, die Dendrochronologie. Auf Grund dieser Methode wurde beispielsweise 1960 die Fällzeit der am bisher als ältestes Fachwerkhaus der Bundesrepublik geltenden »Gotischen Haus« in Gelnhausen verwendeten Hölzer für das Jahr 1351 bestimmt. In den Jahren kurz danach wird das Haus errichtet worden sein. Bisher war eine Bauzeit um das Jahr 1430 angenommen worden.

Die jüngeren Jahresringe eines Baumstammes bilden das weichere Splintholz, das schnell vermodert; das feste Kernholz der inneren Jahresringe ist durch eingelagerte Gerb- und Farbstoffe auch dunkler gefärbt. Aber auch das feste Kernholz ist stärker als anorganische Stoffe dem Vermodern ausgesetzt. Die besten Bedingungen für das Vermodern sind Wärme und Feuchtigkeit bei Luftzutritt, bzw. die ständige Wiederholung von Befeuchtung und Austrocknung. Der Fäulnis war im besonderen der im Boden verankerte Teil eines Pfostens ausgesetzt, an den noch die Luft herankam. Im Wasser und unter Luftabschluß hält sich Eichenholz viele Jahrhunderte und länger. Auch im Moor haben sich Holzteile aus frühgeschichtlicher Zeit gut erhalten.

Das für den Fachwerkbau wichtigste Holz war bis ins letzte Jahrhundert das der Eiche. Das einstige Vorkommen von Eichenwald ist weitgehend identisch mit den Landschaften, in denen das bäuerliche und städtische Bauen vom Fachwerk bestimmt war. Mitteleuropa war in der Jungsteinzeit zum überwiegenden Teil seiner Bodenfläche mit Wald und zwar einem Eichenmischwald bedeckt. Die Hauptrodungen – im Westen etwa bis um 1300 n. Chr. –, spätere Rodungen, Zunahme der Bevölkerung und die großen Kriege hatten dann schon zu Ende des 18. Jahrhunderts die Eichenwaldbestände stark dezimiert. Es mutet fast wie ein Märchen an, daß es einmal eine Zeit gab, in der sich jemand die Eichenstämme im Wald aussuchen konnte, die er zum Bauen benötigte.

Das Verhältnis von Laub- und Nadelhölzern

kehrte sich im Laufe des 19. Jahrhunderts zugunsten der Nadelhölzer um. Eine Eiche braucht bis zu 200 Jahren, um schlagreif zu werden, die Fichte nur ein Drittel dieser Zeit. Aus wirtschaftlichen Erwägungen heraus entstanden die großen Monokulturen der Fichte, die man erst seit jüngster Zeit wieder mit Mischwaldinseln durchsetzt, um der Schädlingsplage Herr zu werden. So mußte auch im Fachwerkbau Fichtenholz an die Stelle von Eichenholz treten, was in manchen Landschaften allerdings schon früher notwendig war. Das alte Goslarer Fachwerk besteht normalerweise aus Fichtenholz, weil es im Harz an Eichenholz mangelte. Nur für die Schwellen und Eckständer wurde nach Möglichkeit Eichenholz verwendet. Buchenholz, an dem es in den meisten Landschaften nicht mangelte, schied als Bauholz aus, da es in kurzer Zeit stockig wird.

Die Zug- und Biegefestigkeit macht das Holz zu einem guten Werkstoff für Träger (Deckenbalken, Unterzüge). Mit hochkant gestellten Balken größeren Querschnitts ließen sich größere Raumweiten stützenfrei überspannen als beim frühen Gewölbebau. Erst Träger aus Eisen, zunächst Gußeisen, dann geschmiedetes Eisen und zuletzt Stahl- und Stahlbeton, haben dem Holz als Träger den Rang abgelaufen.

Ursprünglich und noch bis weit in die geschichtliche Zeit hinein sind Hölzer in der naturwüchsigen Form verwendet worden. Die Möglichkeiten der Verbindung der einzelnen Hölzer waren dabei begrenzt.

Früh ist mit Hilfe von Keilen und Äxten auch schon das Spalten geübt worden. Neben naturwüchsigen Hölzern ließen sich aus Spalthölzern Zäune und Palisadenwände errichten. Als Spaltholz sind die ersten Platten (Bohlen) gemacht worden, die man für Fußböden – die Spaltfläche nach oben – verwendete. Ein weiterer Schritt in der Zurichtung des Werkstoffes Holz war das Abkanten von Rund- und Spalthölzern zu Hölzern mit rechtwinkligem Querschnitt. Das war schon die Arbeit des Zimmermanns.

Das Handwerk Der Zimmermann

Das Handwerk des Zimmermanns ist alt. Nach der Bibelübersetzung des Bischofs Wulfila waren die Zimmerer, wie sie auch genannt werden, schon um 350 n. Chr. ein eigener Berufsstand. Ein Bischof von Poitiers, der im 6. Jahrhundert rheinische Städte besuchte, ist begeistert von dem »meisterlichen Werk gezimmerter Bauten«.

Seit der Jungsteinzeit gibt es Holzverbindungen, die nur das Werk erfahrener Handwerker sein können. Am Ende der Epoche zeigen sich erste Versuche mit dem Ständerbau. Die Einführung des Bronzebeils und des Bronzemeißels hat weitere Fortschritte in der Zimmerungstechnik gebracht. In den Pfahlbaustationen des südlichen Mitteleuropa ist die Verzapfung verbreitet gewesen. Die Pfosten wurden nicht mehr im Boden verankert, weil das in dem moorigen Gelände Schwierigkeiten machte, sondern auf Schwellhölzer, sogen. Pfahlschuhe, gesetzt. Dadurch verteilte sich der über die Pfosten abgeleitete Druck auf eine größere Fläche. Die Pfahlschuhe hatten vierkantig ausgestemmte Löcher, durch die der passend ausgearbeitete Pfostenfuß hindurchgesteckt wurde. Pfosten waren schon kantig zugerichtet.

Die aus der römischen Kaiserzeit überkommenen Zeugnisse von Holzbauten zeigen weitere Fortschritte der Zimmerungstechnik: kantig behauene Pfosten, Balken und Bohlen mit Zapfenlöchern. Der aus einem Brunnen der Saalburg geborgene obere Teil eines Ständers hatte eine angeblattete, mit Holznagel gesicherte Kopfstrebe. Das wichtigste Kleinelement der Verzimmerung, der Holznagel (Dübel), war also damals schon bekannt.

Für Schweden ist die Kenntnis der Verzapfung für die Zeit um 300 n. Chr. belegt. Beim Ausgraben von Häusern aus dem 8. nachchristlichen Jahrhundert fand man auch einen Löffelbohrer, wie er zum Vorbohren von Zapfenlöchern, aber auch zum Bohren der Löcher für Holznägel benutzt wurde.

Frühe Zeugnisse über eine Organisation des Handwerks der Zimmerer, das sich aus einem Stamm geschickter Haushandwerker entwickelt hat, liegen nicht vor.

Das »zünftige Handwerk« ist eine relativ späte Stufe in der Geschichte des Zimmerhandwerks. In den aufkommenden Städten wurden die bis dahin im Dienste und der Hörigkeit von »Herren« stehenden Handwerker selbständige Gewerbetreibende und schlossen sich in Zünften zusammen. Der Höhepunkt der Zünfte liegt in dem Jahrhundert, in dem Dürer und seine großen Zeitgenossen ihre Werke schufen. Nach Einführung der Gewerbefreiheit – in Preußen im Jahre 1810 – verlieren die Zünfte durch Gesetz vom Jahre 1868 jegliche Vorrechte. An die Stelle der Zünfte traten Innungen.

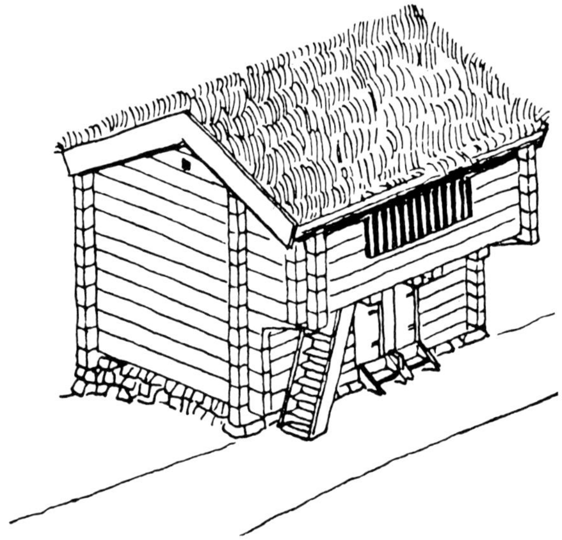

1 Speicher in Blockbauweise aus Schweden

Das Handwerk der Zimmerer zur Zeit Dürers illustriert ein Holzschnitt von Hans Burgkmair
3 (aus der Folge »Der Weisskunig«, 1511). Das Handwerk der Zimmerer zählte zu den »geschworenen Handwerken«, deren sich auch Vornehme nicht zu schämen brauchten: Die Figur im Hintergrund des Bildes stellt den späteren Kaiser Maximilian dar, wie er in seiner Jugend »lernet de gepew mit Zimmerwerck«, d. h. wie er lernt, Gebäude aus Holz zu errichten. In seiner linken Hand hält er die Bundsäge, die vornehmlich zum Ablängen starker Hölzer gebraucht wurde. Im Vordergrund ist ein Zimmermann dabei, einen aufgetrennten Stamm, der auf zwei Haublöcken liegt, zu besäumen. Er benutzt dazu das einhändig geführte Breitbeil, eines der wichtigsten Werkzeuge des alten Zimmerhandwerks. Der Mann trägt am Gürtel eine Stichsäge und einen großen Stechzirkel. Der Zimmermann links im Bild legt gerade den Winkel (das Richtscheit) an. Auch bei ihm steckt im Gürtel eine Stichsäge. Ganz vorn im Bild liegen ein schmales Einhandbeil und neben einem Farbtopf eine auf einer Haspel aufgewikkelte Schnur, die, in dunkle Pulverfarbe getaucht, zum »Abschlagen« (Markieren) langer Geraden auf abgekanteten Flächen diente. Das Bild zeigt links noch einen Stapel dicker Baumstämme. Darüber könnte »Schnittware« (Bretter, Bohlen) gestapelt sein. Rechts, hinter der Szene im Vordergrund, ein gezimmerter Bau mit Eckständern auf einer Schwelle und angeblatteten Kopfstreben. Das Dach und eine Wand sind verbrettert.

An Werkzeugen des Zimmermanns fehlen im Bild die beidhändig geführte langstielige (Schrot-)Axt, mit der man Bäume fällte, von den Ästen befreite und in Teile zerlegte, soweit man das nicht mit der Bundsäge machte. Es fehlen die noch heute gebrauchte Spannsäge und die große, in einen viereckigen Rahmen gespannte Klob- oder Rahmensäge, die von zwei Mann bedient wurde. Der aufgebockte Stamm wurde dabei in Wuchsrichtung in starke Bohlen oder kräftige Kanthölzer aufgetrennt.

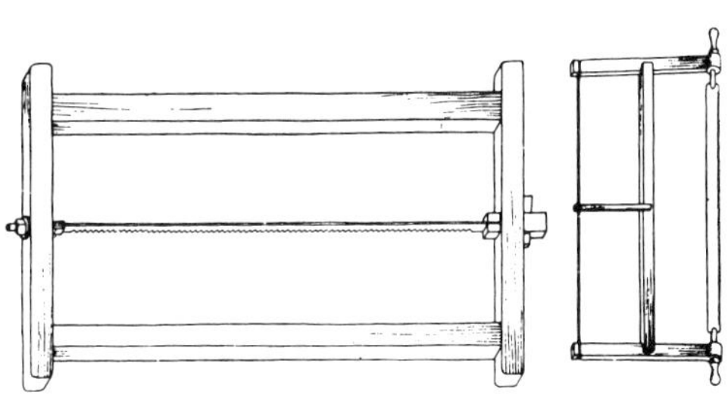

2 Spannsäge und Klob- oder Rahmensäge

Zu den Werkzeugen des Zimmermanns zählte außerdem ein Löffelbohrer, mit dem man die Löcher für die Holznägel vorbohrte. Das Lot war für den Zimmermann nicht minder wichtig als für den Maurer. Zum Ausstechen der Zapfenlöcher wurden neben einer besonderen Axt auch Stemmeisen benutzt.

Als die Zimmerleute bestimmte Teile des Gerüstes auch noch mit einem Dekor versahen, kamen Klöppel und Stecheisen zu den althergebrachten Werkzeugen hinzu. Später wird die Schnitzerei das Werk von Spezialisten. Neben dem groben Zurichten der an einem Bau gebrauchten verschiedenen Hölzer gehörte zur Arbeit des Zimmermanns das Zurichten der Teile oft recht komplizierter Holzverbindungen, im besonderen der verschiedenen Formen der Verblattung und Verzapfung. Man bediente sich dabei der Spannsäge und des Fuchsschwanzes, sowie des Stemmeisens zum Ausstechen der Zapfenlöcher. Im Harz sind bis in das 18. Jahrhundert die Zapfenlöcher mit einer kurzstieligen Axt, der sogen. Zwerchaxt, ausgestochen worden.

Das Zurichten der jeweils zusammenpassenden Hölzer, die Zulage, erfolgte auf dem Zimmerplatz, wobei das Gerüst der Wände als auch die Gebinde des Dachstuhls auf dem Boden liegend zusammengepaßt wurden. Das auch Abbund genannte Zusammenpassen ineinandergreifender Hölzer erinnert noch an die Zeit, da die Hölzer in ihrer naturgewachsenen Form mit Rutenschlingen zusammengebunden wurden.

Das Aufschlagen des Hausgerüstes auf dem Bauplatz geschah im Harz und vermutlich auch anderswo im zeitigen Frühjahr. Das anschließende Ausfachen durch ein beidseits mit Lehm überstrichenes Geflecht war in der Regel Hauswerk und vielfach die Arbeit der Frauen. Es war ein bedeutsamer Augenblick für alle am Bau Beteiligten, wenn das Dach gedeckt und die Ausfachung beendet war – wenn alles »unter Dach und Fach« war. Der Innenausbau konnte im Winter erfolgen, nachdem Holz und Flechtwerk gut ausgetrocknet waren.

Eine einschneidende Epoche in der Geschichte des Zimmerhandwerks begann gegen Ende des 19. Jahrhunderts mit dem Aufkommen und der Ausbreitung der Sägeindustrie. Zwar hat es schon seit dem ausgehenden Mittelalter Sägemühlen gegeben, die aber weniger dem Sägen von Bauholz gedient haben als der Herstellung von Brettern für Fußböden, für den Bedarf des Tischlers und zur Verbretterung der Wetterseiten von Häusern. Die Sägeindustrie lieferte nicht nur Schnittware in genormten Stärken und Abmessungen, sondern übernahm auch Arbeiten des Zimmermanns und entwikkelte dabei neue Konstruktions- und Abbundmethoden.

In Amerika war schon mehr als ein halbes Jahrhundert früher ein neues Konstruktionssystem entwickelt worden, das auch in den nordischen Ländern Eingang fand: das Balloon-Skelett – ein Gerippebau, bei dem die horizontalen Glieder an die Ständer angenagelt werden. Die Streben ersetzt man dabei durch eine diagonal aufgebrachte Verschalung. Das neue System war möglich geworden, seitdem es den maschinell hergestellten billigen Nagel gab. Genormte Hölzer und billige Nägel waren die Voraussetzung der »amerikanischsten aller Holzbauweisen«, eines aus leichten genormten Hölzern zusammengenagelten Skeletts, für das man keinen Zimmermann mehr brauchte. »Ein Mann und ein Junge können nun mit Leichtigkeit dasselbe Resultat erzielen wie zwanzig Männer beim Bau eines altmodischen Fachwerks«, schrieb ein anonymer zeitgenössischer Autor. Der geschickte Hauswerker, den es schon vor dem geschulten Zimmermann gab und der für Handlangerdienste immer dabei war, trat nun an die Stelle des Zimmermanns. Es war eine zwangsläufige Folge früher Rationalisierung und Mechanisierung. Daß damit auch eine Kulturepoche zu Ende ging, braucht nicht besonders betont zu werden.

Den Beruf des Zimmermanns gibt es heute noch. Seine Aufgaben haben sich gewandelt. Der speziellen Kunst eines Handwerks, das sich an den Eigenheiten des natürlichen Holzes entwickelte, bedarf es jedoch nur noch in sehr begrenztem Ausmaß.

Der Fachwerkbau

Ursprünge / Frühformen

Ein kurzes Zurückfragen bis zu den Ur- und Frühformen menschlicher Behausung geschieht aus der Überzeugung, daß das Wissen um die »Keimlinge« oder die Urtypen gerüsthaften Bauens ein vertieftes Verständnis auch der erhaltenen Bauten erleichtert.

Aufschluß über die Frühformen menschlicher Behausungen geben neben den Ergebnissen archäologischer Hausforschung die in verkehrsfernen Landschaften und bei Völkern einer primitiven Kulturstufe noch erhalten gebliebenen Hütten und Häuser. Hans Soeder[2] hat dargestellt, wie bis in die jüngste Vergangenheit hinein in abgelegenen Landschaften Italiens (zumeist kleinere) Bauten in einer Form errichtet worden sind, die als Typ einer längst vergangenen Zeit angehören. In einfachen Verhältnissen und in Notzeiten tauchen solche im Gedächtnis der Menschheit verbliebenen Archetypen immer wieder auf. Die Menschen verhalten sich dann so, wie der frühe Mensch in der gleichen oder ähnlichen Stituation reagierte. Es dominieren dann die Bedingungen, die durch Material, Klima, Bodenbeschaffenheit und den jeweiligen Stand der zur Verfügung stehenden Technik gegeben sind.

Der Mensch ist von seinem Ursprung her ein unbehaustes Wesen, schutzbedürftig und Schutz suchend. Wo das in der Natur Vorfindbare dem Schutzbedürfnis nicht genügte, wird der Mensch schon früh verändernd nachhelfend eingegriffen haben. Im Wald oder in der Nähe des Waldes bereitete das keine Schwierigkeiten.

Legte man ein von den Ästen befreites stärkeres Holz waagrecht in die Astgabeln zweier im Abstand voneinander stehender Bäume, lehnte leichtere Hölzer schräg an dieses Holz an und bedeckte sie dicht mit Laubwerk, so hatte man nicht nur einen Schutz gegen Regen oder die strahlende Sonne, sondern auch gegen den von der Seite kommenden Wind. Einen solchen, einem halben Satteldach ähnlichen »Wind«-Schirm hat es in den verschiedensten Formen gegeben, ebenflächig als auch ähnlich einer Viertel- oder Halbkugel gekrümmt. Letzteres war dann schon beinahe eine Hütte, ein fast rundum Abschirmendes.

Auch Hütten ließen sich leicht herstellen: durch im Rund in den Boden gesteckte Stangen, die in der Form eines Kegels zusammengestellt oder deren schwächere Enden zur Mitte hin gebogen und dort zusammengesteckt oder -gebunden wurden. Das hatte dann, wenn es noch mit Laubwerk, Fellen oder Grassoden bedeckt war, die ungefähre Form einer Kuppel oder Parabelkuppel. Die sich solche Hütten bauten, waren noch nomadisierende Sammler und Jäger.

Die Erfindung des geschliffenen (Stein-)Beils in der mittleren Steinzeit erlaubt dann den Bau größerer Hütten. Das geschliffene Steinbeil wurde zum wichtigsten Werkzeug im «Kampf gegen den Wald«. Was der Wald an Baumaterialien lieferte und was mit dem Beil bearbeitet werden konnte, begründete den einen großen Zweig menschlichen Bauens, den *Gerüst-* oder *Skelettbau.*

Wo der Wald fehlte, wie in den großen Schwemmlandebenen des Vorderen Orients, steht ein anderes Material am Anfang menschlichen Bauens: der Lehm – zuerst als handlicher Laib, dann als getrockneter und zuletzt als gebrannter Ziegel. Der Lehm begründet den anderen bedeutenden Zweig menschlichen Bauens: den *Massivbau.* Das ist alles Bauen mit schichtbaren Materialien: Erde auf Erde, Stein auf Stein und später auch Holz auf Holz, d. h. Stamm auf Stamm – der sogenannte Blockbau.

3 Zimmerleute beim Hausbau, Holzschnitt von Hans Burgkmair

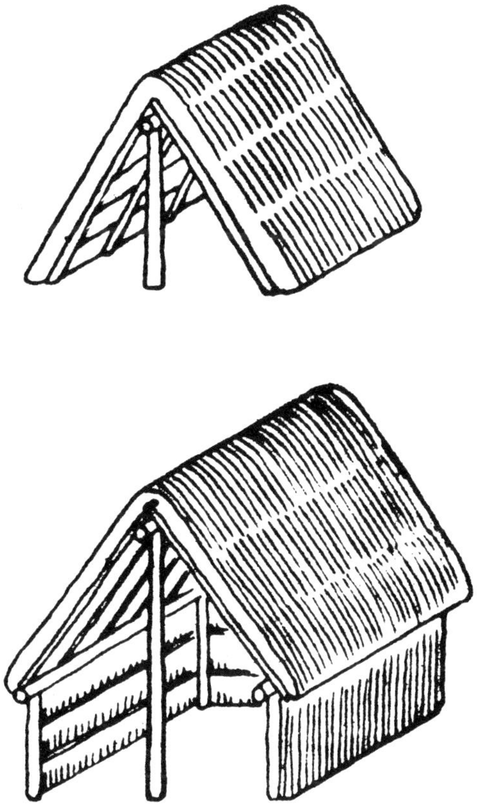

4 *Hütte und Pfostenbau mit Rofendach auf Firstgestell*

5 *Firstpfostenkonstruktion der Hallstattzeit*

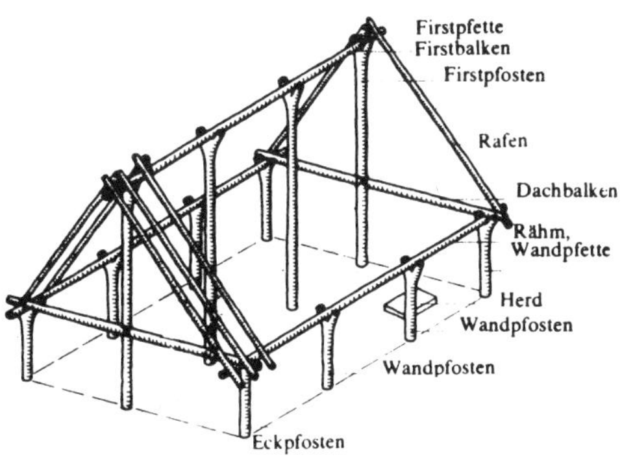

Eine einschneidende Veränderung bringt der Übergang zur Jungsteinzeit, in der der Mensch vom schweifenden Nomaden, vom Jäger und Sammler zum Ackerbauer und Viehzüchter wird. Damit beginnt das Weltalter des Bauern, des seßhaft gewordenen Menschen.

Der Bauer brauchte Pferche; durch Wälle, Hecken oder Zäune eingegrenzte Plätze, aus denen das Vieh nicht ausbrechen konnte. Er brauchte Hütten, größere und festere als die zu nur temporärem Gebrauch. Er brauchte, wenigstens in den gemäßigten Zonen der Erde, eine Stelle – einen Stall – zum Unterstellen des Viehs im Winter. Man konnte dazu den Boden der notwendigerweise größer werdenden Hütten um ein gewisses Maß ausheben, um Raum zu gewinnen. Man konnte auch das dem Boden aufstehende Hüttendach gewissermaßen hochheben, um den Raum *in* der Erde *über* der Erde zu gewinnen. Dazu setzte man das Hüttendach auf einen Erdwall oder (zunächst niedere) Wände. Das war dann die Geburt des Hauses.

Prinzipiell ist das Haus durch die Elemente Wand und Dach definiert. Die Wand hat ihren Ursprung in allem, was der Ebene des Bodens entgegengesetzt wird: Wälle, Hecken, Zäune, Mauern. Das Dach hat seinen Ursprung vermutlich im »halben Dach«, im Windschirm.

Daß Dach und Wand verschiedenen Herkommens sind, geht auch daraus hervor, daß sie in frühen Formen des Hauses getrennt voneinander bestehen. Die größere Anstrengung gilt dabei der Errichtung des Daches; denn »ein Dach über dem Kopf haben« war wichtiger als das Gebaute nach den Seiten abzugrenzen. Erst im Laufe einer sehr langen Entwicklung werden Wände und Dach zu einer konstruktiven Einheit.

Wenn wir von dem in seinem Fußpunkt verankerten Holz, dem aufrechten *Pfahl* absehen, sind es zwei Urformen oder Urstrukturen, die das Kerngerüst fast aller Hütten und Häuser auf orthogonaler Grundfläche bis weit in die Neuzeit hinein bestimmt haben: Das *Gestell* und das *Gespärre*.

Als Gestell werden zwei im Abstand voneinander verankerte senkrechte Elemente (Pfosten, Ständer) bezeichnet, die durch ein waagrechtes Element (Balken) zu einem Joch verbunden sind. Kleinformen des Gestells sind Teppichstangen, Trockengestelle oder die in Wände aus flexiblem Material (Flechtwerk, Lehm) eingesetzten hölzernen Gestelle für die Türen. Auch der Galgen früherer Zeit war ein Gestell. Eine seiner wichtigsten und frühesten Anwendungen im Bauen ist das sogenannte *Firstgestell.* Im Firstgestell wird das waagrechte Element des Gestells zum Firstbalken oder zur Firstpfette einer Hütte oder eines Hauses.

Mit Hilfe des Firstgestells war es leicht, ein (Sattel-)Dach zu bilden. Man legte (Dach-)Hölzer schräg an die Firstpfette an, konnte sie dort scherenartig überstehen lassen, je zwei an der Kreuzungsstelle zusammenbinden oder auch ein dünneres Holz in die Scheren legen. Standen die Dachhölzer an ihrem unteren Ende nicht auf dem Boden auf, so mußten sie unter Nutzung eines Aststummels oder Holznagels mit dem kräftigeren Ende nach oben an der Firstpfette aufgehängt werden. Solche angelehnten oder aufgehängten Dachhölzer nennt man *Rofen* (in der Schweiz »Rafen«) und ein so gebildetes Dach ist ein Rofendach. Die Rekonstruktion eines Pfostenbaus der mittleren Hallstattzeit (ca. 650–600 v. Chr.) aus der Schweiz hat ein solches Dach[3]. Wegen der Länge des Hauses reichen die beiden Firstsäulen – wie man die senkrechten Elemente eines Firstgestells nennt – zur Abstützung der Firstpfette nicht aus. Sie muß durch zwei weitere Säulen gestützt werden, die man, weil sie in einer Astgabel enden, auch Gabelstützen nennt. Ähnlich ist es mit der Wandpfette, dem waagrechten Holz über den niedrigen Wandpfosten, an dem die Rofen mit ihrem unteren Ende anliegen, das ebenfalls durch zwei Wandpfosten zusätzlich abgestützt werden muß. Solche Pfostenreihen mit einem sie verbindenden waagrechten Holz (Pfette) kann man sich als aneinandergereihte Gestelle vorstellen, bei denen die in der Mitte stehenden Stützen jeweils zwei Gestellen angehören.

Die Rekonstruktion zeigt, daß eine Firstsäulenkonstruktion den durch Wände und Dach eingeschlossenen Raum in der Mitte teilt. Firstsäulenhäuser sind zweischiffig, d. h. ein hallenartiger offener Raum wird durch die Firstsäulenreihe geteilt. Das ist schon früh als störend empfunden worden und hat nach anderen Lösungen suchen lassen. Der Schuppen aus der Provinz Arezzo zeigt, wie das »Holz des Anstoßes« in Giebel- oder Hausmitte vermieden werden konnte[4]. In gleicher oder ähnlicher Form hätte er auch schon in der Jungsteinzeit gebaut werden können. Hier sind zwei Gestellen aus naturwüchsigen Hölzern in der Mitte des Querbalkens Firststiele (Firstsäulenstummel) aufgesattelt worden, die die Firstpfette tragen, an der wiederum die Rofen hängen.

Die Anwendung des Gestells als Firstgestell ist vielleicht der entscheidende Schritt im Übergang von den zentrierten (runden, ovalen) zu gerichteten, orthogonalen Bauten – weil die Wände sich dieser vom rechten Winkel bestimmten Grundstruktur unterordnen mußten. Sie wurden begradigt, erst die Längswände, dann auch die Schmal- oder Giebelseiten. Der Hütte über rechteckiger Grundfläche folgte das Haus mit orthogonalem Grundriß, das sich als Standardform in allen entwickelten Kulturen durchgesetzt hat.

Ein völlig anders strukturierter Raum entsteht, wenn man ein Gerüst aus mit im Abstand hintereinandergestellten Gestellen bildet. Der auf diese Weise markierte Raum hat keine durch Stützen verstellte Mitte. Auch dieser Weg, das Gerüst eines Hauses zu bilden, ist früh begangen worden, wenn dafür auch keine so frühen Zeugnisse vorliegen. Fraglos sind Firstsäulenkonstruktionen die älteren, weil sie leichter zu errichten waren und das Dach wie selbstverständlich dem tragenden Teil der Konstruktion aufgelastet werden konnte.

Das Haus der vorrömischen Eisenzeit (3.–5. Jh. v. Chr.) aus Ezinge, Prov. Groningen und das Haus aus der Zeit um Christi Geburt von Einswarden, Kr. Wesermünde[5] ähneln sich. Sie bestehen allerdings nicht aus hintereinandergestellten Gestellen, man könnte auch hier von in der Länge aneinandergereihten Gestellen sprechen, die durch waagrechte Hölzer querverbunden sind. Für die räumliche Organisation bedeutet das keinen Unterschied. Der einzige Unterschied beider Konstruktionen besteht darin, daß in dem einen Fall die stützenden Pfosten naturwüchsige Gabelstützen sind, während im anderen Fall das waagrechte Längsholz in künstlich ausgearbeiteten Zangen der Pfostenköpfe ruht oder in sie eingehälst ist. Dieses Holz exakt zu benennen, macht Schwierigkeiten. Soweit es als Auflager für die Dachrippen dient, kann man es eine Pfette nennen, soweit es die Pfosten in der Reihe bindet, sie gewissermaßen rahmt, könnte man von einem Rahmenholz oder Rähm sprechen.

Bei beiden Konstruktionen bilden die Pfostenreihen mit dem sie verbindenden waagrechten Holz (Pfette, Rähm) den Längsverband, die querverbindenden Hölzer den Querverband.

Da der von den beiden Pfostenreihen abgegrenzte Raum wie eine Halle wirkt, werden Häuser mit diesem Hausgerüst als *Hallenhäuser* bezeichnet.

Es war ein kühner Gedanke und ein Wagnis, einen durch zwei Pfosten markierten Raum ohne Mittelstützen zu überspannen, anstatt wie selbstverständlich und gewohnt die Dachlast an der Firstpfette aufzuhängen und über die Firstpfosten in den Boden abzuleiten.

Den Zweipfostenbauten sind Krummsäulenbauten vorausgegangen, wobei naturwüchsige krumme Hölzer spitzbogenartig zusammengestellt wurden. Sie sind eine typische Übergangslösung. Die fraglos älteren Firstpfostenbauten und die Zweipfostenbauten werden in einem längeren Zeitraum nebeneinander errichtet worden sein. Aber auch die Zweipfostenbauten gehen zurück bis ins 5. vorchristliche Jahrhundert und haben sich über mehr als ein Jahrtausend in ihrer Struktur nur wenig verändert. Bei einer Breite von 4–8 Metern konnten sie eine Länge bis zu 25 Metern erreichen. Durch Herunterziehen des Daches bis auf die Pfetten niederer Umfassungswände – wurden sie dreischiffig. Aus dem Urtyp mit breitem Mittelschiff und niederen Seitenschiffen ist das niederdeutsche Hallenhaus des späten Mittelalters und der frühen Neuzeit hervorgegangen.

Soweit die Dachhölzer noch einer Plaggenböschung an den niederen Flechtwänden aufstanden, brauchten sie in der Hauptsache nur an den sich überkreuzenden Enden mit einem in die Scheren gelegten leichten Holz fest verbunden zu werden. Als die Dachhölzer nicht mehr der Erde, sondern den Rähmen der niederen Seitenwände aufstanden, mußten sie außerdem mit den Rähmen der beiden hohen Pfostenreihen fest verbunden werden, gegebenenfalls noch durch an die Fußrähme schräg gestellte niedere Pfosten abgestützt werden. Ein solches Dach ist dann kein Rofendach mehr, es ist aber auch noch kein Sparrendach.

Als *Gespärre* werden zwei im (zumeist spitzen) Winkel zueinandergestellte, an den Köpfen verbundene und in den Fußpunkten fest verankerte Dachhölzer bezeichnet, die dann Sparren heißen. Gespärre, die im Boden verankert sind nennt Hans Soeder Pfostengespärre. Die freien Sparrenenden können sich dabei überkreuzen, und in die so gebildeten Scheren kann ein Firstholz gelegt werden. Hintereinandergestellte Pfostengespärre ergeben das Grundgerüst von Hütten, die kein störendes Holz in Giebelmitte haben. Auf die gleiche Weise lassen sich Hütten mit vertieftem Boden errichten.

Gespärre sind das Grundelement des Sparrendaches, das eine relativ späte Erfindung ist, durch die das Rofendach und damit auch die Firstsäulenbauten in einem längeren Prozeß verdrängt wurden.

Firstpfostenbauten und Zweipfostenbauten,

6 Schuppen aus der Provinz Arezzo

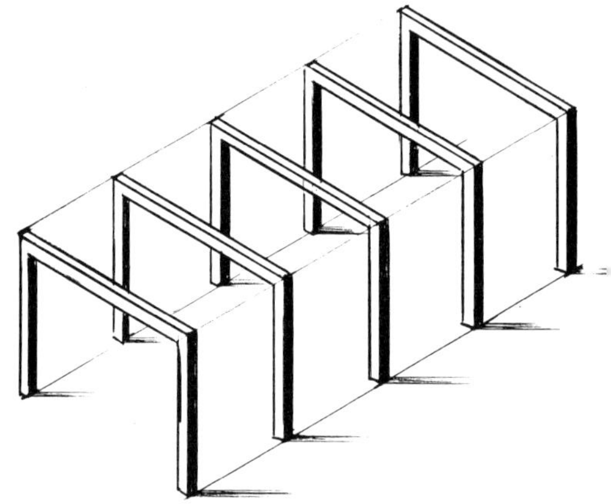
7 Raumkonstruktion mit Außenstützen

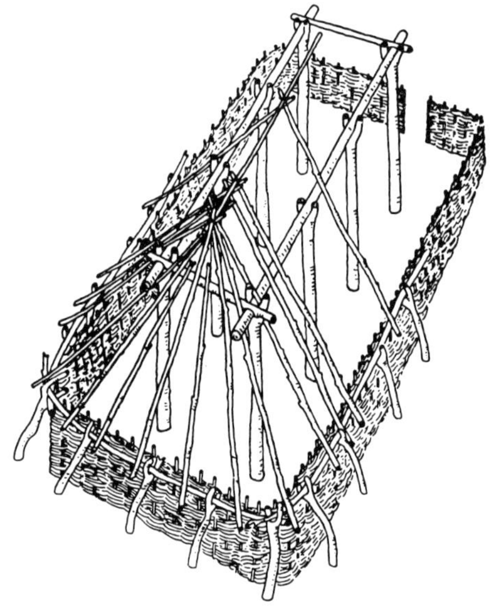
8 Zweipfostengerüst aus vorchristlicher Zeit

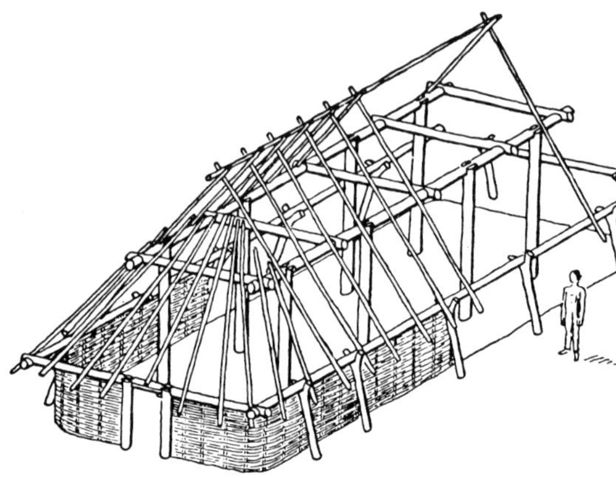
9 Rekonstruktion eines Hallenhauses aus der Zeit um Christi Geburt

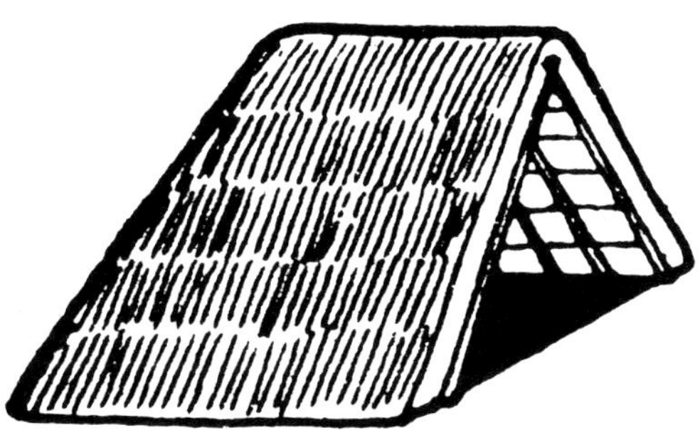

10 Hütten aus Pfostengespärren

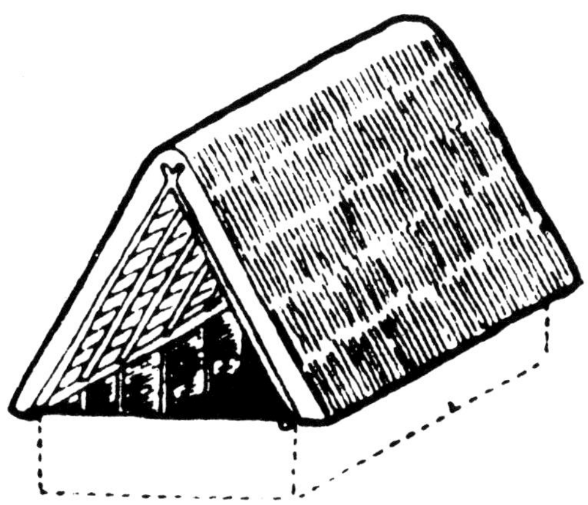

bzw. Hallenhäuser, sind Urtypen des Skelettbaus in Holz. Hallenbauten kamen dem Bedürfnis nach einem größeren stützenfreien Raum entgegen.

Alle frühen Bauten waren einzellig, d. h. sie hatten weder Zwischenräume noch Decken. Der ganze, durch Außenwände und Dach eingeschlossene Raum war nach allen Seiten offen. Aus ursprünglich getrennten kleineren Unterkünften für Mensch und Tier wurden die (größeren) Wohnstallhallen oder Wohnstallhäuser. Auch in ihnen waren Mensch und Tier nur durch niedere Flechtwände voneinander geschieden. Im bäuerlichen niederdeutschen Hallenhaus ist das bis weit in die Neuzeit hinein geblieben. Die Grundstruktur des Hallenhauses widersprach der Teilung, widersprach geschlossenen Einbauten. Einzig die Abseiten, die Seitenschiffe, ließen sich durch an die Pfosten des Mittelschiffs angelehnte niedrige Wände leicht in einzelne Boxen aufteilen, ohne daß der Eindruck der Halle verlorenging.

In der Struktur der Firstsäulenbauten lag dagegen von ihrer Struktur her die Tendenz zur Teilung, zur Mehrzelligkeit. Eine Firstsäule in Raummitte forderte geradezu dazu auf, hier eine Querwand einzuziehen, wodurch sie selbst in der Wand verschwand. Firstsäulenbauten waren auch leicht zu verlängern. Den Zellen für Menschen und Tiere (Wohnraum und Stall) konnte leicht noch eine Zelle für die Ernte, bzw. eine Scheune angefügt werden. Die Gerüststruktur änderte sich dabei nicht. Zwangsläufig rückten aber die Eingänge an eine lange Seite. Das Haus wurde »queraufgeschlossen« – im Gegensatz zu den Hallenbauten, bei denen man immer durch ein Tor im Giebel die Halle und damit das Haus betritt.

Je größer die Bauten wurden, um so mehr Bedeutung bekam die Wand. Die Außenwände früher Bauten, die noch nichts zu tragen hatten, unterschieden sich wenig oder gar nicht von geflochtenen Abzäunungen, d. h. aus im Abstand in den Boden eingeschlagenen Stecken (mundartl. Staken), die mit stärkeren Ruten umflochten (umwunden) waren. Durch eine solche Wand konnte sich noch die Luft hindurch»winden«. Die Wand hat von hier ihren Namen: wind, wund und wand sind verwandte Wortstämme. Flechtwände haben in südlichen Landschaften heute noch manche Maisspeicher. Fester wurde die Wand durch dicht beieinander eingeschlagene oder eingegrabene stärkere Ast- oder Spalthölzer. Ihnen konnte man ein Holz in der Waagrechten auflegen, dem man wiederum eine gewisse (Dach-)Last aufbürden konnte. Aus solchen Wänden haben sich die Spaltbohlen- oder Palisadenwände und die Stabwände entwickelt. Ein weiterer Schritt war das Zerlegen der Wand in kräftige, tragfähige Pfosten mit einem ihnen aufliegenden Holz und zwischen den Pfosten eingespannten leichteren Hölzern oder lehmverstrichenem Flechtwerk. Das erforderte dann noch ein dem Boden aufliegendes Holz zwischen den Pfosten, einen Schwellriegel, damit Staken und Ruten des Flechtwerks auch dort einen Halt und Abschluß hatten. Die Wand bestand nun aus einem tragfähigen Gerüst aus starken Hölzern und der »Füllung« der Löcher im Gerüst. Das war zumindest der Ansatz zum Fachwerkbau.

Ein tragfähiges Gerüst verlangt nun andererseits auch kantig zugerichtete Hölzer; denn nur so sind sie fest miteinander zu verbinden.

Vom Pfostenbau zum Ständerbau

Kantig behauene Hölzer und damit die Möglichkeit einer festen Verbindung der mit den größer werdenden Räumen auch größer werdenden Gefügeelemente lassen dann den entscheidenden Schritt in der Entwicklung des Fachwerkbaus tun, den vom Pfostenbau zum Ständerbau. Das bedeutet, daß die Tragsäulen nicht mehr im Boden eingegrabene (eingespannte) Pfosten sind, sondern auf einer festen Unterlage stehende Ständer. Die feste Unterlage bildet in der Regel eine *Schwelle*. Den Ansatz zu ihrer Einfügung in das Hausgerüst gab vermutlich der Schwellriegel. Ihn nicht mehr zwischen zwei Pfosten auf den Boden zu legen, sondern über eine Wand hinweg zu verlängern und die tragende Stütze darauf zu stellen, lag nahe. Ursprünglich haben die Schwellen tatsächlich dem Boden aufgelegen. Das erweist u. a. eine 1537 für die Wetterau erlassene Verordnung, wonach bei Neubauten die Schwelle anderthalb Schuh von der Erde zu liegen habe.

In einem frühen Stadium des Ständerbaus werden die Ständer noch nicht auf eine Schwelle, sondern auf eine Steinplatte, einen zugerichteten Stein oder einen festen Sockel gestellt. Sie stehen auf der Unterlage, werden mit ihr noch nicht wie bei der Schwelle fest verbunden.

Wann der Übergang vom Pfosten- zum Ständerbau erfolgt, ist allgemein schwer zu sagen, in den meisten Kulturlandschaften vermutlich im frühen und hohen Mittelalter, im Gebiet des niederdeutschen Hallenhauses zwischen dem 10. und 14. Jahrhundert. Der 1570 erbaute

Vogtsbauernhof im Schwarzwald (heute Freilichtmuseum) hatte noch keinen Schwellenkranz.

Erst im Ständerbau steht der Fachwerkbau voll entwickelt vor uns. Bei den bisher dargestellten (Früh-)Formen handelt es sich um Gerüstbauten in Holz, noch nicht um Fachwerkbauten im engeren Sinne. Ob man den Pfostenbau mit lehmverstrichenen Flechtwänden schon als Fachwerkbau bezeichnet oder in ihm noch eine Vor- oder Frühstufe sieht, darüber kann man streiten. Walbe hat von einem »Übergang vom schwellenlosen Fachwerk zum Fachwerk mit Schwelle« gesprochen. Es sei hier mit A. Zippelius der Fachwerkbau eingegrenzt auf den Ständerbau mit Flechtwerk- oder Steinfüllung.

Pfostenbauten hatten einen großen Vorteil: sie waren standfest. Da sie bis zu einem Meter und mehr im Boden eingegraben und in der Regel auch noch durch Steine verkeilt waren, bedurfte es selbst bei sparrenähnlichen Dächern geringer Spannweite keiner Verspannung in der Kopfzone der Pfosten. Um das zu begreifen, braucht man nur an die in ähnlicher Weise in der Erde eingespannten rundstämmigen Telephonmasten zu denken. Sie haben einen absolut festen Stand und bedürfen keiner Abstützung über der Erde. Nur hohe Bauten mit weniger starken Hölzern hätten in der Kopfzone gegen Umkippen gesichert werden müssen.

Betrachtet man auf einem im Jahre 1547 entstandenen Holzschnitt der Stadt Braunschweig das vor den Toren der Stadt gelegene Stift St. Cyriakus, das 1065 errichtet und 1545 zerstört worden war, so fällt auf, daß die das Stift umfriedenden, mit Plankenwerk untereinander verbundenen Fachwerktürme kein einziges verstrebendes (schräges) Holz haben. Auch das Gerüst des vor der Umfriedung stehenden Speichers hat nur senkrechte und waagrechte Hölzer. Solche Bauten sind nur standfest, wenn die Tragstützen als Pfosten im Boden eingegraben sind. Es muß sich also um Pfostenbauten handeln. Da an anderer Stelle der Stadtansicht ein Turm mit Fachwerkgeschoß gezeichnet ist mit deutlich sichtbaren Deckenbalken, ist anzunehmen, daß es sich bei dem Holzschnitt von 1547 um kein reines Phantasieprodukt handelt, sondern um eine im allgemeinen der Realität entsprechende Wiedergabe der Erscheinung der Stadt um die Mitte des 16. Jahrhunderts – als Pfostenbauten noch existierten.

Ständerbauten bekamen zwangsläufig ein anderes Gesicht. Da die Tragstützen nicht mehr im Boden fest eingespannt waren, mußte die (nunmehrige) Fachwerkwand auf andere Weise gegen Verschieben oder Kippen gesichert werden.

Man lernt es in der Schule und kann es mit den Teilen eines Metallbaukastens oder Pappstreifen im Modell leicht nachvollziehen: Ein Dreieck aus Stäben ist selbst bei gelenkigen Verbindungen formstabil, Vierecke aus Stäben unterliegen dagegen der Parallelverschiebung, wenn die Stäbe gelenkig verbunden sind. Statisch gesehen, sind die Verbindungen der Elemente des Fachwerkgefüges gelenkige Verbindungen, d. h., daß eine Fachwerkwand erst dann gegen Verschieben gesichert ist, wenn Dreiecksverbindungen in sie eingebaut werden. Das geschieht durch *Streben.* Das sind schräg verlaufende Hölzer im rechtwinkligen Gefüge der Ständer, Schwellen, Rähme und Riegel. Streben gibt es in den verschiedensten Formen: gerade und gebogen, als kurze Strebe am Kopf oder Fuß eines Ständers, als längere, auch sich überkreuzende Kopf- und Fußstreben, als geschoß- oder gar wandhohe Strebe. Streben bestimmen mehr das Gesicht von Fachwerkbauten als das Netz der senkrechten und waagrechten Hölzer.

Einem Ständer zugeordnete Streben können mit dem Ständer eine zeichenhafte Figur bilden, wie es bei einem Büdinger Haus aus dem Ende des 15. Jahrhunderts an den Ständern in der Mitte der Giebelseite schon geschieht. Markanteres Beispiel für eine zeichenhafte Verstrebungsfigur ist der für das fränkische Fachwerk so typische »Mann«. Strebenfiguren wie das Andreaskreuz oder die Raute können friesartig gereiht werden, sich durchdringen, und haben dann neben ihrer Bedeutung als versteifendes Gefügeelement einen betont dekorativen Effekt. Gerade in der Spätphase des Fachwerkbaus wandelt sich das Strebenwerk in rein dekoratives Zierstrebenwerk.

Im Ständerbau gibt es ganze Wände schräg übergreifende, aufgeblattete Verstrebungen, 12
die sogenannten *Schwertungen.*

Verstrebende Hölzer in Bohlendicke werden Band genannt. Entsprechend gibt es Kopf- und Fußbänder, wenn das Band einen Ständer mit der Schwelle oder dem Rähm verbindet.

Bänder sind mit den Hölzern, die sie verbinden, in der Regel verblattet, während Streben eingezapft sind.

Von einem weniger verstrebenden als verriegelndem und damit natürlich auch aussteifendem Gefügeelement, der *Knagge,* wird bei der Darstellung des Übergangs vom Ständerbau zum Stockwerkbau zu sprechen sein.

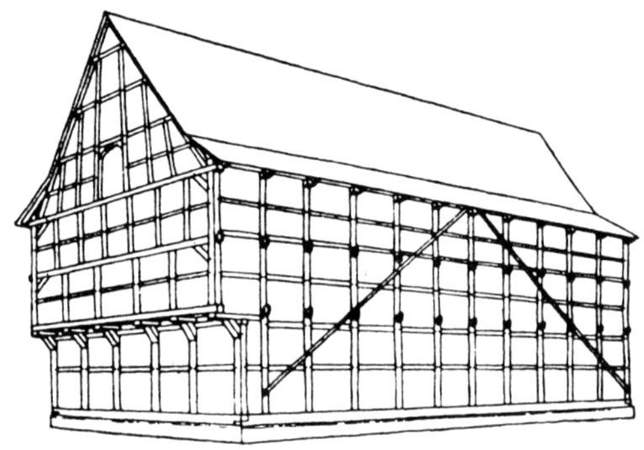

12 Braunschweig, Schützenstraße 6, wandhohe Schwertungen

13 Angeblattete Kopf- und Fußbänder an einem Bundständer des Rathauses in Esslingen 1430

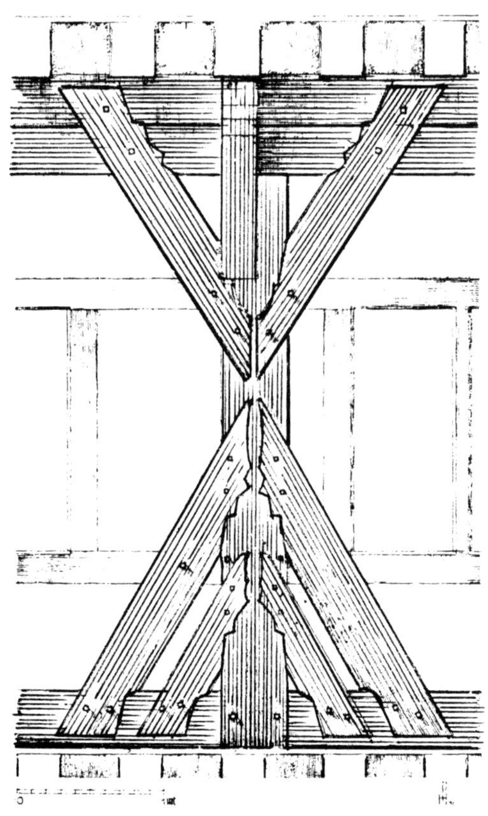

11 Braunschweig, Detail aus einer Stadtansicht von 1547

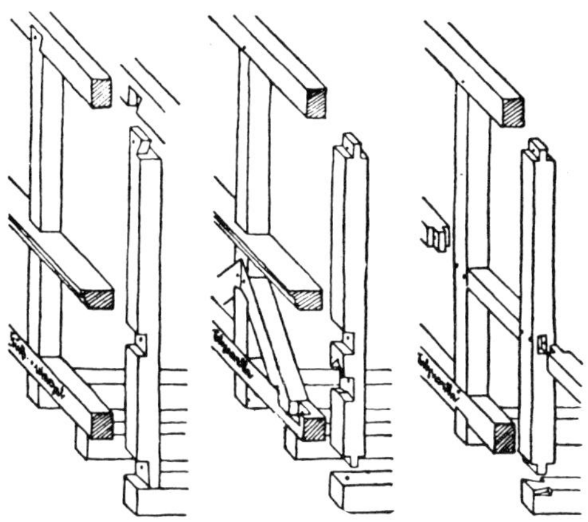

14 Verblattung und Verzapfung von Gefügeelementen

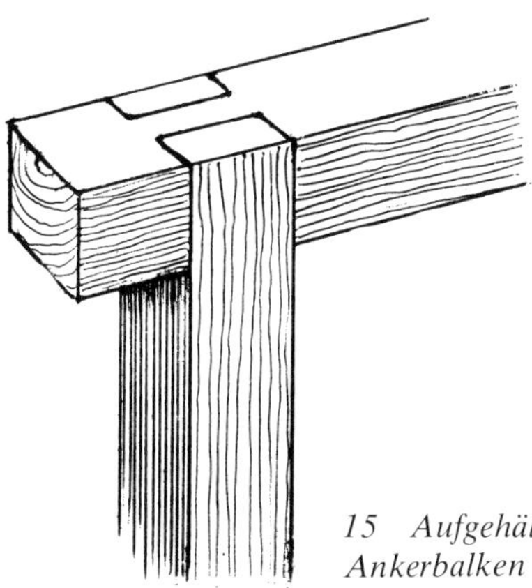

15 Aufgehälster Ankerbalken

Daß mit dem Übergang vom Pfostenbau zum Ständerbau und auch mit den größer werdenden Bauten die Verbindungen der Gefügeelemente eine immer größer werdende Bedeutung bekamen, ist schon angedeutet worden. Die am häufigsten vorkommenden Verbindungsweisen sind *Verblattung* und *Verzapfung.* Wenn beide Verbindungen auch schon in der jüngeren Steinzeit vorkommen, ist die Verblattung die bis ins hohe Mittelalter zumeist angewandte Verbindung. Bei der Verblattung greift ein Blatt – das ist das zum Teil abgearbeitete Ende eines Holzes – in die entsprechende Ausarbeitung des anderen Holzes, die Blattsasse. Alle Gefügeelemente können durch Verblattung in jeder Richtung miteinander verbunden werden. Im frühen Ständerbau und allgemein im alemannischen Fachwerkbau werden die Kopf- und Fußbänder mit Schwelle und Rähm verblattet. Die Blätter können in der Form des Hakenblattes, des ganzen oder halben Schwalbenschwanzes, des sogenannten Weichschwanzes, ausgearbeitet sein. Oft sind Teile des Umrisses sägezahnartig ausgearbeitet, wie die Innenkanten der
13 Kopf- und Fußbänder am Rathaus in Esslingen.

Verblattungen mit so bewegtem Umriß ergeben – neben dem wohl auch beabsichtigten ästhetischen Effekt – eine festere Verbindung zwischen Schwelle, Rähm und Ständer als durch eingezapfte Streben.

Trotzdem wird die Verblattung zugunsten der (einfacheren) Verzapfung aufgegeben, in Nürnberg und Goslar beispielsweise im Laufe der ersten Hälfte des 16. Jahrhunderts. Über einen längeren Zeitraum hinweg werden beide Arten der Hölzerverbindung nebeneinander und oft am gleichen Bau angewandt.

14 Es gibt Verbindungen von Schwelle, Riegel und Rähm mit Ständer oder Stielen durch Verblattung (links), durch Verzapfung (rechts) und teils Verblattung, teils Verzapfung (Mitte). Bänder werden im wesentlichen auf Zug beansprucht, während die durch Verzapfung mit Schwelle, Rähm und Ständer verbundenen Streben Druckkräfte aufnehmen.

Neben einfachen Verzapfungen gibt es Verzapfungen mit doppeltem, dreifachem und keilförmigem Zapfen und Verzapfungen auf Gehrung.

Die Verbindung von Balken und Ständer durch einen durchgesteckten Zapfen, dessen ausstehendes Ende durch Keil oder Holznagel gesichert wird, ist eine der wichtigsten Verbindungen in einer frühen Form des Ständerbaus, den Ankerbalkengefügen.

Ankerbalkengefüge

Sie haben ihren Namen von den das Kastengerüst eines Ständerbaus querverspannenden oder verankernden Balken, den *Ankerbalken.* Es genügt nicht, nur die einzelne Wand durch Streben, Bänder oder Schwertungen, in begrenztem Maß auch durch Riegel in sich winkelfest zu versteifen, das ganze Kastengerüst mußte standfest und unverschieblich sein. Das erforderte vor allem die Verspannung quer zur Hausachse. Denn auf den langen Wänden ruhte die Dachlast, die bei Sparrendächern und sparrenähnlichen Dächern als Schub nach außen wirkte. Diesem Schub mußte man begegnen, indem man die Wände auf Distanz hielt, sie fest verspannte oder verankerte. Dazu diente der Ankerbalken. Er verspannte zwei gegenüberliegende Ständer zu einem Ständergebinde, bzw. zu einem Gestell.

Ankerbalken als querverspannende Hölzer konnten auf verschiedene Weise mit einem Ständerpaar verbunden werden:

1. durch *Einhälsung.* Das ist im Grunde eine Form der Verzapfung oder der Schlitzverzapfung, bei der der Zapfen nicht an den Balkenenden ausgearbeitet wird, sondern in geringem Abstand davon. Dadurch bleibt an den Balkenenden ein »Kopf« stehen, der dieser Form der Verzapfung oder der Einhälsung einen festeren Sitz gibt.

2. durch *Verzapfung.* Bevorzugte Form einer solchen Verbindung ist die Durchzapfung mit Zapfenschloß, bei der das zu einem längeren Zapfen ausgearbeitete Balkenende durch einen entsprechend ausgearbeiteten Schlitz des Ständers durchgesteckt (»durchgeschossen«) und an der Außenseite des Ständers durch Keil oder Holznagel verkeilt wird, das sogenannte Zapfenschloß. Der rechte Winkel wird durch ein aufgeblattetes Kopfband gesichert. (Auch die anderen Ankerbalkengefüge müssen durch Streben oder Kopfbänder gesichert werden.) Das Rähm ist im gegebenen Fall nur bohlenstark.

Vom durchgeschossenen Ankerbalken ist der Begriff »Geschoß« als eine durch Boden und Decke bestimmte Raumeinheit in der Vertikalgliederung von Gebäuden abgeleitet.

Verbindungen zwischen Balken und Ständer durch einfachen Zapfen oder Schlitzzapfen, letzterer also mit durchgehendem Zapfenloch, waren weniger fest und darum auch seltener in Gebrauch.

3. durch *Aufkämmen* des Ankerbalkens auf den Ständerkopf. Dabei wird auf der Unterseite des Balkens, nahe dem Balkenende, ein Stück in Ständerstärke abgearbeitet, in das der Ständerkopf bündig hineinpaßt und so fest mit dem Balken verbunden wird. Die Verkämmung ist eine Art Verblattung.

Ankerbalken werden den ersten Anstoß zum Einbau einer Decke in das bis dahin auch zum Dach hin offene Haus gegeben haben. Eine Decke hatte nicht nur einen wärmetechnischen Effekt, sie provozierte eine bessere Raumnutzung. Gerade die Lage der ein Stück unterhalb der Ständerköpfe durchgezapften Ankerbalken forderte dazu auf, die Ankerbalken dicht mit leichteren Hölzern zu belegen und so auf der einen Seite eine Decke, einen Raumabschluß nach oben, auf der anderen Seite einen begehbaren und zum Lagern irgendwelcher Dinge nutzbaren Boden zu bekommen. Durch die tiefer sitzenden Ankerbalken entstand über dem (nunmehrigen) Erdgeschoß ein sogenannter Kniestock, der dann vielleicht wieder den Anlaß dazu gegeben hat, die Ständer zu verlängern und sie an ihrem verlängerten Ende durch Ankerbalken paarweise zu verbinden, die wiederum dicht mit leichteren Hölzern belegt werden konnten. Mit dieser zweiten Decke hatte man ein zweites (Voll-)Geschoß und gegebenenfalls auch noch einen nutzbaren Dachboden. Das ist die Geburtsstunde des zweigeschossigen und, wenn man will, auch des mehrgeschossigen Hauses. Wachsender Bedarf an Raum hat in den aufkommenden Städten die Entwicklung zum zwei- und mehrgeschossigen Haus in Gang gesetzt. Die schon in den Ackerbürgerstädten schmal gewordenen Grundstücke erlaubten keine Vergrößerung der Bauten in der Breite oder ein Ausweichen auf mehrere kleine Bauten, sondern nur in der Höhe.

Ankerbalkenkonstruktionen sind wie Firstsäulenkonstruktionen wichtige Etappen in der Ausbildung von Hausgerüsten, bzw. der Geschichte des Fachwerkbaus. Ein direkter Zusammenhang zwischen beiden Verzimmerungsarten oder Fachwerkgefügen besteht höchstens derart, daß mit dem Aufkommen zwei- und mehrgeschossiger Bauten die Firstsäulenkonstruktionen zurückgehen. Ein Rest einstiger Firstsäulenkonstruktionen erhält sich als geschoßweise gestückelte oder durch den Dachbalken abgefangene Firstsäule (Firststiel) in Giebelmitte – ohne daß sie noch eine Firstpfette zu tragen gehabt hätte. Das 1940 abgebrochene Tanzhaus in Heppenheim/Bergstraße, das aus der Zeit von etwa 1480 stammte, hatte in einer Giebelwand noch eine vom Boden durch zwei Geschosse bis zum First durchgehende Säule, die mit allen waagrechten Hölzern und auch Hölzern des Längsverbandes verblattet war – also noch ein wichtiges Gefügeelement darstellte. Sie trug keine Firstpfette mehr, das Dach des Tanzhauses war ein Sparrendach.

Mehrgeschossige Bauten in Ankerbalkenkonstruktion aller vier Wände sind selten. Solch hohen (städtischen) Häusern wird in der Regel am straßenseitigen Giebel eine Fassade in Stockwerkszimmerung vorgesetzt. Die eigentliche Funktion der Ankerbalken ist die Verspannung des Gerüstes. Zum Tragen von Lasten waren sie nicht geeignet, die Ständergebinde in Ankerbalkenkonstruktionen zudem weit auseinanderstanden. So waren auch Ankerbalkenkonstruktionen vom späteren Stockwerksbau her gesehen vielleicht originelle, aber doch urtümliche Konstruktionen.

Drei Beispiele von Ankerbalkenkonstruktionen sollen im folgenden etwas eingehender beschrieben werden, weil sie auch einen guten Einblick in das Prinzip und die Praxis des frühen Fachwerkbaus geben.

Das erste Beispiel ist ein 1955 abgebrochenes Haus am Mintarder Berg, Kr. Düsseldorf-Mettmann[6]. Es entstammte zwar erst dem 16. Jahrhundert, hatte aber ein ganz urtümliches Gefüge und entsprechend urtümliche räumliche Verhältnisse. Es war zudem ein schönes Beispiel für die Entwicklung mittel- und oberdeutscher Hausformen, die aus Firstsäulenkonstruktionen hervorgehen.

Der Grundriß des Hauses war ein Rechteck von ca. 5,50 × 8,00 Metern und im Verhältnis von 3 : 1 in einen Herdraum und eine Stube geteilt, mit dem Eingang in den Herdraum von der Traufenseite. Das konstruktive Gefüge bestand aus vier Gebinden – also vier Ständerpaaren, die in halber Höhe durch durchgezapfte Ankerbalken mit Zapfenschloß verspannt waren. Die mittleren Gebinde hatten zwei Ankerbalken im Abstand übereinander. Die Eckständer standen auf einem Mauersockel, die mittleren Ständer waren in Schwellen eingezapft. Das Haus war im schmalen Wohnteil zweigeschossig, der Herdraum reichte bis fast unter das Dach. Über der Stube und der darüberliegenden niedrigen Kammer verliefen firstparallele Balken, die auf der einen Seite auf einem Riegel der Wohngiebelseite, auf der anderen Seite auf einem der mittleren Ankerbalken aufgefügt waren. Die Gebinde waren in der Länge durch ein Rahm-

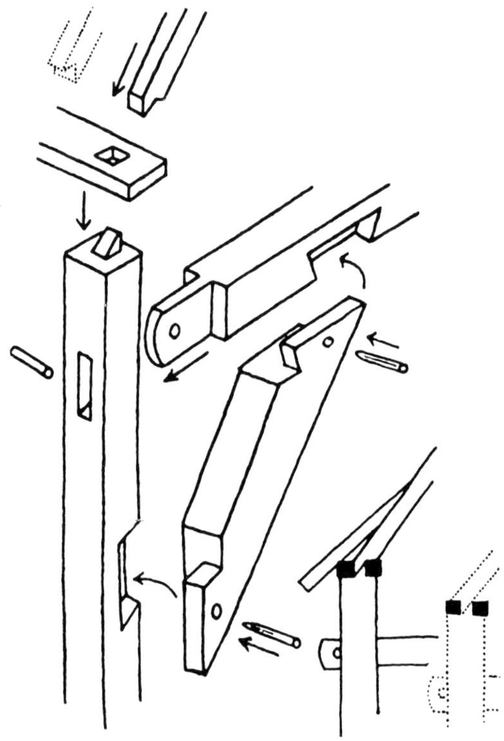

16 Gefügeteile der Dachbasis mit durchgezapftem Ankerbalken

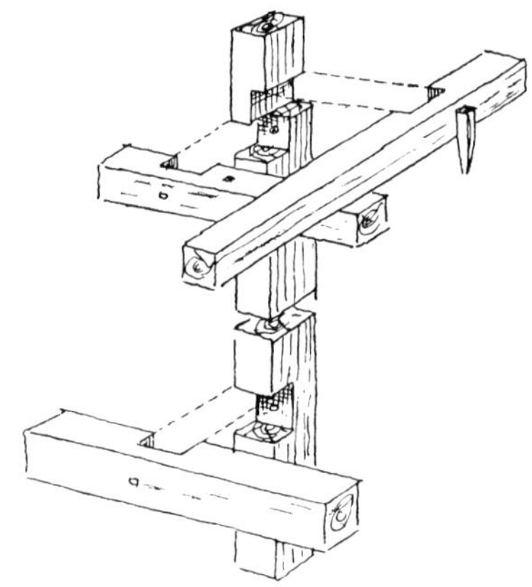

17a Firstsäule mit Blattlagern

17 Vermutliche Arbeitsgänge beim Aufschlagen einer mittelalterlichen Scheuer aus Gießen in Ankerbalkenkonstruktion ▷

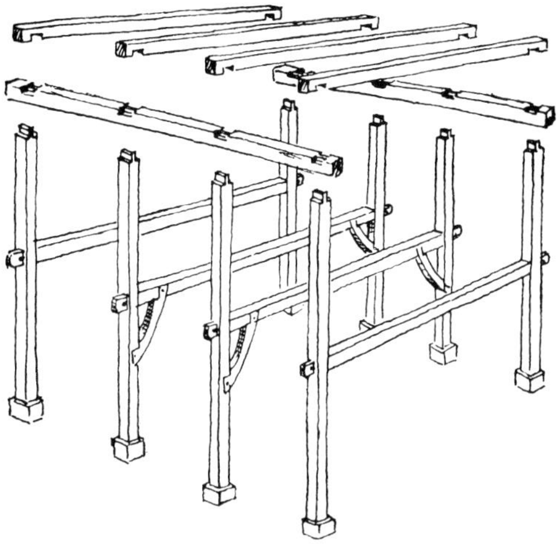

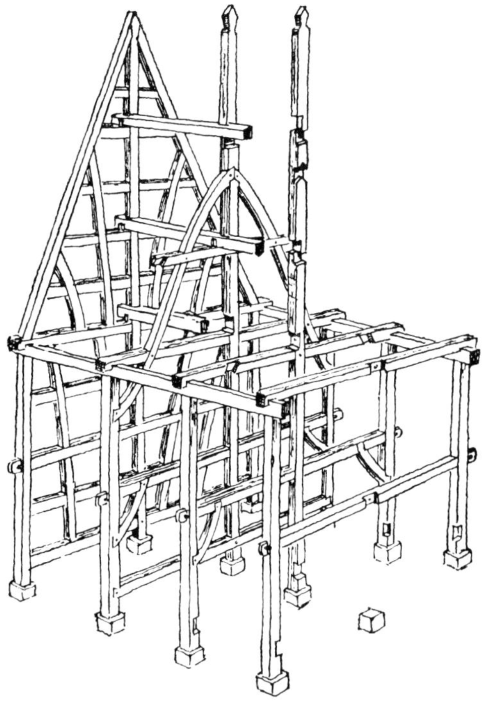

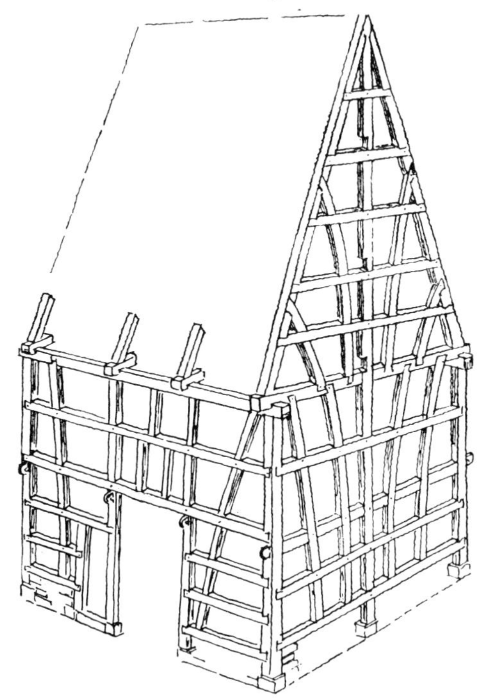

holz, Sparren und Rahmholz durch Holznägel und die Sparrenpaare durch eingezapfte Kehlbalken verbunden. Kehlbalken vermindern das Spreizen der Sparrenpaare und damit auch den Schub auf die Auflager.

Die Giebelseiten waren durch durchlaufende Riegel in der Horizontalen unterteilt und durch gebogene Streben winkelfest versteift. Die Stiele in den Giebelmitten sind eine Reminiszenz an Firstsäulenkonstruktionen.

Das zweite Beispiel einer Ankerbalkenkonstruktion, das nicht nur wegen seiner Konstruktion von Interesse ist, dürfte zwei Jahrhunderte älter sein. Es ist eine mittelalterliche Scheuer, die erst 1948 von dem Gießener Architekten Philipp Klein entdeckt und in ihrer baugeschichtlichen Bedeutung erkannt wurde. W. Meyer-Barkhausen und Heinrich Winter haben sich dann mit dem Bau beschäftigt. Für die folgende Beschreibung sind die Ausführungen Winters inhaltlich übernommen worden[7].

Die seiner Darstellung beigefügten Zeichnungen des vermuteten ursprünglichen Zustandes (Grundriß, Schnitte, Detail und Rekonstruktion des Hausgerüstes stützen sich neben der Maßaufnahme auf noch vorhandene Blattlager = Reste der einstigen Verbindungen der Gefügeteile durch Verblattung.

Von besonderem Interesse ist die Darstellung der Arbeitsgänge beim Aufschlagen der Scheuer, weil das einen guten Einblick in das konstruktive Gefüge gibt.

Zuerst wurden die vier Gebinde – je ein Ständerpaar mit in der Mitte durchgezapftem Ankerbalken – aufgestellt. Dann legte man auf die mit einem Zapfen versehenen Ständerköpfe die die Ständer in der Länge verbindenden Rähme, denen dann Dachbalken (Bundbalken) in der Querrichtung aufgekämmt wurden. In dieses Grundgerüst wurden vier bis zum First hochschießende Firstsäulen (Firstständer) gestellt und durch Verblattung mit den waagrechten Hölzern (Ankerbalken, Dachbalken) verbunden. Im Dachraum wurden die Firstständer mit in Firstrichtung laufenden Balken verblattet, gewissermaßen auf Distanz gehalten. Eine hohe gebogene Strebe verband die Firstständer mit den Wandständern des zugehörigen Gebindes. Die Firstständer wurden dadurch zu einem Element des Querbindergefüges. In weiteren Arbeitsgängen wurden die Bundsparren aufgeschlagen, die äußeren Sparrenpaare mit Kehlbalken und die Riegel der Außenwände mit eingezogenen hohen Streben verblattet.

Aus der Tatsache, daß Scheunen zumeist in einer Konstruktion errichtet wurden, die beim gleichzeitigen Bürger- und Bauernhaus schon des längeren nicht mehr angewandt wurde, kann man den Schluß ziehen, daß in den dichter besiedelten Teilen Oberhessens die Bürgerhäuser des 14. Jahrhunderts Querbindergefüge waren, in die eine Firstständerreihe hineingestellt wurde, die aber keine Firstpfette mehr trug.

Der fast quadratische Grundriß der Gießener Scheune hatte ein Maß von 9,00 × 9,50 m, das 17
Tor und eine Tür lagen an der einen Traufenseite. Die Detailzeichnung zeigt das Stück einer Firstsäule mit den dazugehörigen Blattlagern. Alle Ständer standen auf Fundamentsteinen oder waren untermauert, die aufgeblatteten Schwellriegel lagen ein Stück höher.

Das dritte Beispiel einer Ankerbalkenkonstruktion ist ein mehrgeschossiges Haus aus der Zeit um 1480 in Fritzlar[8]. Die Zeichnung 18 ist 110
eine Rekonstruktion des ursprünglichen Hausgerüstes.

Das hallenartige hohe Erdgeschoß ist später durch Einziehen einer Zwischendecke geteilt worden. Die hohen Wandständer laufen auf drei Seiten bis an die Traufenrähme durch. Auch die eine leicht geneigte Strebe läuft wie die Ständer durch alle Geschosse durch. Durch die relativ dicht stehenden Ständer und die Riegel wird die Wand in fast quadratische Gefache unterteilt. Nach der Straße (Markt) ist der Ankerbalkenkonstruktion eine Fassade in Stockwerkszimmerung vorgesetzt. Das bedeutet, daß hier die Ständer nur durch ein Geschoß (Stockwerk) gehen, wo sie ein Rähm verbindet, auf dem gering vorkragende (Stich-)Balken ruhen, denen die Schwelle des folgenden Stockwerks aufgelegt ist. Das wiederholt sich bis zum Giebel dreimal. Knaggen verriegeln jeden Ständer mit dem auskragenden Teil der Stichbalken. Viertelkreisförmige kurze Streben und sich überkreuzende, leicht geschweifte Streben in der (Brüstungs-) Zone zwischen der Schwelle und dem Riegel unter den Fenstern – dem Brustriegel – sind friesartig gereiht und haben über ihre konstruktive Funktion hinaus einen ästhetischen Effekt.

Das Haus steht beispielhaft für eine hochentwickelte Gerüstkonstruktion im Übergang vom Wandständer- oder Ständergeschoßbau zum Stockwerksbau.

Betrachtet man die räumliche Darstellung des Gerüstes, so kann man auch heute noch von einem Übergang vom Firstsäulenbau (mit Rofen- 18
dach) zu einer Sparrendachkonstruktion sprechen. Nur das Dach hat noch eine Firstsäulenkonstruktion. Darunter ist der Ständer in Gie-

belmitte wie der im Innern geschoßweise gestückelt. In ihnen lebt die Erinnerung an Firstsäulenkonstruktionen noch nach.

Rudolf Helm hat die hintereinanderstehenden Gebinde, in denen die Ständerpaare durch je zwei Ankerbalken und einen aufgefügten Dachbalken quer verbunden sind, mit einer Leiter (mit drei Trittsprossen) verglichen. Die Annahme, daß das Haus ursprünglich in jedem Geschoß einen ungeteilten Raum hatte und die Decke von einem durch eine Mittelsäule gestützten Unterzug mitgetragen wurde, hat viel für sich. Heute ist das Haus in der ganzen Länge und teils auch quer geteilt.

Das Fritzlarer Haus ist mit seinen hochaufschießenden Wandständern ein typisches Beispiel für den spätmittelalterlichen Fachwerkbau, in dessen Gerüst sich noch der Geist der Gotik rein verkörpert. Nur in der schmalen Giebelseite zum Marktplatz hin legen sich waagrechte Elemente, im besonderen die friesartig gereihten Strebefiguren, den aufstrebenden Formen quer und künden Neues an. Hier sind die Streben auch schon verzapft, wie Ständer und Schwelle ringsum, während die Streben zwischen Ständer und Balken, auch die kurzen traufenseitlichen Streben im vorgesetzten Stockwerksteil, noch verblattet sind.

Das Fritzlarer Haus hat in seinem straßenseitigen Giebel reine Stockwerkszimmerung mit Schwelle und Rähm in jedem vorkragenden Stockwerk. Es gibt Übergangslösungen, die noch nicht so weit gehen. Bei dem nach 1320 er-
20 bauten, sog. Schäferschen Haus in Marburg, das 1875 abgerissen, aber vorher von Carl Schäfer, einem der Begründer der Holzbauforschung in Deutschland, genau vermessen wurde, standen die Stützen der vorgeblendeten Überhänge noch nicht auf einer Schwelle, sondern auf Balkenköpfen. Der Balkenkopf griff mit einem Zapfen in den Ständer ein, der mit seinem zugespitzten Ende ein Stück herunterhing. Carl Schäfer sah darin eine Erinnerung an die einst eingegrabenen Stützen. Beim Schäferschen Haus sind Fuß- oder Schwellriegel zwischen die Ständerfüße gesetzt.

Die am Fritzlarer Haus gefundene Lösung ist jedenfalls ein konsequenterer Schritt zum Stockwerksbau.

Der Stockwerksbau

Er ist die letzte Stufe in der Entwicklung des Fachwerkbaus. Walbe hat von Rähmbau gesprochen, doch ist diese Bezeichnung insofern irreführend, als ja auch schon beim Ständerwandbau oder Ständergeschoßbau zumindest die Traufenwände durch ein rahmendes Holz auf den Ständerköpfen einen oberen Abschluß hatten. Neu ist beim Stockwerksbau, daß jedes Stockwerk für sich abgezimmert wird. Auf einem Schwellenkranz stehen die untereinander durch Riegel verbundenen und abgestrebten Ständer, bzw. Stiele (= nicht tragende Hölzer zwischen Schwellen, Rähm und Riegeln). Auf den Ständern und Stielen sitzt ein Rähmkranz. Auf den Rähmkranz werden die Deckenbalken gelegt, die über das darunterliegende Kastengerüst nach zwei Seiten überstehen können.

Durch kurze, sogenannte Stichbalken kann auch nach den beiden anderen Seiten eine Auskragung geschaffen werden. Die Stichbalken werden dabei mit dem einen Ende einem Deckenbalken durch Verzapfung fest verbunden. An den Ecken bedarf es dazu eines Gratstichbalkens. Das Rathaus in Alsfeld zeigt eine solche, allerdings schon komplizierte Auskragung 19
nach allen Seiten mit Stich- und Gratstichbalken. Das Gerüst eines Stockwerks läßt sich mit einem Kasten ohne Boden vergleichen, dessen Deckel nach einer, zwei, drei oder vier Seiten überstehen kann. Mit jedem Stockwerk setzt sich nun auf diesen Kasten der gleiche Kasten mit nur größerer Grundfläche. Auf dem obersten Stockwerk sitzt die wie die Stockwerke selbständig gezimmerte Dachkonstruktion. Die Dachbalkenlage bildet dabei die Decke des obersten Stockwerks.

Nach allen Seiten auskragende oder überhängende Stockwerksbauten sind selten. Dazu bedurfte es des freien Raumes rund um das Gebaute. Den gab es aber gerade dort nicht, wo man, um Raum zu gewinnen, zum Stockwerksbau greifen mußte: in den Städten. Da die Häuser im Innern der Städte in der Regel dicht beieinander standen, beschränkte sich der Überhang hier auf die Straßen- oder Platzseite. Nur an einer Straßenecke liegende Bauten konnten nach zwei Seiten auskragen.

Von der Vorkragung an den Straßenfronten ist gerade in den Anfängen des Stockwerksbaus fast rücksichtslos Gebrauch gemacht worden, so daß die Behörden einschreiten und den Überhang begrenzen oder ganz verbieten mußten. Vorkragungen bis zu 60 cm und mehr waren nichts Ungewöhnliches. Bei dem im letzten Krieg zerstörten Knochenhaueramtshaus in Hildesheim betrug der Überhang aller Stockwerke 2,70 m!

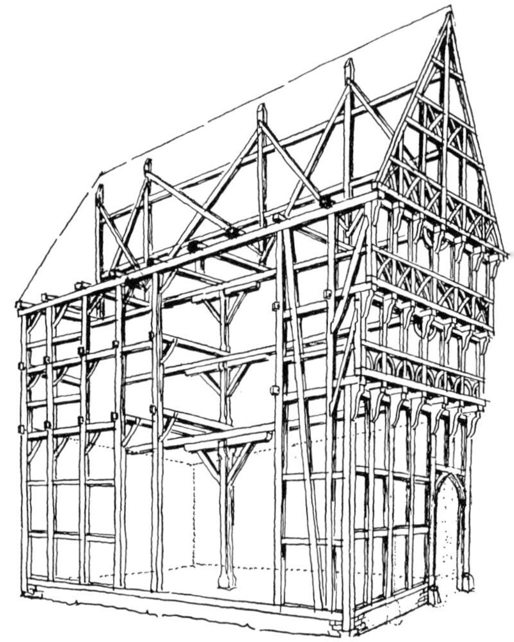

18 Fritzlar, Markt 22, Hausgerüst

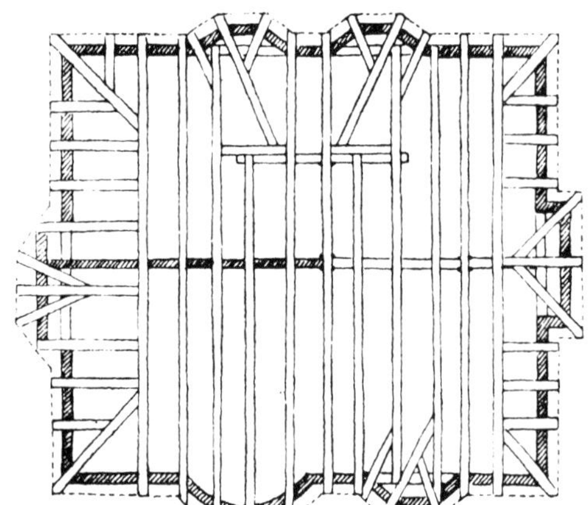

19 Alsfeld, Rathaus; Grundriß des zweiten Oberstocks

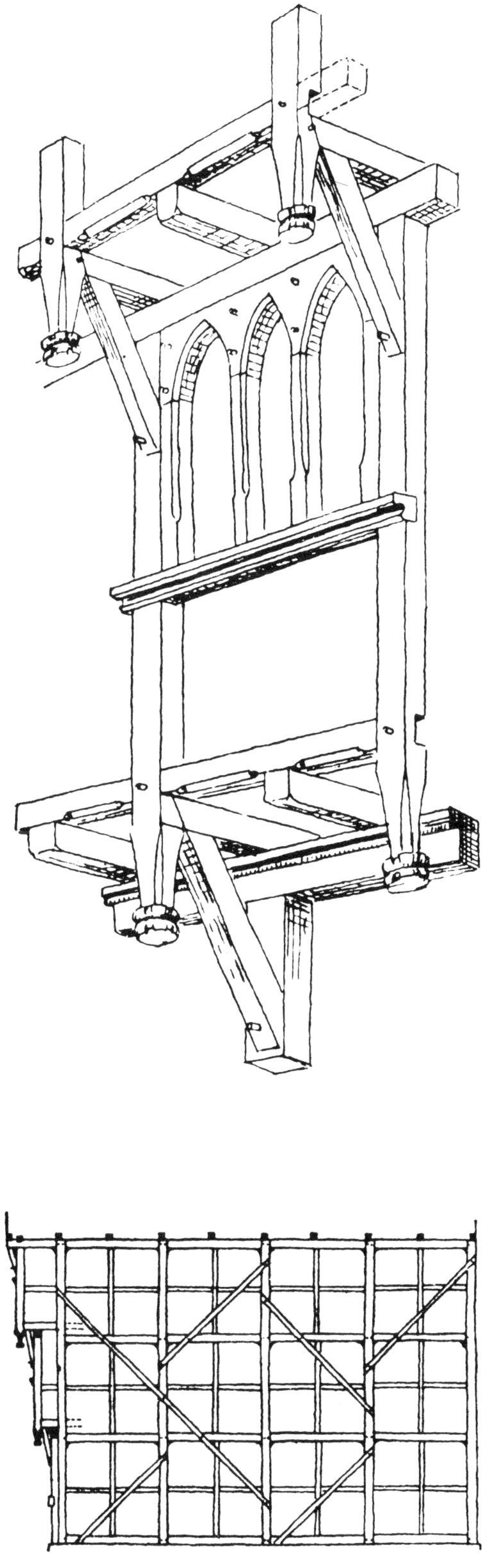

20 Marburg, »Schäfersches Haus«, um 1320, Ansicht des Giebeldetails und der Traufenseite

Wenn von mittelalterlicher Enge die Rede ist, tauchen die schmalen Gassen auf, deren Häuser in den oberen Stockwerken infolge der Überhänge fast aneinanderstoßen und so dem Straßenraum Licht und Luft wegnehmen. Zweifellos hatten die Überhänge Vorteile: die unteren Stockwerke mit ihren Lehmgefachen wurden vor Schlagregen geschützt. Außerdem wurde Raum gewonnen. Die Anstöße zum Auskragen sind vielleicht darin zu suchen, daß bei Aufstokkungen es Bauherrn und Zimmerleuten weh tat, vorhandene längere Deckenbalken abzusägen, da auch von statischen Erwägungen aus die Überhänge günstig erschienen. Durch Vorrükken des Balkenkopfes über den Auflagepunkt am Rähm hinaus wurden aus jedem Deckenbalken zwei zweiarmige Hebel, auf deren kürzerem Arm die Außenwände lasteten und zu der Dekkenbelastung im Innern ein Gegengewicht schufen.

Die konstruktiven Probleme des Stockwerkbaus liegen einmal in der notwendigen Aussteifung der einzelnen Wände durch Verstrebungen, zum anderen in der Verriegelung der Stockwerke untereinander. Das geschah durch in den Winkel von Balkenkopf und Ständer gesetzte *Knaggen,* die mit schrägen Zapfen Ständer und Balken fest verriegelten. Bei weiten Überhängen traten an die Stelle von Knaggen sogenannte *Büge,* die wie ein schräg ausgestreckter Arm den Ständer mit dem Balkenkopf verbinden.

Knaggen sind ein wichtiges Gefügeelement des Stockwerkbaus. Die Knaggen an frühen Stockwerksbauten sind oft am Ständer lang heruntergezogen. Die Grundform ist ein rechtwinkliges Dreieck (Winkelholz) mit einer längeren Kathete und einer nach innen geschweiften Hypothenuse. Die Knaggen an noch mittelalterlichen Bauten sind schmucklos, während sie im späten Fachwerk ein bevorzugtes Objekt plastischer Gestaltung werden.

An den Ecken zweiseitig auskragender Bauten gibt es die besonders für den alemannischen Fachwerkbau so charakteristischen Knaggenbündel. Vom optischen Eindruck her wachsen sie aus dem Eckständer heraus. Es gibt sie auch im mittel- und niederdeutschen Raum.

Unter dem Einfluß von Spätrenaissance und Barock wird aus der zumeist schlanken Knagge die gedrungene *Konsole,* deren Form den Konsolen an Steinbauten nachgebildet wird.

In der Spätphase des Fachwerkbaus wird die Verriegelung von Balken und Ständer durch Knaggen oder Konsolen zugunsten der Verkämmung aufgegeben. Der Balkenkopf übergreift hakenartig den Rähm. Der Überstand verminderte sich dabei auf ein Minimum.

Da mit dem Stockwerksbau die Verblattung zugunsten der äußerlich glatteren Verzapfung aufgegeben wird, durch Verzapfung aber nicht die gleiche Festigkeit der Verbindung erreicht wird, mußten die tragenden Ständer stärker verstrebt werden. Die Streben ordnen sich an den Ständern zu zeichenhaften Verstrebungsfiguren oder werden in der Brüstungszone friesartig gereiht. Im Gegensatz zum rein konstruktiven, schmucklosen Ständergeschoßbau bekommt der Stockwerksbau allein von der Hölzeranordnung ein »Gesicht«. Schnitzwerk und farbiger Dekor führen diese Ansätze oft in einer Form weiter, daß das in der Konstruktion Gegebene zuweilen vergessen wird und die »Kunst am Bau« sich völlig verselbständigt. Die Tendenz dazu ist im Norden stärker als im Süden.

Die Stockwerkszimmerung hat vermutlich in Speicherstöcken ihren Anfang genommen, die hohen hallenhaften Räumen oder niederen Geschossen in Ständerbauweise aufgesetzt wurden. Ein Beispiel dafür ist ein 1957/58 abgebrochenes Gebäude in Lich, Kr. Gießen, aus der 2. 21
Hälfte des 15. Jahrhunderts[9].

Auf einen zweigeschossigen Ständerwandbau ist ein nach vier Seiten auskragender Speicherstock gesetzt worden – zwei Fachwerkbauweisen in reiner Form am gleichen Gebäude. Als nicht ganz in den Stockwerksbau passend könnte man die leicht durchhängenden Eckständer des Speicherstocks ansehen, die von zwei Seiten her mit der Stockschwelle verzapft sind – nicht auf ihr stehen. Der zweigeschossige Unterbau besteht aus zehn Quergebinden, die in der Mitte von Ankerbalken mit Durchsteckzapfen durch»schossen« werden. Diesen Ankerbalken liegt die Decke zwischen den Untergeschossen auf. Längsunterzüge unterstützen die Deckenbalken. Der Speicherstock war ursprünglich ein ungeteilter Raum, während die unteren Geschosse im Verhältnis von etwa 2:1 in einen saalartigen Raum mit offenem Herdfeuer und ein anschließendes Gemach geteilt waren. Als Verbindung der verschiedenen Gefügeelemente werden sowohl die Verblattung als auch die Verzapfung angewendet. Ungewöhnlich ist die Aufkämmung der vorkragenden Balken des Speicherstocks auf die Rähme des Unterbaus. Es ist eine Balkenlage mit Stichbalken, doch ohne Gratstichbalken. Die auskragenden Balkenenden werden durch Büge abgestützt.

Die Stockwerkszimmerung reicht bis in die erste Hälfte des 14. Jahrhunderts zurück. Das
65 Haus Simonis in Kobern a. d. Mosel von 1320 ist ein reiner Stockwerksbau mit Auskragung nach drei Seiten. Eine Auskragung nach der Giebelseite hat schon das zweitälteste erhaltene Fachwerkhaus der Bundesrepublik in Limburg a. d. Lahn aus dem Ende des 13. Jahrhunderts. In Goslar hat es im 14. Jahrhundert Ansätze zum Stockwerksbau gegeben, in Braunschweig liegen sie wenig später. Über ein Jahrhundert überschneiden sich, vielfach am gleichen Haus, Ständergeschoßbau und Stockwerksbau, bis sich der Stockwerksbau im Laufe des 16. Jahrhunderts allgemein durchsetzt. Die Überhänge werden schon im Lauf des 17. Jahrhunderts immer geringer, bis sie im 18. Jahrhundert ganz verschwinden.

Der Stockwerksbau kam mit der konstruktiv bedingten Betonung der Horizontalen und des Lagerns der Stockwerke dem Geist der Renaissance entgegen. Auch von daher erklärt sich die besondere Aufmerksamkeit, die man der Gestaltung der Gebälkzone, der Nahtstelle zwischen den einzelnen Stockwerken, widmete.

Das Sparrendach

Seitdem die Firstsäulenkonstruktionen aufgegeben wurden und damit auch Firstpfette und Rofendach verschwanden, mußte nach anderen konstruktiven Lösungen für das Dachgerüst gesucht werden. Im Grunde gab es für weitspannende hohe Dächer nur eine befriedigende Lösung: das Sparrendach.

Sparren sind Dachhölzer, die in der Form eines gleichschenkligen Dreiecks mehr oder minder steil gegeneinandergestellt und an den Köpfen verbunden sind. Verbindet man auch die Fußpunkte eines solchen Sparrenpaares fest miteinander, so hat man einen unverschieblichen Dreiecksverband, die als Dachbinder oder Dachgebinde bezeichnete Grundeinheit des Sparrendaches, dessen Grundgerüst aus hintereinandergestellten Dachbindern besteht.

Das Sparrendach ist nicht erfunden worden. Es hat sich nach Ansätzen vermutlich schon im 7./8. Jahrhundert über »Zwischenlösungen« allmählich herausgebildet.

Es sei daran erinnert, daß bei Firstsäulenbauten ein inneres Gerüst die Dachlast aufnimmt und in den Boden leitet. Bei frühen Formen dieser Konstruktion hatten die Außenwände im wesentlichen nur eine raumabschließende Funktion. Das ändert sich schon bei den Ankerbalkengefügen oder Wandständerbauten. Bei ihnen mußten die Außenwände die Dachlast tragen, die bei an den Fußpunkten noch nicht fest verbundenen Sparren als Schub nach außen wirkte. Dieser Schub wurde durch Ankerbalken aufgefangen. Die Sparren saßen auf dem oberen Längsverband, dem Rähm, auf. Da bei Ankerbalken mit Durchsteckzapfen die Verbindung von Ständer und Balken ein Stück unter dem Ständerkopf lag, spricht man von *Hochrähmzimmerung* – der Rähm liegt ein Stück oberhalb der Verzapfungsstelle. Zwischen den Quergebinden des Ankerbalkengefüges und den Sparren besteht keine Übereinstimmung. Die Ständergebinde stehen in der Regel weiter auseinander als die Sparrenpaare.

Bei eingehälsten, aufgejochten und aufgekämmten Ankerbalken wird aus der Hochrähmzimmerung die *Überrähmzimmerung*. Der Rähm sitzt dabei direkt über dem Balkenkopf. Bei Hochrähm- und Überrähmzimmerung werden beim Aufschlagen des Hausgerüstes auf dem Bauplatz zuerst die Quergebinde hintereinander aufgestellt und dann in der Länge durch Rähme, Bänder und gegebenenfalls Riegel verbunden.

Das querachsige Aufrichten erinnert noch an die Zeit, da die Pfosten einzeln eingegraben und erst nachher quer und in der Länge verbunden wurden.

Später hat man zuerst die langen Ständerreihen aufgerichtet und sie dann quer verbunden. Bei diesem längsachsigen Aufrichten kam der Rähm unter die querverspannenden Ankerbalken zu liegen. Man spricht dann von *Unterrähmzimmerung*. Der aufgekämmte Ankerbalken wird dabei zum Dachbalken und gehört damit zum Dachgerüst. Er wird zum Bundbalken des Dachgebindes. Haus- und Dachgerüst wachsen auch in der Weise zusammen, daß Ständer und Dachbinder sich entsprechen. Die Ständer stehen dabei enger zusammen.

Das Dachbalkengefüge mit Unterrähmzimmerung, bei dem die Dachbalken über die Ständerreihen überstehen und die Sparren in das überstehende Balkenende eingezapft sind, hat Schepers als das vollkommenste Ständergerüst des dreischiffigen niederdeutschen Hallenhauses bezeichnet.

Das Dachbalkengefüge ist im südöstlichen Westfalen schon im 14. Jahrhundert durchgebildet gewesen. Von hier aus hat es sich – mit landschaftlichen Besonderheiten – nach fast allen Himmelsrichtungen ausgebreitet.

Mit Sparrendächern ohne weitere verspan-

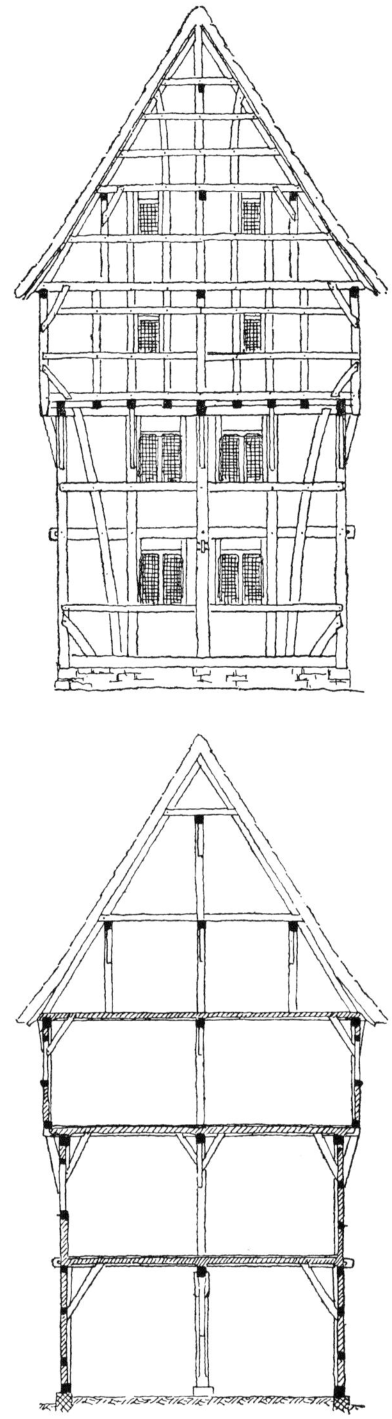

21 Lich, Hüttengasse 4: 2. Hälfte 15. Jh.; Ansicht, Querschnitt eines Ständerwandbaues mit Speicherstock

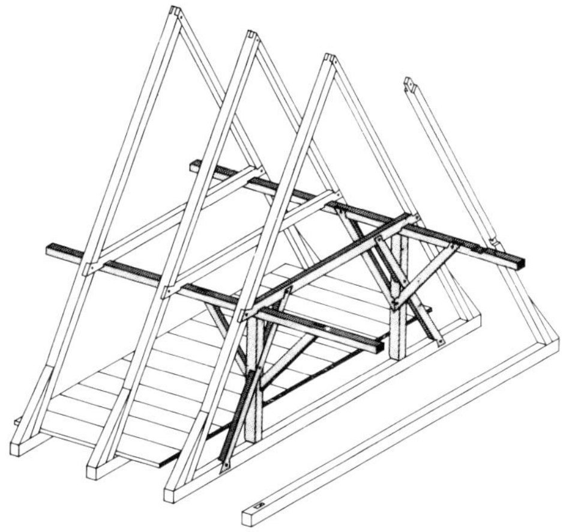

22 Isometrische Darstellung eines doppelt stehenden Stuhls spätmittelalterlicher Art im Hofer Land[10]

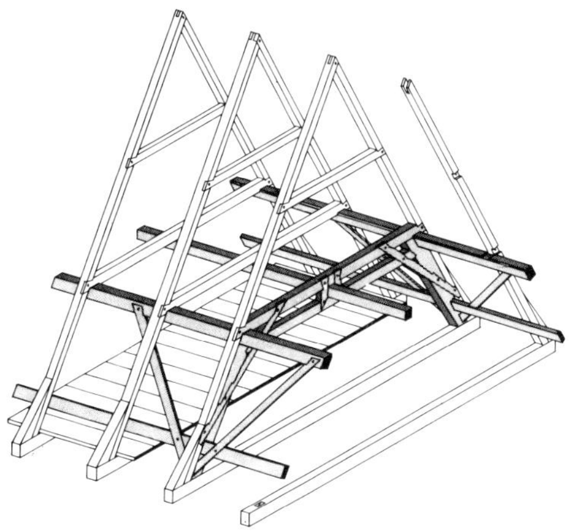

23 Isometrische Darstellung eines doppelt liegenden Stuhls des 15./16. Jahrhunderts aus dem Hofer Land[10]

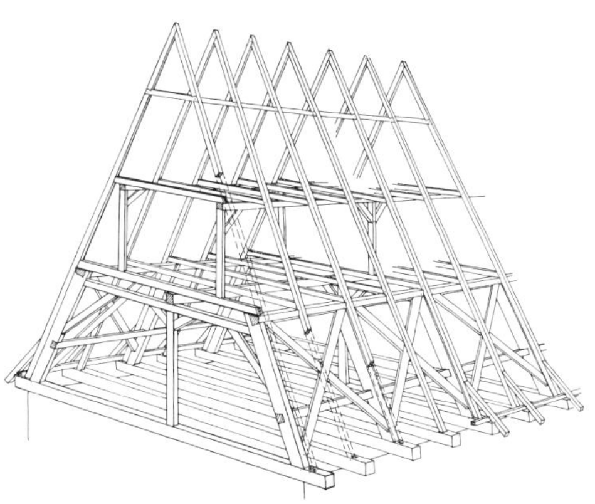

24 Sparrendach mit ausgesteiftem liegendem Stuhl über dem unteren Dachboden und stehendem Stuhl über dem oberen Boden

nende oder stützende Gefügeelemente ließen sich Raumweiten von höchstens fünf Metern überbrücken, ohne daß sich die Sparren unter der Eigenlast des Daches, Schneelast und Winddruck durchgebogen hätten.

Die einfachste Form der Versteifung eines Dachgebindes ist das Einfügen eines dem Dachbalken parallelen Balkens in der Mitte des Gebindes, eines sogen. *Kehlbalkens.* Den Kehlbalken hat es schon bei Sparrendächern ohne Dach-, bzw. Bundbalken gegeben. Ein kürzerer Querbalken in Scheitelnähe wird *Hahnenbalken* genannt. Mit mehreren Kehlbalken übereinander und entsprechenden Verstrebungen in der Länge ließen sich große Raumweiten überspannen. Sparrendächer mit Kehlbalken werden auch Kehlbalkendächer genannt.

Soll eine Kehlbalkenlage Last tragen, so muß sie gestützt werden. Die einfachste Stützkonstruktion ist der sogen. *stehende Stuhl.* Dabei wird in der Mitte von Dach- und Kehlbalken eine Stütze oder Stuhlsäule eingesetzt. Das ist dann ein einfacher stehender Stuhl. Beim doppelten stehenden Stuhl wird der Kehlbalken von zwei Stuhlsäulen gestützt.

Dachgebinde und Stuhl müssen natürlich auch in der Länge zu einem standfesten Gerüst verbunden werden. Bei Sparrendächern ohne Stuhl genügen sogen. *Windrispen.* Das sind schräg an die Sparren angeblattete Hölzer, vergleichbar den langen schrägen Schwertungen im Wandständerbau.

Bei Stuhldächern werden die Kehlbalken längsachsig durch Pfetten, oder genauer gesagt, durch Rähme oder Unterzüge verbunden. Diese (Stuhl-)Rähme sitzen unter den Kehlbalkenenden und auf den Stuhlsäulen. Durch Kopfbänder an den Stuhlsäulen zu Rähmen und Kehlbalken werden die Stühle und damit das ganze Dachgerüst winkelfest.

Beim doppelten stehenden Stuhl durchziehen ähnlich dem Zweiständergerüst von Hallenbauten zwei Stuhlsäulenreihen den Dachraum. Die Stuhlsäulen sind unten in den Dachbalken, oben in die Stuhlrähme eingezapft, die Kehlbalken über die Stuhlrähme gekämmt und in die Sparren eingeblattet.

22 In den Dachstuhl im Hofer Land ist alles, was zur Stützkonstruktion gehört, dunkel eingezeichnet: Da sind die längs laufenden Stuhlrähme, die beidseits eingezapften Stuhlsäulen, die Stuhlsäulen und Stuhlrähm verstrebenden Kopfbänder, und eine weitere, parallel zu den Sparren verlaufende Strebe, die über die Stuhlsäule hinweg den Dachbalken (Bundbalken) mit dem Kehlbalken verbindet: ein sogen. Steigband. Die Sparren sind nicht am äußersten Ende des Bundbalkens eingezapft, sondern mit kurzem Abstand. Der so entstehende Knick in der Dachfläche wird durch ein auf die Sparrenenden gelegtes zugespitztes Holz, den sog. *Aufschiebling,* überbrückt.

Bei Verwendung der Dachgeschosse als Lagerraum waren die Säulen des stehenden Stuhls hinderlich. Der stehende Stuhl hatte außerdem bei starker Belastung den Nachteil, daß die Last den Dachbalken zu stark an den beiden Punkten beschwerte, an denen die Stuhlsäulen auf den Dachbalken aufsaßen.

Diese Nachteile vermeidet der schwieriger zu verzimmernde *liegende Stuhl.* Die kräftigen Stuhlsäulen liegen ohne Abstand parallel zu den Sparren. Ein unterhalb des Kehlbalkens liegender Spannriegel verhindert das Umkippen der Stuhlsäulen. Steigbänder auch hier und Verstrebung der Stuhlsäulen mit den Stuhlrähmen durch lange Kopfbänder. Bei dem spätmittelalterlichen Dachstuhl durchzieht ein zwischen Spannriegel und Kehlbalken laufender Unterzug den Dachraum in der Länge.

Beim liegenden Stuhl wird der ganze Dachraum frei von Stützen. Außerdem ist die Verteilung der Last auf die Balkenenden äußerst günstig, weil sie hier von den direkt darunter stehenden Wänden aufgenommen wird.

Dachkonstruktionen waren natürlich auch abhängig von der Eigenlast des Daches. Weichdächer mit einer Dachhaut aus Stroh oder Ried hatten ein wesentlich geringeres Gewicht als etwa eine Deckung aus schweren Solling-Steinplatten, wie es sie im Harz gab. Auch bei einer Schindeldeckung war die Dachlast geringer. Schindeldächer hatten außerdem den Vorzug, daß auf den Längsverband festigende Hölzer verzichtet werden konnte, weil sie eine starre Tafel bilden. Ähnlich machte auch die Schieferdeckung auf Schalung eine Längsverstrebung überflüssig.

Wo aber bei weitspannenden Dächern zu der Eigenlast des Daches auch noch zu tragende schwere Nutzlasten kamen, mußte zu zwei oder sogar mehreren Stützkonstruktionen gegriffen werden. So hat der aus dem Anfang des 16. Jahrhunderts stammende Bauhof in Geislingen über zwei doppelt liegenden Stühlen in den unteren Dachgeschossen noch einen doppelt stehenden Stuhl im dritten Dachgeschoß.

Wie eine solche Dachkonstruktion für hohe Belastung im Detail etwa aussieht, verdeutlicht das Gerüst eines Hauses aus dem 17. Jahrhun-

24 dert. Es hat über einem doppelt liegenden Stuhl noch einen doppelt stehenden Stuhl über der ersten Kehlbalkenlage. Zur Versteifung des unteren Dachgeschosses sind die Stuhlsäulen durch Streben in der Form eines hohen Andreaskreuzes verbunden. Dazwischen ist immer ein sog. Leergespärre – ein Gespärre, das durch keinen Stuhl unterstützt wird.

Der liegende Stuhl kommt im südwestdeutschen Raum um 1400 vor. Das Rathaus in Esslingen von 1430 hat einen liegenden Stuhl. Im 15. und 16. Jahrhundert ist er über ganz Süd- und Mitteldeutschland verbreitet, vorwiegend im städtischen Bereich und hier zuerst auch wieder für herausgehobene Bauten. Erst gegen Ende des 18. Jahrhunderts werden liegende Stühle auch im ländlich-bäuerlichen Bereich üblich.

Die dem Sparrendach gemäße Dachform ist das hochgiebelige Satteldach, das auch bei den erhaltenen Fachwerkbauten dominiert. Bei giebelständiger Stellung der Häuser zur Straße wird das äußerste Dachgebinde mit seinen verstrebenden und stützenden Gefügeelementen, durch wandbildende Elemente ergänzt, im Giebeldreieck sichtbar.

Das nach allen Seiten abgewalmte Dach kommt selten vor. Im entwickelten Fachwerkbau findet man das Vollwalmdach zuweilen bei herausgehobenen Bauten. Unter dem Einfluß des Barock kommen der Krüppelwalm und das Mansarddach auf.

Die Gefache

Die Gefache sind zwar nicht das Primäre und nicht das Konstitutive des Fachwerkbaus, aber sie übertreffen in der Regel an Außenwandflächen das Holzwerk und bestimmen die Erscheinung von Fachwerkbauten doch entscheidend mit. Wie wäre es sonst verständlich, daß sie der Bauweise den Namen gegeben haben.

Die Gefache oder die Ausfachungen der Löcher im hölzernen Gerüst von Fachwerkbauten können sehr verschiedener Art sein. Die älteste und bis weit in die Neuzeit hinein geübte Fachung ist die mit lehmverstrichenem Geflecht. Dabei werden in die horizontalen Hölzer Nuten eingeschlagen, starke Äste (Stecken, Staken) senkrecht in die Nuten gezwängt und mit weicheren Hölzern durchflochten. Das Geflecht wird dann beidseits mit Lehm beworfen und bündig mit den Außenflächen der Hölzer glatt gestrichen. Nach dem Austrocknen der aufgerauhten Lehmschicht wird noch eine dünne Kalkmörtelschicht aufgetragen. Zur Festigung und auch, um den Lehm zu strecken, wurden ihm Stroh und Häcksel, an manchen Orten Laub und Fichtennadeln beigemengt, auch Kuhmist, der das Ungeziefer vertrieb.

Statt eines mit Lehm verstrichenen Geflechts konnten die Gefache auch mit Lehmziegel ausgesetzt werden. Der Lehm, dem steinige Zuschlagstoffe beigemengt waren, wurde in Holzformen gestampft, getrocknet und dann mit feinem Lehmmörtel vermauert.

Es lag nahe, die Gefache statt mit Lehmziegeln mit gebrannten Ziegelsteinen auszumauern, wodurch die Brandgefahr wenigstens etwas eingedämmt wurde. Die Ausmauerung mit festen Steinen wurde manchenorts obrigkeitlich gefordert. Die Ziegelsteine sind vielfach in Mustern gesetzt worden und haben in manchen Bereichen Niederdeutschlands dem Fachwerkbau geradezu das Gepräge gegeben.

Ausmauerung mit Bruchsteinen ist dagegen seltener geübt worden, da solche Ausfachungen auch noch verputzt werden mußten, was bei Ausmauerung mit Backsteinen nur selten geschah. Im Harz sind schon früh Schlackensteine, ein Abfallprodukt des Erzbergbaus, verwendet worden. Bei neueren Restaurierungen von Fachwerkbauten werden die Gefache ebenfalls mit Steinmaterial, mit Hartbrandsteinen, Schaumsteinen oder Kalksandsteinen, ausgemauert, die dann mit einer Putzschicht überzogen werden.

Landschaftlich bedingte Besonderheiten der Ausfachung werden bei der Darstellung des Fachwerkbaus in dessen Blütezeit Erwähnung finden.

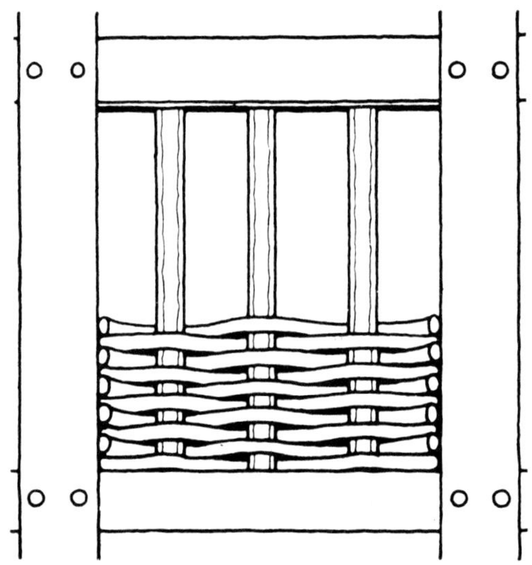

25 Staken-Flechtwerk für Strohlehmfüllung der Gefache

Mittelalterliche Fachwerkbauten

Die ältesten erhaltenen Bauten[11]

Noch 1974 konnte Günter Binding das vor seinem Abbruch im Jahre 1875 genau vermessene »Schäfersche Haus« in Marburg von 1320 als das »älteste Fachwerkhaus Deutschlands, von dessen Aufgehendem wir Kenntnis haben« bezeichnen. Und als ältester noch erhaltener Bau galt bis in die jüngste Zeit das Haus Kuhgasse 1 in Gelnhausen, dessen Entstehung Walbe um 1430 angenommen hatte, dessen Holz aber nach dendrochronologischen Untersuchungen 1350 geschlagen und kurz danach wohl auch verbaut worden ist.

Nach dendrochronologischen Untersuchungen sind nun noch eine ganze Reihe von mittelalterlichen Bauten ermittelt und genau datiert worden, darunter zwei aus dem 13. Jahrhundert stammende: das Haus Schellgasse 8 in Frankfurt-Sachsenhausen von 1291 und das Haus Römer 1 in Limburg a. d. Lahn von 1296. Das von Manfred Gerner entdeckte Haus in Frankfurt gibt in seiner jetzigen (verbauten) Erscheinung nicht viel her, so daß auf eine Beschreibung und ein photographisches Abbild hier verzichtet wird.

Der von Franz Josef Hamm entdeckte Giebelbau des Hauses Römer 1 in Limburg ist vermutlich ein Burgmannenhaus gewesen. Das Wort Römer bezeichnet keine Straße, sondern ein kleines Altstadtquartier auf dem dort flacheren Hang zwischen dem Burgberg, auf dem auch der Dom steht, und der Lahnniederung.

Der Bau diente früher als städtisches Armenhaus. Nach dem letzten Krieg wohnten hier ärmere Familien unter auch denkbar schlechten sanitären Verhältnissen. Das erklärt wenigstens zum Teil den schlechten Bauzustand, in dem sich das in früherer Zeit einmal überputzte Haus befand. Das ganze Ausmaß des schlechten Bauzustandes wurde allerdings erst offenbar, nachdem die Stadt das Gebäude an einen sanierungswilligen Bauherrn verkauft hatte und man mit der Freilegung begann. Dabei mußten die Füllungen aller Gefache und Decken, einschließlich der Bodenbeläge entfernt werden. Zuletzt stand nur noch das Fachwerkskelett mit dem Dach auf dem gemauerten Sockel.

Die ganze Anlage besteht aus zwei Teilen, einem westöstlich plazierten Vorderhaus und einem nach Nordosten gerichteten Hinterhaus. 62 zeigt rechts dieses Hinterhaus mit einem links angebauten Treppenturm und im Hintergrund einen Teil des Vorderhauses. Bei der Freilegung erwies sich, daß Vorder- und Hinterhaus aus verschiedenen Zeiten stammten. Das Vorderhaus hat eine Stockwerkkonstruktion und zeigt im Außenbild die aus der Zeit um 1500 im Hessisch-Fränkischen bekannten geschoßhohen, sich überkreuzenden gebogenen Streben an Eck- und Mittelständern. Das Vorderhaus ist vermutlich auf dem Fundament eines hier um 1500 abgebrochenen Turmes der Burgbefestigung errichtet worden.

Dendrochronologische Untersuchungen an drei Balken des Hinterhauses, die mit absoluter Sicherheit zum erstenmal verwendet wurden, hatten als Fälldatum den Winter 1294/95 und das Frühjahr 1296 ergeben. 1296 kann somit als das Erbauungsjahr des Hinterhauses angenommen werden.

Das Hinterhaus ist ein Ständerbau mit Schwellriegeln und starker Auskragung in der Längsachse. Alle Holzverbindungen waren Verblattungen; verblattet waren auch die Sparrenfüße mit den obersten Deckenbalken. Einzig an den die äußersten Deckenbalken abstützenden Bügen und im Ansatz der Hängepfosten waren Verzapfungen vorhanden.

Zur inneren Raumstruktur und im Zusammenhang beider Bauteile sind Fragen offen geblieben, doch konnte im großen und ganzen der ursprüngliche Zustand der Baugruppe geklärt werden. Das Außenbild entspricht dem ursprünglichen Zustand bis auf das achteckige Treppenhaus, das zur Erschließung der Anlage an der Tordurchfahrt zwischen Vorder- und Hinterhaus angebaut wurde. Formal ähnelt es dem Fachwerktreppenturm der benachbarten Johanniskapelle. Um zum Ausdruck zu bringen, daß es ein neuer Bauteil ist, wurden die Hölzer der Konstruktion nur schwach dimensioniert und auch in der Farbe von den alten Bauteilen unterschieden. Das Treppenhaus zeigt ein schwarzweißes Fachwerkbild, während die Hölzer der erhaltenen Bauteile nach altem Befund rot gefaßt sind. Der vorkragende Teil der Giebelseite des Hinterhauses ist mit Naturschiefer verkleidet.

Daß der Innenausbau modernen Wohnbedürfnissen gerecht werden mußte, liegt auf der Hand. Die Normalgeschosse haben Fußbodenheizung, die Wohnungen im Dachgeschoß Gasthermen. Im Dachgeschoß blieben alle tragenden Teile des Daches wie auch die frei stehenden Stützen sichtbar[12].

Wenn der südliche Giebelbau des Hauses Römer 1 in Limburg nach dem heutigen Stand der Erkenntnis auch nicht mehr der älteste der im deutschen Sprachraum erhaltenen Fachwerkbauten ist, so kann man ihn doch sicher den bedeutendsten der aus dem hohen Mittelalter erhaltenen nennen. Er ist außerdem ein Musterbeispiel der Wiederherstellung und Revitalisierung alter Bausubstanz.

Das jetzige *Haus Simonis* im Ortsteil *Kobern*
65 von Kobern-Gondorf a. d. Mosel ist der ehemalige Hof der Abtei St. Marien in Trier (auch »Mergener Hof« genannt). Das Erstaunlichste an dem 1320 erbauten Haus ist die Stockwerkszimmerung. Der Oberstock kragt nach drei Seiten aus. Nur die eine Giebelwand geht von der Schwelle bis zum Giebel in einer Ebene durch. Die Eckständer stehen nicht auf der Schwelle, sondern auf einem Mauersockel; die Schwellen sind in die Eckständer eingezapft.

An den Traufenseiten wurden die Deckenbalken um das Maß der Auskragung über das darunterliegende Rähm hinweggeführt. Im Giebel erfolgt die Auskragung durch kurze Stichbalken, die im Winkel von 90 Grad mit einem Deckenbalken verzapft sind. Ein Gratstichbalken läuft schräg zur Ecke. Die Deckenbalken sind auf das Rähm aufgekämmt. Das Dach ist ein Sparrendach mit doppelten Kehlbalken.

Auch die Zahl der Bauten des 14. Jahrhunderts, deren Datierung auf Grund der erwähnten dendrochronologischen Untersuchungen als gesichert angesehen werden kann, hat sich in den letzten Jahren beträchtlich erhöht. Neben dem Haus Simonis in Kobern-Gondorf und den hessischen Bauten in Gelnhausen, Gießen, Alsfeld und vermutlich Limburg sind es vor allem Bauten in Bad Windsheim in Franken, die nach Entdeckungen von Erich Wieser durch Bernd Becker in ihrem Alter dendrochronologisch bestimmt worden sind.

»Die ehemals freie Reichsstadt Windsheim hatte ihre Blütezeit im späten Mittelalter und im 16. Jahrhundert, an dessen Ende ihre Bedeutung durch die Verlegung der Haupthandelswege und dann vor allem durch die schweren Wunden, die ihr der 30jährige Krieg schlug, rapide sank, zumal sie etwa im Gegensatz zu Nürnberg und Rothenburg o.d.T. mit ihren großen Einzugsgebieten im wesentlichen auf den eigenen Stadtbereich beschränkt war. Mit Ausnahme einiger reicher Familien war die Bevölkerung arm und konnte nicht an den Bau teurer Häuser denken, sondern mußte sich in den aus der Blütezeit stammenden Häusern einrichten. So erhielt sich in Bad Windsheim eine Reihe von Häusern, die zum Teil fast bis in die Zeit der Stadtgründung um 1300 zurückreichen. Am Ende des letzten Krieges, der die Stadt verschonte, standen noch über 40 Gebäude aus dem 14. und 15. Jahrhundert, darunter der städtische Bauhof, ein Meisterwerk spätmittelalterlicher Zimmermannskunst«[13].

Der städtische Bauhof gehört allerdings schon dem 15. Jahrhundert an. Aus dem 14. Jahrhundert existieren – wenn auch nur in Teilen erhalten – die Häuser Weinmarkt 1 (von 1318), Schlüsselmarkt 7 (von 1334), Pfarrgasse 21 (von 1355) und die Scheune Prell in der Hans-Schmotzer-Straße (von 1398). Mit Ausnahme der Scheune Prell, die ein reiner Ständer- oder Säulenbau ist, haben die übrigen Bauten aus dem 14. Jahrhundert ein dem erdgeschossigen Unterbau (Ständerbau) aufgesetztes Stockwerk. Das gilt auch für die Bauten des 15. Jahrhunderts. Die Ständer des ein- oder zweigeschossigen Unterbaus stehen auf Einzelfundamenten und sind, da Schwellen oder Schwellriegel fehlen, in der Kopfzone durch aufgeblattete Bänder verstrebt. Alle Bauten verkörpern die Frühstufe des alemannischen Fachwerkbaus.

Der älteste hessische Fachwerkbau des 14. Jahrhunderts ist das Haus Hirschberg 13 in Marburg von 1321, jedenfalls stammen die ältesten Hölzer, die bei der Sanierung des Hauses Ende der 70er Jahre wiederverwendet wurden, nach dendrochronologischem Befund aus dieser Zeit. Das Haus ist ein dreigeschossiger Ständerbau, dessen Giebelseite und Dachgeschoß schon 1477 umgebaut wurden. Das heutige Erscheinungsbild ist also vermutlich nur eine Annäherung an den ursprünglichen Zustand. Mit den anderen hessischen Bauten des 13. und 14. Jahrhunderts verbinden das Haus die in Firstrichtung liegenden Deckenbalken, die eine Auskragung im Giebel leicht machten.

Das bekannteste Fachwerkhaus des 14. Jahrhunderts in Hessen ist wohl das Haus Kuhgasse 5 (früher Kuhgasse 1) in Gelnhausen, das, nachdem es gegen Ende des letzten Krieges noch beschädigt worden war, Ende der 60er Jahre gut restauriert worden ist.

Heinrich Winter vermutete, daß das Haus durch Wegnahme seines obersten Geschosses und durch Verkürzung des Grundrisses in Traufenrichtung verstümmelt worden ist. Das hohe Untergeschoß war ursprünglich eine ungeteilte Halle; nach Herausnahme einer Zwischendecke hat es wieder die ursprüngliche Höhe.

Winter hat eine Rekonstruktion des ursprünglichen Zustandes mit dem nicht mehr vorhandenen zweiten Obergeschoß versucht. 26

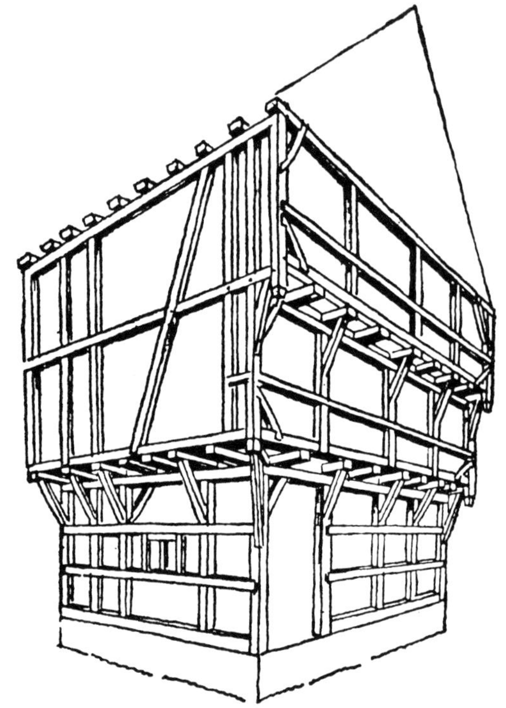

26 Gelnhausen, Kuhgasse 1; Rekonstruktion des Außenwandgefüges und Innengerüstes einschließlich des später entfernten zweiten Obergeschosses

27 Alsfeld, Hersfelder Straße 10/12 um 1370

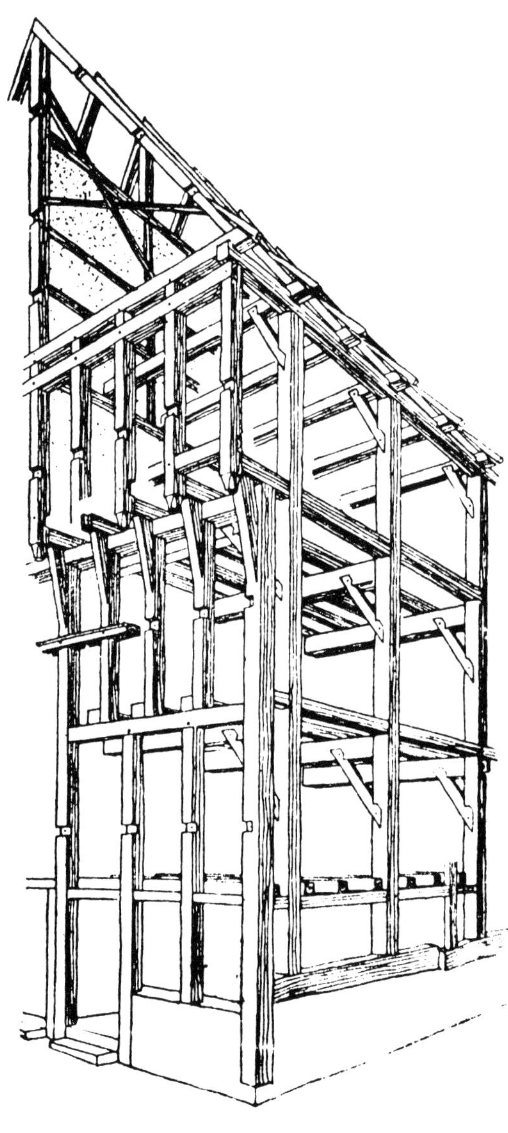

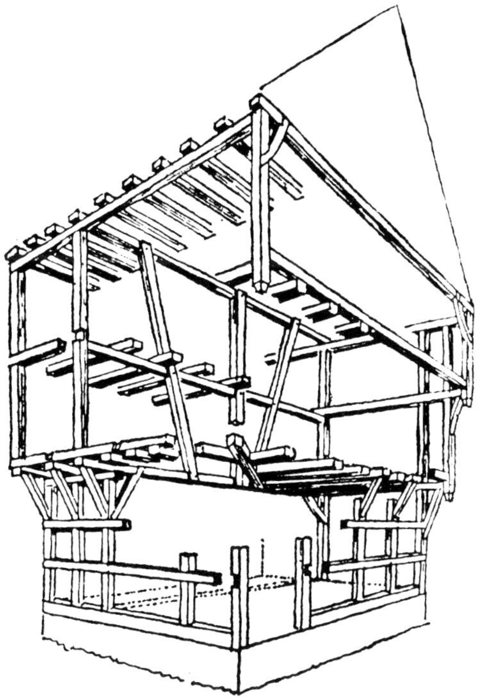

28 Gießen, Burgmannenhaus in der Georg-Schlosser-Straße; Ausbildung der Vorkragung im Ständerbauteil

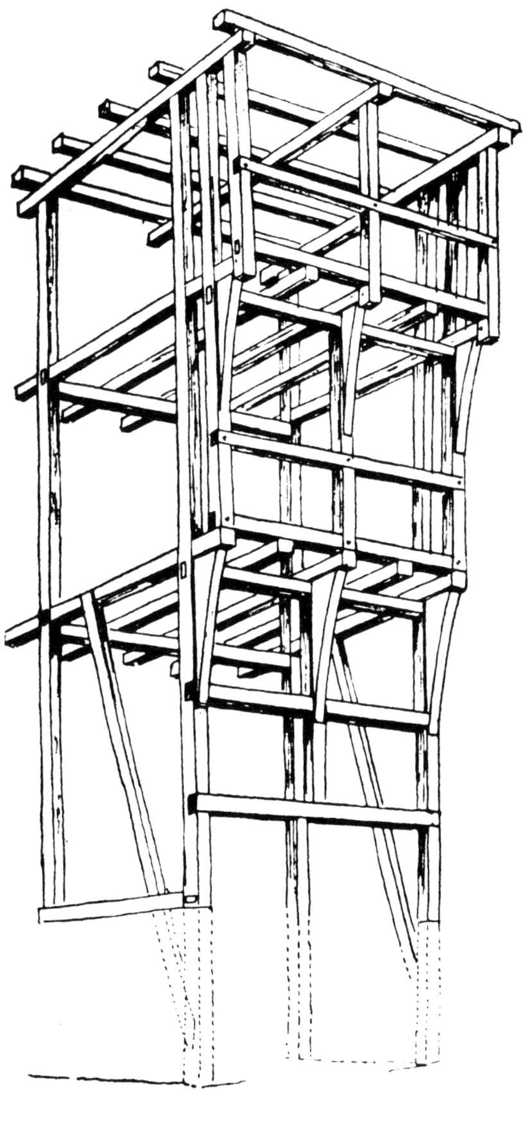

Dieses Geschoß kragte nur im Giebel aus. Die Traufenseite beider Geschosse ist in Ständerbauweise gebildet: Stiele und Streben gehen über beide Geschosse hinweg. Das Haus hat also nur teilweise Stockwerkszimmerung. Die Hängesäulen im Obergeschoß erinnern an Haus Simonis in Kobern.

Das Haus steht nicht auf einem Schwellenkranz. Die Eckständer stehen auf den Außenmauern des Kellergeschosses. Die Schwellriegel liegen in Giebel- und Traufenseite nicht auf gleicher Höhe.

68 Das Haus Hersfelder Straße 10/12 in Alsfeld von um 1370 ist durch eine Scheidewand in Firstlinie ein zweischiffiger Bau, der aber erst durch einen Umbau des Jahres 1651 zum Doppelhaus wurde. Dabei wurde auch die ursprüngliche hohe Halle im Erdgeschoß in zwei Geschosse geteilt. Dem viergeschossigen Ständerbau mit Längsbalkenlage über zwei Drittel der Firstlänge ist im obersten Geschoß eine Fassade in Stockwerkszimmerung vorgesetzt; die Ständer der Vorkragung stehen nicht auf Schwellen, sondern sind mit den in Firstrichtung liegenden Deckenbalken verzapft und hängen mit ihren zugespitzten Enden über die Geschoßnaht herunter, wie das übrigens auch bei dem 1875 in Marburg abgebrochenen, vorher von Carl Schäfer vermessenen und in Zeichnungen dargestellten sog. »Schäferschen Haus« (von um 1320) der Fall war. Die überstehenden Balkenenden sind durch Knaggen verriegelt.

Das Alsfelder Haus ist in vielen Teilen verändert – durch Ersatz von Fachwerkwänden durch Mauern, in der Innengliederung und vor allem in der Erdgeschoßzone. Das Fachwerk wurde 1959 freigelegt, eine Sanierung der linken Haushälfte hat in jüngster Zeit stattgefunden.

Das 1349 erbaute Burgmannenhaus, das spätere »Leibsche Haus« in Gießen, Georg-Schlosser-Straße (früher Kirchstraße), wurde gegen Ende des letzten Krieges noch schwer beschädigt, in den Jahren 1976/77 aber wiederhergestellt – und ist nun nicht nur ein lebendiges Zeugnis der Stadtgeschichte, sondern auch eines der bedeutendsten Dokumente des Fachwerkbaus im 14. Jahrhundert.

Das Haus lehnt mit seiner (westlichen) Giebelseite an die Stadtmauer an und wurde an der Südwestecke um einen Turmstumpf herumgebaut. Der durch die Bombe aufgerissene Baukörper ließ deutlich erkennen, daß er im Innern durchgehend ein Ständerbau war, dem in Unter- und Mittelgeschoß nach zwei Seiten, im Obergeschoß nach drei Seiten ein Rähmbau vorgesetzt war. Die Vorkragung erfolgt giebelseitig durch Stichbalken, an der (südlichen) Traufenseite durch Überstehen der Deckenbalken.

Die nebenstehende Zeichnung zeigt die Ausbildung der Vorkragung im Ständerbauteil. Jeder zweite Deckenbalken wird von einer lang heruntergezogenen Knagge unterstützt, die keine verriegelnde, sondern nur eine die Auskragung abstützende Funktion hat. Die Ständer gehen jeweils bis zur Dachbalkenlage durch. Dadurch häufen sie sich in der Auskragung von Geschoß zu Geschoß. Ursprünglich war der vordere Teil des Hauses eine durch zwei Geschosse gehende hohe Halle. Die innere Gliederung des Hauses war insofern mittelalterlich, als nur große, undifferenzierte Räume nebeneinander lagen.

Fragt man nach dem Gemeinsamen der ältesten noch erhaltenen oder durch Aufmaß und zeichnerische Darstellung genau bekannten Fachwerkbauten, so ist bemerkenswert, daß sie alle mehrgeschossige Stadthäuser, also Bürgerbauten sind, deren Zimmerungstechnik einen hohen Stand handwerklichen Könnens zeigt. Da dieses handwerkliche Können wohl nicht plötzlich und unvermittelt aufgetreten sein kann, läßt sich die Behauptung wagen, daß der Fachwerkbau schon im hohen Mittelalter voll entwickelt war. Das Haus Simonis ist ein reiner Stockwerksbau, während bei den übrigen Bauten die Ansätze zum Stockwerksbau und Ständerbau sich vermischen.

Gemeinsam ist den ältesten Bauten die reine, man möchte sagen: sparsame Konstruktion. Es fehlt jedes schmückende Element. Die statischen Vorgänge in einem Wandgerüst aus durch Verblattung oder Verzapfung miteinander verbundenen Hölzern sind bewußt geworden; der größten Gefahr, dem Verschieben, ist begegnet. Durch Kopfstreben oder Kopfbänder, wandhohe Streben und Schwertungen sowie Knaggen und Büge wird das Hausgerüst in Längs- und Querrichtung gesichert.

Der Pfostenbau ist also im hohen Mittelalter – mit Ausnahme vielleicht kleinerer Bauten, die haushandwerklich erstellt wurden – aufgegeben. Es wurde schon erwähnt, daß gerade vom Hausbau der Jahrhunderte um die Jahrtausendwende weniger bekannt ist als in vor- und frühgeschichtlichen Epochen. Lag es daran, daß man zum Ständerbau übergegangen war, die Ständer aber nur auf einzelnen Steinen standen oder Schwellen und Schwellriegel direkt dem Boden auflagen und so nach ihrem Vermodern keine Spur hinterließen? Das erklärt vielleicht die Tatsache, daß unter den ältesten erhaltenen Bauten kein Bauernhaus ist.

Alle Hölzer der beschriebenen ältesten Bauten sind kantig behauen oder schon gesägt. Naturwüchsige Hölzer sind nicht einmal als Streben genutzt. Neben der älteren Verblattung wird weitgehend die Verzapfung zur Verbindung der konstruktiven bedeutsamen Hölzer angewandt.

Merkmale der ältesten hessischen Fachwerkbauten sind die Längsbalkenlage und die mit vorkragenden Deckenbalken verzapften Ständer, die über diese Verbindung mit zugespitztem Ende herunterhängen. Diese am besten als Hängestützen oder Hängesäulen zu bezeichnenden senkrechten Hölzer zeigt auch das Haus Simonis an den Hausecken – neben den erwähnten hessischen Bauten des 13. und 14. Jahrhunderts. Im 15. Jahrhundert gibt es diese Hängesäulen nicht mehr. Da aber eine kleinere Anzahl hessischer Fachwerkbauten Längsbalkenlage und/oder Hängesäulen besitzen, kann angenommen werden, daß sie in absehbarer Zeit als Bauten des 14. Jahrhunderts genau datiert werden können. Es sind das u. a. ein Haus in Lich und Häuser in Limburg am Fischmarkt, Kornmarkt und in der Kolpingstraße.

Die Bauten des 15. Jahrhunderts

Entwicklungen richten sich nicht nach »runden« Jahreszahlen. So ist auch im gegebenen Zusammenhang unter »15. Jahrhundert« nur eine ungefähr abgegrenzte Zeit in einer fließenden Entwicklung zu verstehen.

Wenn aus den ältesten erhaltenen Bauten geschlossen werden kann, daß der Fachwerkbau im hohen Mittelalter voll entwickelt war, so kann es sich im späten Mittelalter – im Verlauf des 15. Jahrhunderts – nur um die weitere Differenzierung eines entwickelten Zustandes handeln. Die aus diesem Zeitabschnitt erhaltenen Bauten bestätigen das.

Es sind dies schon so viele, daß sie hier nicht alle aufgezählt werden können. Allein fünf Bauten stehen in Bad Windsheim, elf in Sindelfingen – neben den schon länger bekannten Bauten in Untergrombach (1430), Bauschlott (1442), Eppingen (1400, 1474, 1488), Pfullendorf (spätes 15. Jahrhundert), Nürnberg (1489) und Forchheim (spätes 15. Jahrhundert). Über 40 Fachwerkbauten des 15. Jahrhunderts allein in Hessen zeigt der Autor in seinem Buch *Der Fachwerkbau in Hessen* im Bild. Unter den Fachwerkbauten des 15. Jahrhunderts sind Objekte, die als beispielhafte Verkörperungen des Fachwerkbaus gelten können. Bezeichnenderweise sind es Rathäuser, und eine der großartigsten Verwirklichungen dieser Bauten der Gemeinschaft stammt noch aus der ersten Hälfte des Jahrhunderts: das 1430 erbaute Rathaus in Esslingen. Älter ist zwar das Rathaus in Mühlheim a. d. Donau von um 1400, doch hat es durch eine neuere Wiederherstellung nicht mehr ganz seinen ursprünglichen Charakter, den das Rathaus in Esslingen wahren konnte.

Im Zusammenhang mit dieser Tatsache muß die Feststellung getroffen werden, daß uns im 15. Jahrhundert der Fachwerkbau landschaftlich differenziert gegenübertritt. Die Rathäuser von Esslingen und Mühlheim a. d. Donau verkörpern ein ganz anderes konstruktives Gefüge, als es bei den ältesten Bauten im mitteldeutschen Raum vorgefunden wurde. An dem Grundprinzip des Fachwerkbaus, einem Gerüst aus senkrechten und waagrechten Hölzern, in dem durch Streben oder Bänder Dreiecksverbindungen geschaffen werden, ändert sich freilich nichts, doch gibt es verschiedene Möglichkeiten, die grundlegenden Elemente des Fachwerkbaus zu dimensionieren und miteinander zu verbinden und dabei doch immer der Forderung steifer Wände und der Sicherung des Hausgerüstes gegen Umkippen zu genügen.

Die landschaftlichen Besonderheiten sind natürlich nicht plötzlich da. Auch sie haben ihre Geschichte. Für den Fachwerkbau, der uns in den Rathäusern von Esslingen und Mühlheim a. d. Donau und vielen Orten im südwestlichen Deutschland und angrenzenden Gebieten der Schweiz und des Elsaß begegnet, hat Hermann Phleps den Versuch unternommen, ihn mit dem Volksstamm der Alemannen, die im Südwesten siedelten, in Verbindung zu bringen und von daher zu benennen.

Gegen Ende des Jahrhunderts bildet sich im Hessisch-Fränkischen ein Schwerpunkt des Fachwerkbaus. Hier wird ein Niveau erreicht, das etwa die Rathausbauten vom Ende des 15. bis über die Hälfte des folgenden Jahrhunderts – Michelstadt im Odenwald (1484), Frankenberg (1509), Alsfeld (1512–16) und Melsungen (1556) – zu den Großleistungen der Holzbaukunst zählen läßt.

Im niederdeutschen Raum sind aus dem 15. Jahrhundert nur bescheidenere Beispiele bekannt, nachdem etwa der wegen seines mittelalterlichen Gefüges bisher in die erste Hälfte des 15. Jahrhunderts datierte »Ochsenkopf« in Münden nach dendrochronologischen Untersuchungen erst 1528 – dem Fälljahr des zum Bau benutzten Eichenholzes – errichtet worden ist.

Die Grenzen zwischen den verschiedenen Konstruktionsweisen und Stilrichtungen des Fachwerkbaus zu ziehen, bereitet Schwierigkeiten. Die Ausbreitung hat sich weder an politische Grenzen gehalten noch ist sie durch geographische Barrieren aufgehalten worden. Es gibt breite Überlappungszonen, am breitesten ist die zwischen dem oberdeutsch-alemannischen und dem mitteldeutsch-fränkischen Fachwerkbau. Die Grenzen verschieben sich im Verlauf der Entwicklung. Der alemannische Fachwerkbau in seinen charakteristischen Formen endet mit dem 16. Jahrhundert, während der mitteldeutsch-fränkische Fachwerkbau sich nicht nur nach Süden, sondern auch nach Norden ausdehnt. Der niederdeutsche Fachwerkbau nimmt dadurch eine Sonderstellung ein, daß er sich an einem anderen Haustyp verkörpert: dem niederdeutschen Hallenhaus. Das ist eine grundlegend andere Hausform als etwa das gestelzte Haus im Schwäbisch-Alemannischen oder mitteldeutsch-fränkische Hausformen.

Noch schwieriger wäre es, eine allgemeine Entwicklungsgeschichte des Fachwerks zu schreiben und die Entwicklung in bestimmte unterscheidbare Zeitabschnitte zu unterteilen. Für das hessisch-fränkische Fachwerk hat H. Walbe eine solche Einteilung versucht. Er unterschied eine »Zeit des Übergangs«, die für ihn die Jahre von etwa 1470–1550 umfaßte, von der nachfolgenden »Zeit der Beharrung«: die klassische Zeit des Fachwerkbaus bis etwa zur ersten Hälfte des 17. Jahrhunderts und den folgenden Niedergang gegen Ende des 18. und im Verlauf des 19. Jahrhunderts. Walbe sah in der Zeit um 1470 die Wende vom Mittelalter zu neuen Formen, die dann etwa von der Mitte des 16. Jahrhunderts zum konstruktiven Standard werden. In der Folgezeit sind das einzig Neue die dekorative Anordnung verstrebender Hölzer und ausgesprochene Schmuckformen im Stil der jeweiligen Hochkunst von der Renaissance bis zum Barock. Fachwerkbau wird in dieser Epoche zur Baukunst, wenn man darunter ein Mehr an Lust für das wahrnehmende Auge über Konstruktion und Zweckbestimmung hinaus versteht.

Fraglos kann man von Fachwerkbauten sprechen, die ihrem Wesen nach gotisch-mittelalterlich sind: alle Ständerbauten, die mit ihren über mehrere Geschosse, im Giebel bis zu Sparren und First hochschießenden Ständern ganz den Geist des ungebrochen Hochstrebenden der Gotik verkörpern. Im Gegensatz dazu entsprechen die Stockwerksbauten mit dem Lagern von Stockwerk auf Stockwerk und der Häufung von Hölzern in der Nahtstelle der Aufstockungen – der breiten Gebälkzone aus Balken, Rähm und Schwelle – ganz dem Geist der Renaissance, die im Gegensatz zur Gotik die Waagrechte betont. Dafür Abgrenzungen und Datierungen anzugeben, ist nur ungefähr möglich.

Es wird um so unmöglicher, je mehr man auch noch das Bauernhaus in die Betrachtung mit einbezieht. Es sind wechselseitige Beziehungen oft recht komplizierter Art. Die bäuerliche Überschußbevölkerung, die mit der Gründung von Städten im frühen Mittelalter in die Städte zieht, nimmt für das städtische Leben als Akkerbürger die Form des Bauernhauses mit in die Stadt. Sie muß sich dort jedoch mehr und mehr den von vornherein enger gezogenen oder enger werdenden Grundstücksgrenzen in der Stadt anpassen. In der Blütezeit der Städte im ausgehenden Mittelalter und in der frühen Neuzeit entwickelt sich dann das städtisch-bürgerliche Leben nach den neuen Möglichkeiten und daraus resultierenden Bedürfnissen. Das Dorf gerät unter den Einfluß der Stadt – nicht überall und nicht überall in gleicher Weise. Der Grad der Beeinflussung ist von vielen Faktoren abhängig. In abseitiger, verkehrsfeindlicher Lage ist er weniger wirksam als in der unmittelbaren Nähe von Städten oder wichtigen Verkehrswegen. Er ist in den Heide- und Sandgebieten Niederdeutschlands oder den rauhen Hochlagen der Mittelgebirgslandschaften (wie Eifel, Westerwald oder den Albgebieten) weniger spürbar als in den fruchtbaren Niederungen mit Lehm- oder Lößboden. Der Anbau von Getreide und die Viehwirtschaft sind gewinnbringender als etwa die Schafzucht. Ein gewisser Wohlstand ist aber die Bedingung für ein Bauen, das nicht nur für Mensch und Tier den gerade notwendigsten Schutz schafft, sondern den Wohlstand in gebauter Form auch zum Ausdruck bringen will. Ein wenig mag auch der Volkscharakter mitspielen. Den Westfalen sagt man ein Festhalten an der Tradition nach. In Gebieten regen Verkehrs wie etwa am mittleren Rhein und am Unterlauf seiner Nebenflüsse ist man eher geneigt, Städtisches zu übernehmen und dem rein Repräsentativen mehr Raum zu geben. Doch konnten das zunächst nur die adligen Grundherren. Es bestand noch lange ein ökonomisches Gefälle zwischen dem Bürger der aufblühenden Städte und den in Dörfern wohnenden Bauern. Der Bauer war der letzte Stand in der gesellschaftlichen Hierarchie, der Ausgebeutete – man denke nur an die Bauernkriege im dritten Jahrzehnt des 16. Jahrhunderts, in denen die Bauern u. a. die Einschränkung der Lasten und Dienste und die Aufhebung der Leibeigenschaft verlangten. Örtlich begrenzte Bauernaufstände hatte es schon seit der Mitte des 15. Jahrhunderts gegeben. Vor allem im Bereich des niederdeutschen Hallenhauses gibt es dann im 17. und 18. Jahrhundert wohlhabende Großbauern, die dem von ihnen bewohnten und bewirtschafteten Haus auch eine repräsentative Form zu geben versuchten.

Solche Bauten nun, vom großbürgerlichen städtischen Bauen beeinflußt und mit ihm in Wettbewerb tretend, konnten nicht mehr von ländlichen Haushandwerkern erstellt werden, wie es für das kleinbäuerliche Bauen über Jahrhunderte die Regel war und wenigstens als Hilfe beim Bauen noch lange blieb. So ist es kein Wunder, daß aus dem 15. Jahrhundert nur zwei Bauernhäuser erhalten geblieben sind.

Für viele Landschaften und Städte ist der Dreißigjährige Krieg eine einschneidende Zäsur gewesen, weniger als Bruch der Bautradition, sondern durch den wirtschaftlichen Niedergang. Brandkatastrophen hat es aber auch schon vorher und natürlich auch noch nachher gegeben. Von der Brandkatastrophe, die 1476 die nordhessische Stadt Frankenberg zerstörte, hat ein zeitgenössischer Chronist eine erschütternde Schilderung gegeben[14]. Daß Holzbauten leichter ein Opfer der Flammen werden, liegt auf der Hand.

Es ist uns heute unvorstellbar, wie wenig die Fachwerkhäuser im Mittelalter gegen Feuer geschützt waren. Der Rauch der offenen Herdfeuer zog in hölzernen Schlöten ab, auf den Dächern aus Stroh entfachten die mitgeführten Funken nur zu leicht einen Brand, der dann von Dach zu Dach und von Haus zu Haus sprang. Keine Stadt ist im Mittelalter von verheerenden Bränden verschont geblieben, einzig aus Stein gebaute Kirchen, Klöster, Burgen, Wohntürme oder die für den norddeutschen Raum so charakteristischen Kemenaten widerstanden wenigstens in ihrem Mauerwerk der Zerstörung durch das Feuer. Die Obrigkeit der Städte ist deshalb früh bestrebt gewesen, hier Abhilfe zu schaffen. Schon im Mittelalter hat es bei mehrgeschossigen Häusern der Stadt Nürnberg den »steinernen Fuß« gegeben, d. h. die Häuser wurden wenigstens auf einen soliden Steinsokkel gestellt. In Nürnberg waren ab 1522 nur noch mit Ziegelsteinen gemauerte Schlöte zugelassen. Gleichzeitig wurde gefordert, den untersten Gaden, also das Erdgeschoß, nur noch in Stein zu errichten. 1598 wurde vom Rat der Stadt beschlossen, daß nicht nur der erste, sondern auch der »andere und der dritte Gaden« in Stein aufzuführen seien, nur der letzte und oberste Gaden durfte in Fachwerk errichtet werden. 1616 konnte dann der Rat befehlen, daß bei Neubauten das Gebäu »von Grund auf bis unter das Dach, ringsherum von Stein aufzuführen sei«. Bei armen Leuten war man etwas nachsichtiger, verlangte aber auch von ihnen, »vor das Holzwerk einen halben Schuh breit mit Back- oder Mauersteinen vormauern zu lassen, damit man von der Feuersgefahr und -not um soviel mehr befreit sein möge«[15]. Diese Bauordnung wurde immer wieder erneuert. Erst gegen Ende des 18. Jahrhunderts ließ man von dem Vormauern der Fachwerkhäuser ab, weil mittlerweile das Verputzen der Fassaden allgemein in Gebrauch gekommen war.

In Frankfurt ist erst 1578 das Erdgeschoß in Mauerwerk verlangt worden – für die, »die eines gewissen Vermögens seien«, in anderen Städten noch später. Doch wird damit der Entwicklung schon vorausgegriffen. Ehe es zum Verputzen und zur Anpassung des Fachwerkbaus an den Steinbau kam, erreichte er seine Blütezeit oder seine klassische Epoche. Sie ist nicht genau abzugrenzen. Wie man schon das Rathaus von Michelstadt von 1484 dazu rechnen kann, so sind auch noch nach dem Dreißigjährigen Krieg Bauten entstanden, denen man das Attribut des Klassischen zubilligen kann. Die jeweiligen Höhepunkte des ober-, mittel- und niederdeutschen Fachwerkbaus fallen nicht in die gleiche Zeit. Die Entwicklung beginnt im Südwesten und ist dort auch am frühesten abgeschlossen. Die Höchstleistungen des Fachwerkbaus allgemein liegen ohne Zweifel nördlich der Mitte, wenn man den Main etwa als halbierende Linie nimmt. Im Norden wird aber erst im 16. Jahrhundert die volle Reife erreicht.

Der schon im 15. Jahrhundert sich zeigenden Differenzierung wird nun eingehender nachgegangen, d. h. der Reihe nach das oberdeutsch-alemannische, das mitteldeutsch-fränkische und das niederdeutsche Fachwerk in seinen Eigentümlichkeiten charakterisiert werden, wobei im Bildteil den ältesten erhaltenen Bauten die Beispiele des oberdeutsch-alemannischen Fachwerkbaus (mit Einbeziehung einiger Schweizer Bauten) ohne Zäsur folgen und zum Schluß den Beispielen des mitteldeutsch-fränkischen Fachwerkbaus eine kleine Anzahl von Fachwerkbauten aus Frankreich zum Vergleich gegenübergestellt wird.

Die Blütezeit des Fachwerkbaus

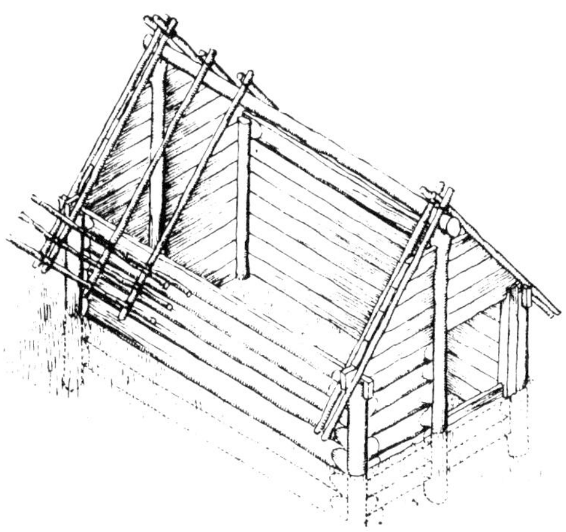

29 Nachbildung des Gefüges von Pfostenhütten (anhand von Bodenfunden) bei Burgheim a. d. Donau und bei Merdingen, Ldkr. Freiburg

30 Gestelzter Speicher aus Dielsdorf, Kanton Zürich

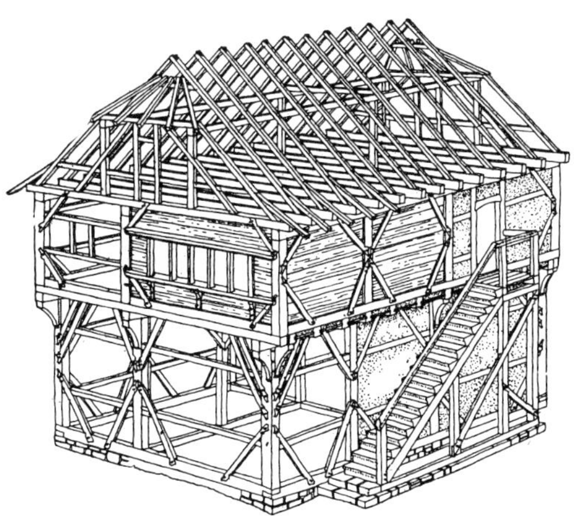

31 Gestelztes alemannisches Haus

Der oberdeutsch-alemannische Fachwerkbau

Der alemannische Fachwerkbau mit seinem Kerngebiet im südwestlichen Deutschland und angrenzenden Gebieten der Schweiz hat sich aus dem Bohlenständerbau entwickelt. Damit ist eine Bauweise bezeichnet, bei der die Abstände zwischen den Ständern durch stehende oder liegende Bohlen ausgefüllt sind, wobei die Füllung durch stehende Bohlen die ursprünglichere ist. Sie hat sich in den mittelalterlichen norwegischen Stabkirchen in einer entwickelten Form erhalten.

Den alemannischen Bauten können vertiefte Hütten vorausgegangen sein, wie sie Hermann Phleps an Hand von Bodenfunden bei Burgheim a. d. Donau und bei Merdingen nachzubilden versucht hat.

Das Gefüge einer solchen einräumigen Hütte besteht aus dem bekannten Firstgestell mit Gabelstützen für die Firstpfette und vier eingegrabenen niederen Eckpfosten mit Fußpfetten, auf denen die oben eingehängten scherenartig verbundenen Rofen mit ihrem unteren Ende aufliegen. An ihren Enden zugespitzte Halbhölzer sind in Nuten der Pfosten eingeschoben. Die Pfostenhütte unterscheidet sich in ihrem Gefügebild kaum von einer späteren nicht eingetieften Scheune aus dem schwedischen Aakraberg.

Einen entwickelten, typisch alemannischen Ständerbohlenbau zeigt die Zeichnung nach einem gestelzten Speicher aus dem Anfang des 17. Jahrhunderts in Dielsdorf, Kanton Zürich.

Als gestelzt bezeichnet man im alemannischen Hausbau ein zweistöckiges Haus, in dem das hohle Untergeschoß den Wirtschaftsteil, das Obergeschoß den Wohnteil bildet. Beim gestelzten Speicher kann das Untergeschoß einen Wagen und Geräte aufnehmen, im Obergeschoß lagern Erntevorräte, können Wertsachen aufgehoben, kann notfalls auch geschlafen werden.

In jedem Stock des Dielsdorfer Speichers bilden die Wände einen Rahmen aus Ständer, Schwelle und Rähm, in dem die untereinander genuteten oder gespundeten Bohlen eingenutet sind. Im Obergeschoß wechseln dabei schwächere breite mit schmalen stärkeren Bohlen. Im Oberstock sind die Ständer mit Schwelle und Rähm durch aufgeblattete Kopf- und Fußbänder winkelfest verbunden. Auf der Giebelseite des Oberstocks greifen zwei Riegel von Ständer zu Ständer, sie außen überblattend. Die Riegel sind das einzige Bauelement, das eine dekorative Weiterbehandlung erfahren hat. Für den optischen Eindruck ist es ein durchlaufender (Brust-)Riegel.

Der Speicher zeigt ein weiteres Merkmal nicht nur des Bohlenständerbaus, sondern auch des alemannischen Fachwerkbaus, die soge-
nannte Ständerschale: Die Ständer des Ober- 32
stocks sind an ihrem Fuß verstärkt und greifen mit einem Blatt über die Verbindung von Schwelle und Ständer hinweg. Man spricht auch von einem Schwebeblatt. Die Ständerschale gibt einen gewissen Schutz gegen das Eindringen von Wasser in die Verzapfungsstelle.

Der Schwebegiebel oder das Fluggespärre des Dielsdorfer Speichers gehört nicht unbedingt zum Bohlenständerbau oder alemannischen Fachwerkbau. Hierbei hängen die vordersten Sparren, Kehlbalken und Dachbalkenstummel gewissermaßen in der Luft. Dem Kundigen verraten diese Häuser, daß das Dach kein Rofendach mehr ist, sondern ein Sparrendach mit einem stehenden Stuhl unterhalb der Kehlbalkenlage. Zum Bohlenständerbau gehört ein Dach, das keinen Schub auf die Außenwände ausübt, d. h. ein Sparrendach mit Bund- oder Kehlbalken und – in der Regel – einem stehenden Stuhl.

Eine Rekonstruktion des gestelzten alemannischen Hauses, sozusagen dessen reinste Ver-
körperung, hat Otto Gruber versucht. Beim ge- 31
stelzten Haus wird der Oberstock durch eine Treppe an der Außenwand erschlossen. Die Merkmale des Bohlenständerbaus, der sich ja nur durch die Füllung vom alemannischen Fachwerkbau unterscheidet, treten deutlich in Erscheinung: weite Ständerstellung, angeblattete Fuß- und Kopfbänder, die an den Eckständern verdoppelt sind; durchlaufende Brust- und Sturzriegel, zwischen denen die (niedrigen) Fenster eingespannt sind. Bohlenwand sind nur die Außenwände der großen Wohnstube im Oberstock; Sparrendach mit stehendem Stuhl, das Dach im oberen Giebeldrittel abgewalmt.

Solche gestelzten Häuser waren die herausgehobenen Bauten von Vögten oder grundherrlichen Verwaltern. Das heutige Rathaus in Reichenau-Mittelzell ist eine ehemalige Vogtei. Unter den erhaltenen älteren alemannischen Fachwerkbauten gibt es mehrere solcher Vogthäuser. Daß sie sich besser erhalten haben als die einfachen eingeschossigen Häuser vom Grundherrn abhängiger zinspflichtiger Bauern, liegt auf der Hand. In den Vogteien brauchte man Stapelraum für die vom Bauern abzuliefernden Produkte. Darüber hinaus hatte man eine gewisse Repräsentationspflicht. So waren die Wohnräume der Vogthäuser besonders reich ausgestattet. Der große Wohnraum hatte eine flachrunde Bohlen- oder Bohlenbalkendecke. Das sah nicht nur gut aus, sondern hatte auch wärmetechnische Vorzüge. Die Bohlenbalkendecke ist übrigens im alemannischen Raum der erste Versuch, im großen ungegliederten einräumigen Haus einen Raum auszusondern, ein Haus im Haus zu schaffen, indem man ihm eine Decke gab, die noch kein Boden für einen darüber liegenden Stock war.

Zu den großen Wohnstuben herausgehobener Häuser gehört ein weiteres Element alemannischen Fachwerkbaus: der Fenstererker.

Sein Ursprung liegt in den seitlich verschiebbaren Fensterläden, die man vor den von Brust- und Sturzriegel eingepaßten Fenstern anbrachte. Dazu mußten die beiden Riegel verstärkt werden und vor die Wand vorspringen. Man verband sie durch ebenfalls vorspringende Fenstersticle. Dadurch kam der ganze Fensterrahmen erkerartig vor die Flucht der Außenwand zu liegen.

Das aus dem Sturzriegel herausstehende Brett ist eine sogenannte *Keildiele*, die nachgeschlagen werden konnte, wenn die ineinandergenuteten Deckenbohlen durch Austrocknen keine feste Verbindung mehr hatten.

Die Wandlung vom Bohlenständerbau zum Fachwerkbau hat sich über einen längeren Zeitraum erstreckt. An den beiden Außenwänden der großen Wohnstube blieb die Bohlenwand noch lange erhalten. Auch die weite Ständerstellung der Bohlenwände blieb zunächst bestehen. Zusammen mit den die ganze Wand überlaufenden Brust- und Sturzriegeln, die ein Stockwerk in drei fast gleiche waagrechte Streifen teilen und den Gefachen die Form liegender Rechtecke geben, sind sie ein typisches Merkmal des alemannischen Fachwerkbaus. Gerade der Eindruck des breit Lagernden der aus Schwelle, Riegel und Rähm gebildeten Gefachstreifen unterscheidet das alemannische Fachwerk vom fränkischen, bei dem durch die dicht stehenden Ständer bzw. Stiele, und die dazwischen eingezapften kurzen Riegel die Senkrechte vorherrscht.

Trat bei der Ausfachung an die Stelle des flexiblen Flechtwerks die Ausmauerung, so mußten die Ständer dichter zusammenrücken, damit die Gefache kleiner werden. Zu große gemauerte Gefache wären leicht herausgefallen.

Ein weiteres Merkmal alemannischen Fachwerkbaus hatte schon die Bohlenwand: die aufgeblatteten Kopf- und Fußbänder, die Schwelle und Rähm mit dem Ständer winkelfest verbinden. Bänder sind im Gegensatz zur Strebe schwächer als die Wand. Es gibt Bänder von nur drei Zentimeter Stärke. In der Regel haben die Bänder mindestens die Stärke der halben Wand. Dem Umriß der Blätter widmet man besondere Sorgfalt. Die Bänder sind nicht nur als einfaches Hakenblatt, als Weichschwanz oder Schwalbenschwanz gebildet, sondern verbinden sich auch in einem mehr oder minder stark gezahnten Umriß mit dem Ständer.

Durch Verdoppelung der Bänder wird verständlicherweise eine zusätzliche Festigkeit erreicht. Man findet sie hauptsächlich an den Eckständern. Das Rathaus in Markgröningen (70) hat solche eingeblatteten Kopfbänder mit stark gezahntem Umriß auf der Innenseite des spitzen Winkels, den die Kopfbänder mit dem Ständer bilden. Die Fußbänder des Oberstocks sind mit Hakenblatt in die Schwelle eingeblattet. Ständer und Schwelle des Oberstocks stehen auf den bis an die Außenfläche der Wand auf die Balken gelegten Fußbodendielen.

Da im Bohlenständerbau und damit auch im alemannischen Fachwerkbau die Ständer weit auseinanderstehen, mußten die Rähme verdoppelt werden, um das Durchbiegen zu verhüten.

Noch ein weiteres allgemeines Charakteristikum des alemannischen Fachwerkbaus kann der Aufnahme des Markgröninger Rathauses entnommen werden: der Verzicht auf jegliche plastische Dekoration – auf Dekoration überhaupt, wenn man in dem gezahnten Umriß der Bänder und den vorstehenden Holznägeln ein rein konstruktiv bedingtes Gefügeelement sehen will. Daß sie auch noch einen schmückenden Effekt haben, kann als unbeabsichtigte Nebenwirkung gelten. Das gleiche gilt für die vorstehenden Holznägel: sie können (müssen) nachgeschlagen werden, wenn durch Austrocknen des Holzes die Verbindung sich gelockert hat. Durch die Schatten, die sie werfen, lockern sie die Flächigkeit der Wände etwas auf und haben so einen ästhetischen (Neben-)Effekt. Auch der gezahnte Umriß von Bändern, die ja vorwiegend auf Zug beansprucht werden, hat zunächst eine rein konstruktive Bedeutung: die Verbindung von Ständer, Rähm und Schwelle wird dadurch noch fester. Im alemannischen Fachwerkbau sind die Balkenköpfe ohne jedes Profil, einzig die Unterkante kann leicht abgerundet sein. Auch die Knaggen sind meist noch einfacher in der Form als beim Rathaus in Markgröningen. Den alemannischen Fach-

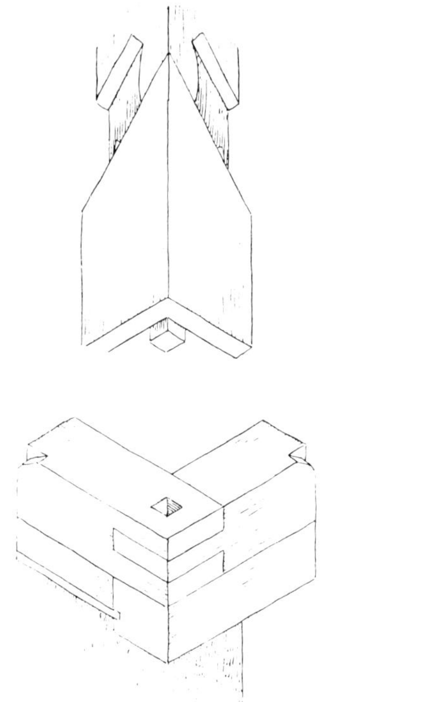

32 Ständerschale oder Schwebeblatt in der Verbindung der Schwelle mit einem Eckständer am Rathaus in Reichenau-Mittelzell, 15. Jh.

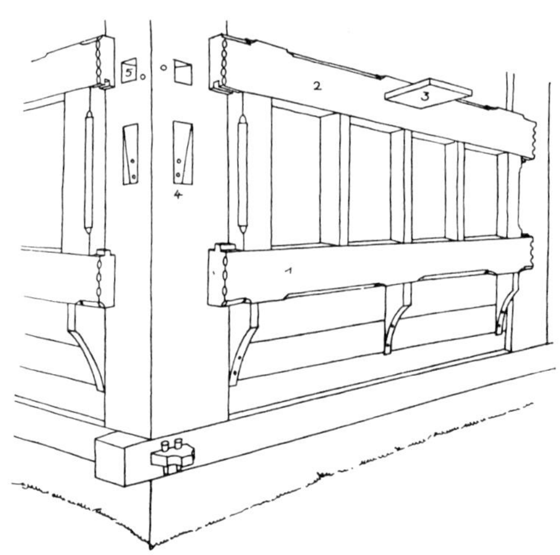

33 Alemannischer Fenstererker in Bohlenwand

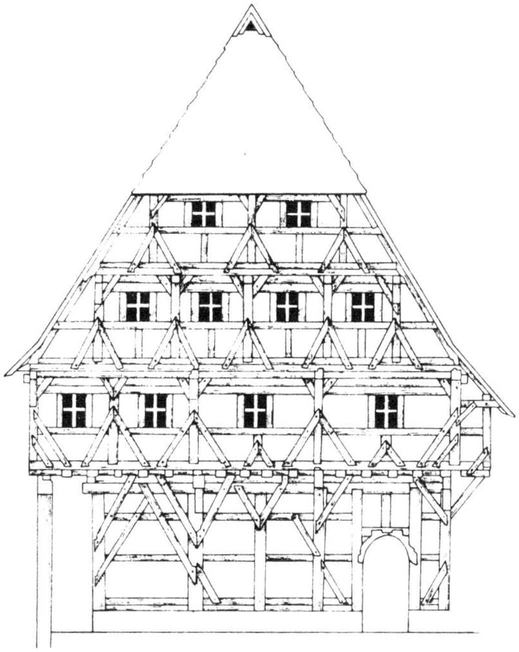

34 Roßtal, Kreis Fürth, Altes Pfarrhaus, Mitte 15. Jh.

34a Coburg, Ketschengasse 7, Münzmeisterhaus

werkbau zeichnet ein feines Empfinden für die aus dem Holz zu entwickelnden Gefüge aus. Gegenüber der rein aus der Konstruktion entwickelten Form scheint alles Dekorative nur überflüssige Zutat. Betrachtet man das Gefügebild eines rein alemannischen Fachwerkbaus, wie das des Pfarrhauses in Roßtal aus der Mitte des 15. Jahrhunderts, so wird das einsichtig.

Die Wirkung, die von solchem Bild ausgeht, liegt ganz in den konstruktiven Elementen: den Schrägen der Bänder, den Horizontalen der Schwellen, Riegel und Rähme (die sich in der Gebälkzone verdichten) und den gegenüber Schrägen und Horizontalen etwas zurücktretenden Senkrechten.

Im Bereich des alemannischen Fachwerkbaus gab es anscheinend soviel Respekt vor diesen wichtigen Gefügeelementen, daß man es nicht wagte, sich durch plastischen Dekor, durch »Herumschnitzen«, an ihnen zu vergreifen. Das gilt ganz besonders für die Eckständer, die auch im bodenebenen Einhaus, dem einfacheren Haus der Bauern, Fischer und Handwerker, besonders kräftig ausgebildet, aber in der glattkantigen Form belassen wurden.

Dem Alemannischen ist ein konservativer Zug eigen. Es ist bezeichnend, daß man sich in seinem Bereich am wenigsten von der Steinarchitektur hat beeinflussen lassen.

Mit der beginnenden Neuzeit treten allerdings Änderungen ein. Entscheidend ist dabei die Aufgabe der Verblattung zugunsten der Verzapfung. Sie setzt im alemannischen Kerngebiet in der Wende vom 15. zum 16. Jahrhundert ein. In einer Übergangszeit sind die verstrebenden Hölzer teils verblattet, teils verzapft. Es kann vorkommen, daß an einem Bau die Vorderfront verzapfte Streben, die Rückseite aber noch Kopf- und Fußbänder hat.

Des weiteren wird auch im bodenebenen Einhaus der Ständerbau restlos aufgegeben, doch bleibt dabei die Auskragung gering. Beliebt sind Laubengänge über Auskragungen auf einer Traufenseite. Hier konnte man bei schlechtem Wetter die Wäsche trocknen.

Die Ständer rücken näher zusammen, das Fachwerk wird enger und gleichmäßig aufgeteilt.

Mit dem Übergang von der Verblattung zur Verzapfung änderte sich auch die Form der Verstrebungen. Die Streben werden höher und neben den hohen gibt es auch kurze Streben, vorwiegend in der Brüstungszone. Ein Beispiel für
34a den Übergang ist das Münzmeisterhaus in Coburg, das noch dem 15. Jahrhundert angehört. Hier waren die Streben ursprünglich wohl noch alle verblattet, sind aber höher geworden, so daß man schon fast von der K-Strebe sprechen kann. In der Brüstungszone der mittleren Achsen des großen Gebäudes steile Andreaskreuze. Neben der geraden kurzen Strebe und dem Andreaskreuz erscheint auch die gebogene kurze Strebe. Das alemannische Fachwerk nähert sich so dem mitteldeutsch-fränkischen – zuletzt so stark, daß eine für das Fränkische so typische Verstrebungsfigur, der »Mann«, weit nach Süden vordringt. Die Bildbeispiele von Bauten des späten 16. Jahrhunderts machen das deutlich. In vielen Städten des Südwestens gibt es neben älteren Bauten mit dem kargen Gesicht des Alemannischen die jüngeren mit dem »verspielteren« Gesicht des Fränkischen.

Das Verbreitungsgebiet des alemannischen Fachwerkbaus erstreckt sich vom Südwesten – mit seinem Kern nördlich des Bodensees – in einem breiten Streifen nordöstlich bis an den Main, bis Nürnberg und Forchheim. Dieser östliche Teil ist auch die Zone, in der sich seit dem späten 16. Jahrhundert der fränkische Fachwerkbau mit dem alemannischen mischt. Der alemannische Fachwerkbau in seiner reinen Form hört mit dem Ende des 16. Jahrhunderts auf.

Den alemannischen Fachwerkbau gibt es im Elsaß, unter anderem in Kolmar und Straßburg, wo sich eines der ältesten Fachwerkhäuser aus der Zeit um 1300 erhalten hat. Selbst in einem plastisch so überreich dekorierten Bau wie dem Haus Kammerzell von 1589 wird man noch Elemente des alemannischen Fachwerkgefüges erkennen. Schöne Beispiele alemannischen Fachwerks gibt es auf der Schweizer Seite des Bodensees, in keinem Ort noch so zahlreich wie in Stein a. Rhein.

Eine auch nur kurze Darstellung des französischen Fachwerkbaus liegt außerhalb der gestellten Aufgabe. Wenn einige wenige Beispiele französischen Fachwerks gezeigt werden, so hat das nur den einen Sinn, sich durch die Andersartigkeit dieser Fachwerkbauten des deutschen Fachwerkbaus bewußter zu werden. Zeigen die Fachwerkbauten des Elsaß sowohl alemannische als auch fränkische Züge, so ist davon jenseits der Vogesen nicht mehr viel zu spüren. Es gibt auch innerhalb Frankreichs Unterschiede. Die gezeigten Beispiele sind daher weniger für den Norden und Nordwesten Frankreichs als für den Osten und die Mitte charakteristisch. Im nordfranzösischen Fachwerk stehen die Ständer dichter und darum mit weniger Verstrebungen.

Auch der französische Fachwerkbau macht die Entwicklung vom Ständerbau über den Stockwerksbau mit starken Auskragungen zu späterer Reduzierung der Überhänge durch. Er kennt als Verbindung der Gefügeelemente sowohl die Verblattung als auch die Verzapfung. Aber im Detail ist sehr vieles anders, in der plastischen Durchbildung der Wände, in der dekorativen Weitergestaltung der Gefügeelemente. Man kann dem französischen Fachwerk vielleicht eine größere Leichtigkeit bescheinigen, eine größere Dichte in der Hölzeranordnung. Allgemein fallen die alle fensterlosen Gefache ausfüllenden, oft wandhohen Schrägkreuze auf. Auch der Schwebegiebel ist häufig.

Den ganzen Reichtum alemannischen Fachwerkbaus vermögen erst die Bildbeispiele und die ihnen beigegebenen interpretierenden Texte zu vermitteln. Auch das zunehmende Eindringen fränkischer Bau- und Stilelemente wird dabei sichtbar werden.

Der mitteldeutsch-fränkische Fachwerkbau

Der Frage, was der mit dem Attribut »fränkisch« bezeichnete Fachwerkbau mit dem einstigen großen Volksstamm der Franken zu tun hat, kann hier nicht nachgegangen werden. Zweifellos liegt der Ursprung dieser Differenzierung des Fachwerkbaus in urfränkischem Gebiet, dem mittleren Rhein und dem Gebiet der hier mündenden Nebenflüsse Mosel und Lahn. Vom Rheinfränkischen hat es dann ins Mainfränkische, in die heute als Unter-, Mittel- und Oberfranken bezeichneten bayerischen Landesteile hinein gewirkt. Von dort und vom Hessischen aus ist es nach Thüringen vorgedrungen, in sächsische Landesteile und Teile der Mark Brandenburg, über die Oberpfalz bis nach Eger und Schlesien – wobei sich dann in den etwas ausufernden Randbereichen regionale Varianten ausbildeten, dem Umgebindehaus vom östlichen Thüringen bis nach Schlesien hinein als markantestem Beispiel etwa.

Der Einfluß des Fränkischen ist den Rhein aufwärts bis nach Straßburg und das Elsaß spürbar und auch gegenüber dem Alemannischen hat es mehr und mehr an Boden gewonnen. Gegenüber dem niederdeutschen Fachwerkbau ist die Überlappungszone nicht ganz so breit wie im Süden. Sie verläuft von der Kölner Bucht im Westen über das Bergische Land, das nördliche Siegerland und das nordwestliche Hessen nach Nordosten. Teile des nördlichen Harzvorlandes sind aber wieder von mitteldeutschen Haus- und Gehöftformen bestimmt – ein Beispiel dafür, daß Hausgrenzen sich nicht mit Volkstumsgrenzen decken; denn das Harzvorland gehört nach Sprache und Volkstum zum niederdeutsch-sächsischen Bereich.

Es ist also gerechtfertigt, nicht nur vom fränkischen Fachwerkbau zu sprechen, sondern vom mitteldeutsch-fränkischen, wobei dann fränkisch allein mehr den Westen, mitteldeutsch mehr den Osten jener Gebiete meint, die zwar regionale Besonderheiten aufweisen, im ganzen aber sowohl vom oberdeutsch-alemannischen als auch vom niederdeutschen Fachwerkbau klar zu unterscheiden sind.

Ursprünglich hat es auch im Mitteldeutsch-Fränkischen für die verschiedenen Funktionen getrennte Bauten (Hütten) gegeben, ein »Dach-über-dem-Kopf« zum Schlafen, zum Kochen, für das Vieh. Aus getrennten Kleinbauten ist dann das Wohnstallhaus und daraus noch später das Wohnstallspeicherhaus geworden – entweder unter einem durchgehenden Dachfirst, als Winkelbau oder als von drei Seiten umbauter Hof und einem Tor und dem Wohngiebel zur Straße hin. Diese früher als »fränkisches Gehöft« bezeichnete Anlage, die in der Regel aus Fachwerkbauten bestand, hat vielleicht dem »fränkischen Fachwerkbau« den Namen gegeben.

Auch beim Einhaus unter einem langen durchlaufenden Dach war der Hof an einer Traufenseite noch ein Teil des Hausgrundrisses. Er hat im mitteldeutschen Bereich die gleiche Bedeutung, die im Bereich des niederdeutschen Hallenhauses die große Deele hat: ein Operationsfeld für die in einer bäuerlichen Wirtschaft in unmittelbarer Nähe der Stallung der Tiere und der geborgenen Ernte anfallenden Arbeiten.

Ob das frühe Stadthaus, das Haus des Ackerbürgers, der neben der Landwirtschaft noch einem Gewerbe nachging, dem Bauernhaus der Umgebung entsprach, ist nicht nachzuweisen, da unter den ältesten erhaltenen Bauten weder ein Bauernhaus noch ein Ackerbürgerhaus ist. Wer beim Umzug in die Stadt dort zumeist nur schmale, manchmal allerdings tiefe Grundstücke vorfand, mußte sich dieser Situation anpassen. Alle Bauten, die der Stallung des Viehs und der Bergung der Ernte dienten, mußten reduziert werden. Sie rückten an eine Seite des

35 Mainz, Haus am Brand. Ursprünglicher Zustand mit den zeichenhaften Verstrebungsfiguren an Eck- und Bundständern

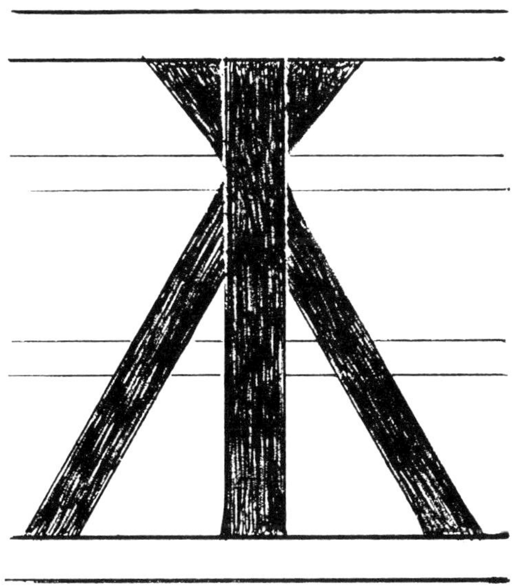

36 »Fränkischer Mann«

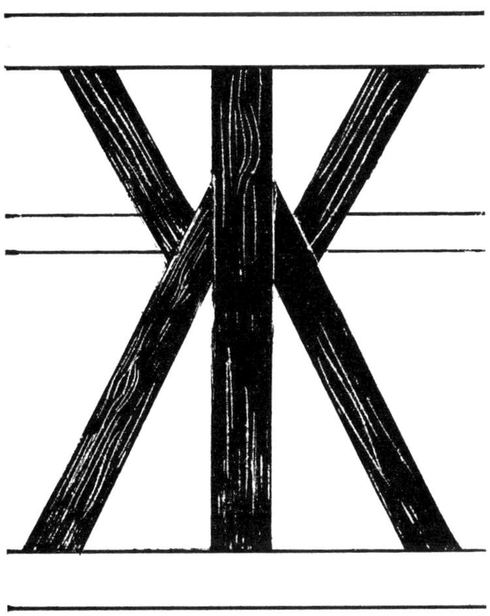

37 »Wilder Mann«

schmalen Hofes. Das größte Gebäude, das Wohnhaus, wurde mit dem Giebel zur Straße gestellt. Hier reihten sich die Häuser mehr oder minder dicht aneinander, oft nur durch ein Traufengäßchen getrennt, in dem sich das Regenwasser sammelte, in das auch die Abwässer geleitet wurden.

Die Entwicklung zum schmalen städtischen Reihenhaus hat sich über einen langen Zeitraum hin vollzogen. Parallel dazu wird sich der Übergang zum Stockwerksbau vollzogen haben. In manchen Städten kommt es zur sogenannten Firstschwenkung um 90°: das Haus kehrt eine Traufenseite der Straße zu. Dadurch fällt das Traufengäßchen weg, eine Quelle vieler Unannehmlichkeiten. Die Häuser sind nur noch durch eine Brandmauer voneinander getrennt. Für die Ableitung des Regenwassers ist das von großem Vorteil. In der Erinnerung an den Straßengiebel, und weil man es vielleicht auch schöner fand, wurden Zwerchgiebel und Zwerchhäuser in die Dachschräge der Traufe eingebaut. In manchen Städten, wie etwa Bad Sooden-Allendorf, erreichen sie eine solche Größe, daß wieder der Eindruck giebelständiger Häuser entsteht. Es gibt Städte, bei denen das giebelständige Haus vorherrschend blieb, wie in Rothenburg/Tauber oder in Celle, während in Nürnberg schon früh das Traufenhaus den Eindruck der Straße bestimmte, in Goslar schon früh die Firstschwenkung vollzogen wurde.

Stadthäuser wurden zwangsläufig mehrgeschossig; denn bei eng gezogenen Grundstücksgrenzen blieb nur in der Vertikalen eine Ausdehnungsmöglichkeit. Bei Bauernhäusern Mittel- und Oberdeutschlands hat es erst seit dem Ende des 17. Jahrhunderts häufiger ein Obergeschoß über dem bis dahin erdgeschossigen Wohn- oder Wohnstallhaus gegeben. Maßgebend war dabei weniger der Raumbedarf als das städtische Vorbild und das Bedürfnis nach Repräsentation. Mit Ausnahme des gestelzten Hauses wurde im Obergeschoß in der Regel nicht gewohnt, es diente als Speicherraum für Erzeugnisse der Landwirtschaft.

Wenn auch unter den erhaltenen Bauten des 15. Jahrhunderts nur zwei (verbaute) Bauernhäuser in Fachwerkbauweise sind, so hat sich doch noch ein Haus von ganz spätmittelalterlicher Konstruktion erhalten, von dem sein Entdecker, Heinrich Winter, annahm, daß es etwa aus der Mitte des 15. Jahrhunderts stamme. Dendrochronologische Untersuchungen haben aber ergeben, daß es ein Haus aus der Mitte des 16. Jahrhunderts ist. Es ist das Haus Haas in Watterbach bei Amorbach, das heute in dem nicht weit entfernten Ottorfszell-Breitenbach wiederaufgebaut worden ist. Es ist noch ein Firstständerhaus mit vier Firstsäulen, die ein dreizoniges, queraufgeschlossenes Haus ergeben. Der Eingang an der Traufenseite führte in den größeren Herdraum, von dem aus man nach der einen Seite in die Stube, nach der anderen Seite in den Stall gehen konnte, der ursprüglich durch keine hohe Trennwand vom Herdraum abgesondert war.

Daß Firstsäulenhäuser im Mittelalter für den bäuerlichen Bereich die Norm waren, könnte einem Weistum des Büdinger Reichswaldes von 1380 entnommen werden, in dem für den Bau eines Hauses vier Schwellen, vier Pfetten, zwei Firstsäulen und ein Firstbaum bewilligt werden.

Auch im mitteldeutschen Raum hat es das gestelzte Haus gegeben, bei dem im Erdgeschoß der Stall, im Obergeschoß die Wohn- und Schlafräume waren. Das Obergeschoß erreichte man über eine Außentreppe, die in einer Laube des Obergeschosses endete. Im ganzen weisen die mitteldeutschen Hausformen eine große Vielfalt auf.

Das vorherrschende Dach der frühen erdgeschossigen Bauten in Firstständerkonstruktion wird ein Vollwalmdach gewesen sein. Es bot dem Wind die geringeren Angriffsflächen. Das Satteldach mit einem höher aufragenden Giebel wird zuerst im Wohnhaus, bzw. Wohnstallhaus verwirklicht worden sein. Mit größerem Haus und damit auch größerem Dach trat an die Stelle des Rofendaches der Firstsäulenkonstruktion das Sparrendach mit Kehlbalken und später dem stehenden und liegenden Stuhl.

In der Konstruktion, im Fachwerkgefüge, unterscheidet sich das fränkische Fachwerk wesentlich vom alemannischen. Da ist zunächst die engere Ständerstellung, die schon die ältesten erhaltenen Bauten zeigen, die ja alle im urfränkischen Gebiet liegen. Im fränkischen Fachwerk werden die vertikalen Gefügeelemente stärker betont. Aufgeblattete Kopf- und Fußbänder finden sich auch bei den ältesten fränkischen Bauten, auch aufgeblattete horizontale Schwertungen in der Höhe von Brust- und Sturzriegel, doch haben gerade die Riegel im Fränkischen nicht die Bedeutung, die sie im Alemannischen haben. Im wesentlichen geben sie den an oder zwischen Stielen angeordneten Fenstern den oberen und unteren Halt. Der entscheidende Unterschied zwischen dem fränkischen und alemannischen Fachwerkbau liegt in der *Rhythmisierung* und *Gruppierung* des Fachwerkgefüges, indem den wichtigsten Ständern besondere Streben zugeordnet werden. Walbe hat es die Gruppenbildung genannt. Die Eck- und Bundständer (an letzteren schließt eine Innenwand an) werden herausgehoben, beide durch Verstrebungen, die zeichenhafte Figuren bilden können. Zwischen Eck- und Bundständer werden (manchmal schwächere) Zwischen- oder Füllstiele gesetzt. Den Eindruck bestimmen die an Eck- und Bundständern ansetzenden Streben. Sie sind das gruppenbildende Element im Gefüge.

Ein interessantes Objekt in der Entwicklung des fränkischen Strebensystems ist das Rathaus in Michelstadt i. Odenwald von 1484. Der Mittelständer des Oberstocks in dem nach dem Markt gerichteten (westlichen) Giebel ist durch zwei geschoßhohe, relativ steile, sich überkreuzende Streben gesichert. Die übrigen Ständer (Stiele) haben knaggenartige Fußstreben. An den Traufenseiten wechseln geschoßhohe gerade Streben an Eck- und Bundständern mit viertelkreisförmigen Fußstreben an den Fensterstielen. Im Ostgiebel sind alle Eck- und Bundständer durch sich überkreuzende, geschoßhohe Streben abgesichert, die Fensterstiele haben die kurzen knaggenartigen Fußstreben.

Sich überkreuzende kurze Kopf- und längere Fußstreben, letztere so gespreizt, daß zwischen Ständer und Strebe noch viertelkreisförmige Streben Platz haben, werden zu einer signifikanten Verstrebungsfigur im letzten Drittel des 15. Jahrhunderts. Ein größerer Teil der Bildbeispiele von Bauten des 15. Jahrhunderts zeigt diese Verstrebungsfigur in geringer Abwandlung der immer gleichen Grundform. Man findet sie bis weit ins Mainfränkische.

Eine andere Form der Rhythmisierung des Wandgefüges sind die friesartig gereihten Fußstreben in der Brüstungszone. Solche Friese aus korrespondierenden Viertelkreisen oder aus Andreaskreuzen können in Kombination mit der vorerwähnten Verstrebungsfigur an Eck- und Bundständern auftreten als auch in Kombination mit den sich überkreuzenden hohen Streben an Eck- und Bundständern.

Beidseits eines Bundständers sich überkreuzende kürzere Kopf- und längere Fußstreben sind eine Vorform des »Mannes«, die zuweilen
37 als »Wilder Mann« bezeichnet wird – eine Benennung, die den älteren Hausforschern, die sich mit dem Fachwerkbau beschäftigt haben, noch fremd war.

Die für das fränkische Fachwerk typische Verstrebungsfigur, die sich etwa von der Mitte des 16. Jahrhunderts an herausbildet, ist der Mann. Bei der Mannfigur verkümmert die 36
Kopfstrebe zum Winkelholz, bzw. zur Knagge in Dreiecksform. Von Mannfigur spricht man aber auch dann noch, wenn die Kopfstrebe kein Winkelholz, sondern eine kurze Strebe ist, zwischen dem Kopf des Ständers und der Strebe also noch ein Zwickel bleibt. Zur vollen Mannfigur gehört auch ein im Winkel von Kopf- und Fußstrebe ansetzender Riegel – es sind die Arme des Mannes. Die so definierte Form läßt Variationen zu, vor allem in der Form und Stellung der Fußstreben, der »Beine«. Beim Haus Lang in Alsfeld und in vielen jüngeren oberhessischen Bauernhäusern gibt es die weit gespreizten, leicht nach innen gebogenen Fußstreben, die aneinandergereiht wie Girlanden wirken, die an den Ständern aufgehängt sind. Solche sich symmetrisch entsprechenden Streben sind aus krummwüchsigen Hölzern gehauen oder gesägt worden, die in der Mitte aufgetrennt und spiegelbildlich einem Ständer zugeordnet wurden. Es gibt Beispiele von hessischen Bauernhäusern, wo solche Mannfiguren in der Mitte des Giebels dreimal übereinanderstehen, wobei die Spreizung der Fußstreben nach oben zunimmt. Dadurch wird einmal die Giebelmitte betont, zum anderen das Aufsteigen für den Eindruck abgebremst. Seltener auftretende Verstrebungsfiguren zeigen die Bildbeispiele, sie werden dort kurz kommentiert. Die sogenannte »Alsfelder Strebe« wird bei der Beschreibung des Rathauses in Alsfeld erwähnt.

Es gibt einen kontinuierlichen Übergang von den konstruktiv bedingten Verstrebungen, der Absicherung gegen Verschieben, und reinem Zierstrebenwerk. Der Ort für letzteres ist vor allem die Brüstung, der Wandstreifen unterhalb der Fenster, und da ist es vorzugsweise wieder die Fensterbrüstung. In der Brüstung können sich Andreaskreuze aneinanderreihen, die ein Merkmal des fränkischen Fachwerkbaus sind (später auch des niederdeutschen). Das Andreaskreuz breitet sich mit anderen Elementen des fränkischen Gefüges von Westen nach Osten aus. Um 1550 erscheint es in Nürnberg, wo es vorher unbekannt war. Neben dem Andreaskreuz gibt es das auf die Spitze gestellte Quadrat, beide Formen können sich durchkreuzen. Durchdringungen von Andreaskreuz und Raute ergeben ein sehr dichtes, auffälliges Strebenmuster.

Für das rheinische Fachwerk ist die doppelt geschweifte (flach S-förmige) Strebe typisch,

38 Mit Nasen besetzter Feuerbock

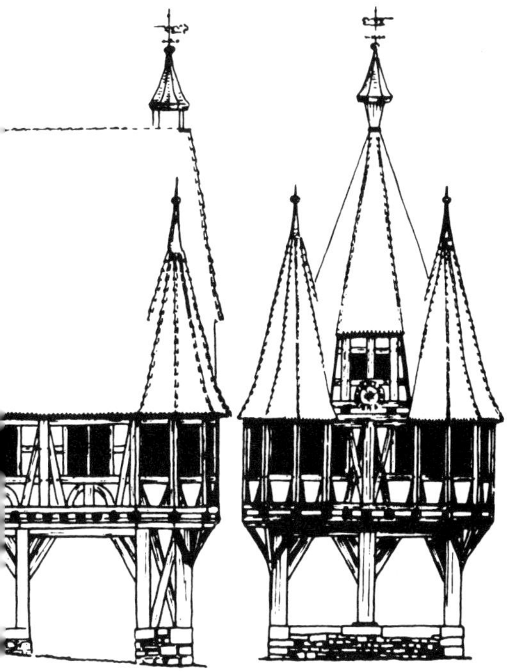

39 Michelstadt i. Odenwald, Rathaus von 1484; Ostgiebel, Nordtraufe und Westgiebel

40 Grundmuster von fränkischem Zierstrebenwerk an oberfränkischen Bauernhäusern

135 wie sie das Schnatzsche Haus in (Oster-) Spay/Rhein zeigt. Diese Strebe ist in der Regel mit »Nasen« (Dornen) besetzt, die auch in negativer Form, als Einbuchtungen, vorkommen können, besonders bei der knaggenförmigen Kopfstrebe des Mannes. Im späten 16. Jahrhundert behalten oft nur Ständer, Stiele und Riegel eine gerade Form, die Fußstrebe der Mannfigur ist dann in der Regel durchgebogen.

Aus der spiegelbildlichen Überschneidung S-förmig gebogener kürzerer Streben entsteht
38 der sogenannte »Feuerbock«, eine Strebenfigur, die in schlanker und gedrungener Form, mit Nasen besetzt oder medaillonartig gebildeter Überkreuzung bis ins östliche Mitteldeutschland und der Danziger Niederung vorkommt.

Vom späten 16. Jahrhundert bis in die Barockzeit hinein werden die Formen des Zierstrebenwerks immer komplizierter und damit auch dichter. Besonders in Oberfranken, aber auch in Teilen Thüringens und der Danziger Niederung überzieht ein Zierstrebenwerk verschiedener Grundmusterung ganze Fachwerkwände. Die einzelnen Teile solchen Zierstrebenwerks werden aus bohlenstarken Hölzern mit der Säge ausgeschnitten.

Eine Fülle des Zierstrebenwerkes mitteldeutsch-fränkischer Art und der besonderen Ausprägung zeigt sich an den Bauernhäusern
40 und Mühlen Oberfrankens. Grundmuster sind in Reihen übereinander gestellt und überziehen netzartig eine ganze Wand.

Im frühen mitteldeutschen Fachwerkbau gibt es Konstruktionen mit weiter Ständerstellung und liegenden Gefachen, die an oberdeutsche Bauten denken lassen. In Thüringen gibt es auch vereinzelte Beispiele für den Ständerbau, seine Blüte erreicht der thüringische Fachwerkbau erst vom Ende des 17. Jahrhunderts an. Es gibt dann engste Beziehungen zum Fachwerkbau Oberfrankens mit seiner Fülle von Zierstrebenwerk und plastischem Schmuck an den (fränkischen) Fenstererkern. Das westlichste Thüringen hat verständlicherweise engste Beziehungen zu den angrenzenden hessischen Landschaften. Man findet hier sogar die sich überkreuzenden geschoßhohen Streben, wie sie das Rathaus in Michelstadt in seinen Giebeln hat.

Die Verblattung wird im Thüringischen länger angewandt als in den umgrenzenden westlichen und südlichen Landschaften. Dem Wandel zum schmucklosen Fachwerk und sparsamer Konstruktion kann sich von der Mitte des 18. Jahrhunderts an auch Mitteldeutschland nicht entziehen. Die Fachwerkbauten Sachsens waren in ihrer Erscheinung schon immer einfacher und schmuckloser gewesen.

Das niederdeutsche Fachwerk hat das nördliche Thüringen beeinflußt, während das Oberfränkische ins Egerland hineingewirkt hat.

Es ist nicht nur gerechtfertigt, sondern geboten, den bislang als fränkisch bezeichneten und vielfach isoliert betrachteten Fachwerkbau in den größeren Zusammenhang des mitteldeutschen Fachwerkbaus einzuordnen.

Selbst im schlesischen Fachwerkbau gibt es noch Parallelen zur Mitte und zum Westen Deutschlands.

In der westlichen Hälfte Schlesiens, in der Lausitz und angrenzenden Teilen Böhmens, stellt sich der mitteldeutsche Fachwerkbau in einer Sonderform dar: dem Umgebinde- oder Umschrothaus – einer Mischform aus Blockbau und Fachwerkbau.

Starke Ständer, die auf einem Sockelmauerwerk stehen, tragen Oberstock und Dach. Nur angelehnt an diese Konstruktion sind die Umfassungswände des Erdgeschosses in Blockbauweise. Im Erdgeschoß, dessen Blockbauwände besonders gut gegen Kälte isolieren, wohnte man, während der Oberstock als Schüttboden diente. Die Schrotholzwände waren sehr sorgfältig aus abgekanteten, an den Auflageflächen gerillten und mit Lehm abgedichteten Hölzern errichtet. Die völlig selbständige Fachwerkkonstruktion belastete diese Wände nicht und verhütete so, daß sie sich deformieren konnten.

Die weit auseinander stehenden Ständer gingen durch bis zum Rähm des Oberstocks. Sie waren in der Horizontalen durch Riegel verbunden. Das unterste horizontale Holz war keine Schwelle, sondern hatte als (Fuß-)Riegel nur eine verspannende Funktion. Zwischen die Ständer waren Stiele eingesetzt. Der Versteifung dienten sich zumeist überkreuzende längere oder kürzere Streben, bzw. Bänder; denn sie waren alle mit Ständer, Rähm oder Riegel verblattet, wobei das Blatt als Hakenblatt oder Schwalbenschwanz ausgebildet war. Auch die Stiele und die Riegel waren mit den Ständern, mit Rähm und Fußriegel verblattet. Im schlesischen Fachwerkbau wurde viel länger als im übrigen Deutschland der Verblattung der Vorzug vor der Verzapfung gegeben. Gerade in der Blütezeit des schlesischen Fachwerks im 17. und 18. Jh. herrscht allgemein noch die Verblattung vor.

Das Haus aus Adelsbach zeigt sehr schön das
Skelett eines Umgebindehauses und damit seine 41
Konstruktion. Nur die Schrotholzwände des

Erdgeschosses sind weggelassen worden. Zwölf kräftige Ständer tragen die gesamte Gebäudelast. Sie sind oben durch Rähme verbunden, auf denen das Kehlbalkendach sitzt. Der Fachwerkstock ist im gegebenen Fall nur ein Kniestock. Für einen Schüttboden reichte das aus. Die Decke des Kniestocks lag in Höhe der unteren Kehlbalkenlage. Die Fachwerkwand wird aus den miteinander verblatteten Stielen, Riegeln und (unterschiedlich langen) Streben gebildet. Die Zeichnung läßt nachvollziehen, daß die gesamte Gebäudelast an den Ständern hängt, bzw. von ihnen getragen wird. Eine solche Konstruktion wird auch als »Hängefachwerk« bezeichnet, denn tatsächlich hängt ja das ganze Fachwerk an den Ständern.

Es gibt auch beim Umgebindehaus eine andere Konstruktion, bei der die auf einem behauenen Stein als Fundament stehenden Ständer nur bis zur Schwelle des Oberstocks gehen. Die auf den Traufenseiten stehenden Ständer sind durch je vier Streben mit der Schwelle verbunden, die in den Ständer eingezapft, in die Schwelle eingeblattet sind. Der Oberstock hat die normale Stockwerkzimmerung. Die Teile des Rähmkranzes und des Schwellenkranzes sind miteinander verkämmt.

Die sich überkreuzenden Kopf- und Fußstreben an Eck- und Bundständern geben neben den in der Brüstungszone gereihten Andreaskreuzen dem schlesischen Fachwerk weithin das Gepräge. Was die Verstrebungsfigur des Wilden Mannes, der K-Strebe oder Doppel-K-Strebe an Eck- und Bundständern von Bauten in Hessen, Franken oder Thüringen unterscheidet, ist nur die Verblattung – anstelle der dort früh praktizierten Verzapfung bei der Verbindung der Gefügeelemente.

Wenn man Ludwig Loewes »Schlesische Holzbauten«[16] als repräsentativen Querschnitt auch des schlesischen Fachwerkbaus nehmen kann, so sind die geraden, meist spitzwinklig sich kreuzenden Streben ein spezifisches Merkmal des schlesischen Fachwerkbaus. Es fehlen alle geschweiften und doppelt geschweiften Streben; es fehlt der Feuerbock, und es fehlen auch die komplizierten Formen von Zierstrebenwerk in der Brüstungszone. Das unterscheidet nun das schlesische Fachwerk von dem fränkischen Fachwerk an Mosel und Mittelrhein, wo die geschweifte und mit Nasen besetzte Strebe ein so dominierendes Element im Fachwerk der späten Renaissance und des Barock ist, daß man direkt von einer »rheinischen Strebe« gesprochen hat.

Neben der Ausbildung der Streben ist es die plastische Gestaltung an den für die Konstruktion besonders wichtigen Gefügeelementen, die das fränkisch-mitteldeutsche vom alemannischen und vom niederdeutschen Fachwerk unterscheidet. Das mitteldeutsche Fachwerk nimmt auch darin eine Mittelstellung ein. Mit Vorliebe werden schon von der Mitte des 16. Jahrhunderts an Säulchen und Taustäbe in die Eckständer geschnitzt. Die Gestaltung des Ständers zu figürlichen Formen kommt vor, doch ist sie seltener.

Künstlerische Gestaltung äußert sich im besonderen an den Stielen und Riegeln der Fenstererker, die es schon in der zweiten Hälfte des 16. Jahrhunderts an Rhein und Mosel gibt. Im Gegensatz zum in der Regel flacheren alemannischen Fenstererker steht der (fränkische) Fenstererker bis zu 20 cm vor der Wand. Der aus verstärkten Stielen und Riegeln gebildete Fensterrahmen wird dabei reich beschnitzt und von Konsolen unterstützt, die Formen des Steinbaus der Zeit nachempfunden sind. Zusammen mit dem zumeist ebenfalls reich beschnitzten Brüstungsfeld hebt sich der Fenstererker auch dann noch heraus, wenn die Wand schon durch Zierstrebenwerk eine reichere Gestaltung erfahren hat.

Vom Fenstererker zu unterscheiden sind die ein- oder mehrgeschossigen Anbauten in der Front oder an der Ecke eines Gebäudes, die von Auskragungen getragen und zumeist zusätzlich von Bügen gestützt werden. Sie können rechtwinkligen, aber auch polygonalen Grundriß haben. Erker erscheinen vor allem an Rathäusern, in Hessen schon beim Rathaus in Michelstadt, dann u. a. an den Rathäusern von Alsfeld, Frankenberg und Heppenheim. Aber auch Bürgerhäuser und Gasthäuser werden durch diese Belebung der Frontseite herausgehoben: das »Hohe Haus« und das »Gasthaus zum Riesen« in Miltenberg etwa. Die Stellung des Hauses an einer Straßenecke wird oft durch einen Eckerker betont – wie beim Palmschen Haus in Mosbach. (Die erwähnten Bauten werden im Bildteil näher beschrieben.)

Anders als im Alemannischen ist im mitteldeutsch-fränkischen Fachwerkbau auch die Ausbildung der Gebälkzone. Im alemannischen Fachwerkbau blieben Schwelle, Rähm und die Balkenköpfe unangetastet – einzig die Knaggen konnten über ihre Grundform hinaus durch Kerbung oder Profilierung eine sparsame plastische Gestaltung erfahren. Im fränkischen Fachwerkbau des Mittelalters und der frühen

42

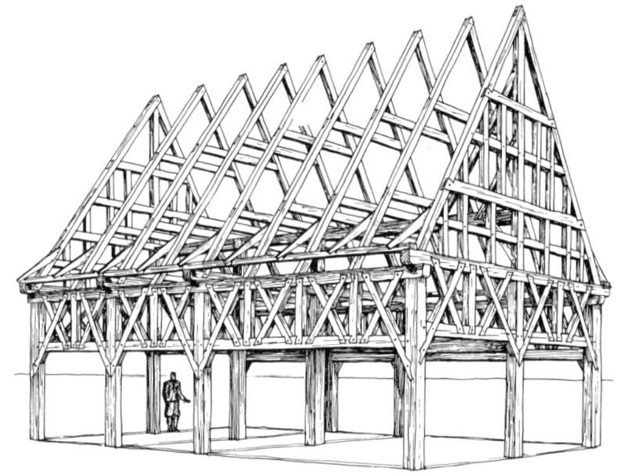

41 Umgebindehauskonstruktion nach einem Haus aus Adelsbach, Kr. Waldenburg/Niederschlesien

42 In den Eckständer des Hauses geschnitzte Säule

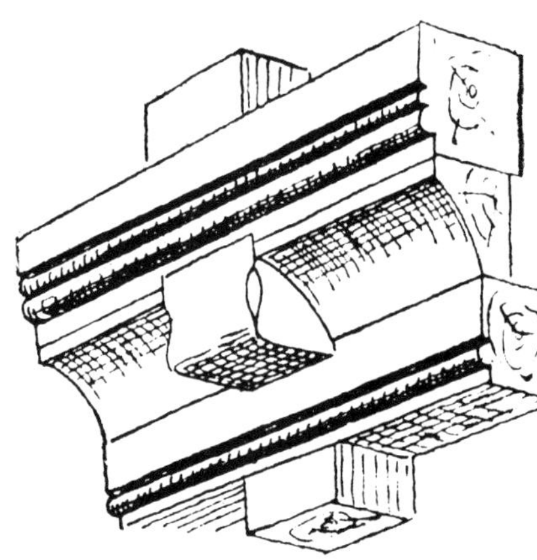

43 Detail der Gebälkzone (Schwelle, Balkenkopf, Füllholz, Rähm) von einem Haus des 16. Jh. in Gemünden

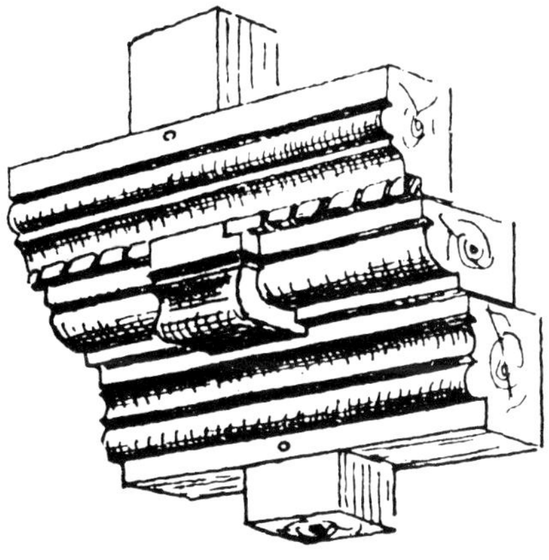

44 Alsfeld, Detail der Gebälkzone am Neurathschen Haus von 1688

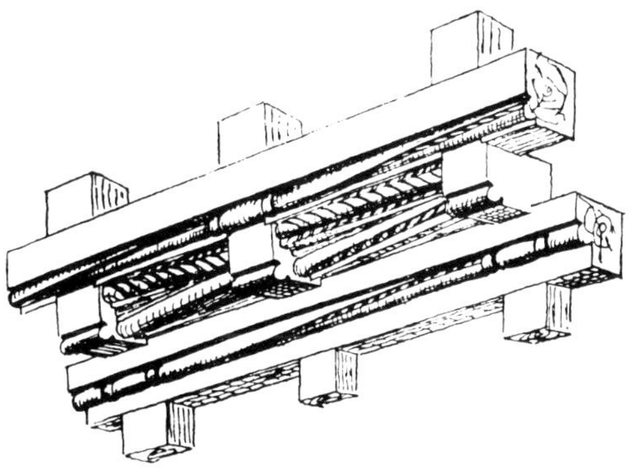

45 Detail der Gebälkzone an einem Haus des späten 16. Jh. in Gemünden

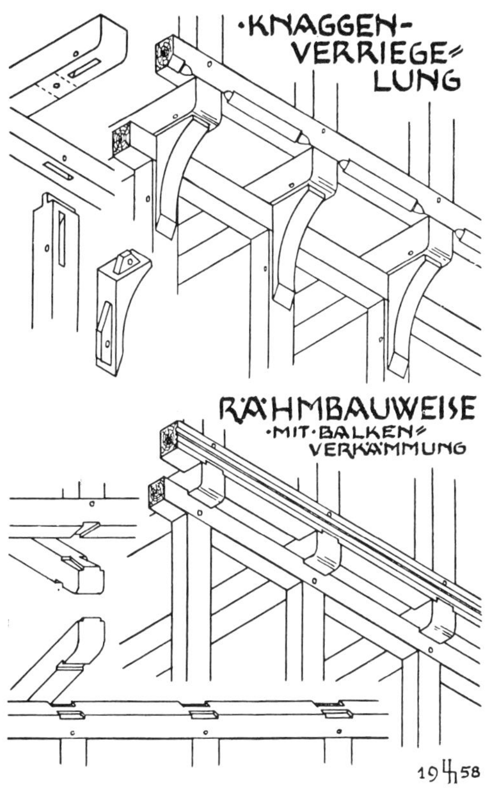

46 Knaggenverriegelung und Balkenverkämmung

Neuzeit ist das nicht anders. Auch hier werden die Zwischenräume zwischen den Balkenenden der Deckenbalkenlage ausgemauert oder ausgestakt und verputzt. Bei einfachen und ländlichen Bauten bleibt das auch in den nachmittelalterlichen Jahrhunderten die Regel. Bei aufwandreichen Bauten werden im Laufe des 16. Jahrhunderts die Öffnungen zwischen den Balkenenden durch Füllhölzer in der Länge des Abstandes zweier Balken geschlossen. In der zweiten Hälfte des 16. Jahrhunderts erstreckt sich dekorative Gestaltung neben Schwelle und Rähm auch auf die Füllhölzer. Das waren zunächst einfache Profilierungen: schmale Kehlen und Wülste auf Schwelle und Rähm, eine lange Hohlkehle an den Füllhölzern.

Das konnte dann zu reicheren Profilierungen führen, in die auch die Balkenköpfe einbezogen wurden. Neben Wülsten und Kehlen erscheinen dann auch Platten und Stäbe.

Noch reichere Ausgestaltung zeigt das Detail der Gebälkzone von einem anderen Haus aus Gemünden. Hier erscheinen Wülste als schwach gedrehtes Seil oder Tau, in Abständen abgebunden, auf den Füllhölzern hinterschnitten und gegeneinanderlaufend.

Alle diese Unternehmungen liefen darauf hinaus, mit der Gebälkzone die Horizontale zu betonen. Im Zuge der weiteren »Horizontalisierung« wurden dann die Balkenköpfe, die zuletzt in die Profilierung einbezogen worden waren, aber noch ein selbständiges Formelelement in der Gebälkzone bildeten, mit einer profilierten Bohle verschalt und damit verdeckt. Mit dem profilierten Rähm und der profilierten Schwelle ergab sich damit ein einheitliches breites Band von horizontalen Linienzügen. Es konnte auch die ganze Gebälkzone mit einer profilierten Bohle überzogen werden. Das breite profilierte Band, die sogenannte »Sohse«, hat in rheinfränkischem Gebiet die weiteste Verbreitung gefunden, man findet sie aber auch noch in Oberfranken und Thüringen. Ein besonders schönes Beispiel, das außerdem noch fränkische Fenstererker, den Mann in seiner klassischen Form und das Zierstrebenwerk der Zeit um
146 1600 hat, steht in Reinheim im Odenwald.

Zum Wesen des Skelettbaus gehört seine Transparenz. Von daher gesehen kann man in dem Zudecken der Gebälkzone, in der sich konstruktiv so viel abzeichnet, eine Entartungserscheinung erblicken. (Aber das ist natürlich auch eine Frage des persönlichen Standpunktes, der Weltanschauung und wechselnder Stellungnahmen ganzer Epochen.)

Carl Schäfer hat in der Verschalung der Balkenköpfe eine aus praktischen Erwägungen diktierte Maßnahme gesehen: die zunehmende Verwendung von Fichtenholz im Fachwerkbau habe es notwendig gemacht, die Balkenköpfe mit ihrem Hirnholz vor Verwitterung zu schützen. Ich glaube, daß formale Erwägungen der Hauptgrund für die »totale« Profilierung der Gebälkzone gewesen sind: denn sie wurde ja auch da praktiziert, wo Eichenholz verwendet wurde.

Mit der beginnenden Neuzeit war im fränkischen Fachwerkbau die Knaggenverriegelung zugunsten der Verkämmung aufgegeben worden.

Bei dieser Verkämmung wird der Balken mit dem Rähm durch einen geraden Kamm, die Schwelle mit dem Balken durch einen schwalbenschwanzförmigen Kamm verbunden. Die Schwelle kann dann nicht abrutschen. Der Wegfall der Knaggenverriegelung brachte Vorteile. Einmal konnten die weiten Auskragungen fortfallen, die im fränkischen Fachwerkbau zwar selten das Maß des niederdeutschen Fachwerks erreicht hatten. Im niederdeutschen Fachwerkbau und den davon beeinflußten Teilen Nordhessens wird die Knaggenverriegelung noch bis zum Ende des 16. Jahrhunderts beibehalten.

Bei der Verkämmung der Balken fielen auch die Schwierigkeiten fort, die weite Balkenüberstände an den Ecken gebracht hatten. Die Lösung mit einem Knaggenbündel an den Ecken hatte nicht immer zu überzeugenden Lösungen geführt.

Andererseits hat die Verkämmung auch zu einer Verflachung der Wände und damit auch der körperlich-plastischen Erscheinung der Bauten geführt.

Das starke Relief, das ein Bau mit auskragenden Stockwerken rein von der Konstruktion her hat, fiel weg. An seine Stelle trat – etwas überspitzt gesagt – das künstlich gemachte Relief als flachplastische Schnitzerei, bzw. plastischer Dekor an den Gefügeelementen. Dieser Dekor erreicht in der Zeit des Manierismus und des Frühbarock im niederdeutschen Fachwerkbau seinen Höhepunkt.

Dem alemannischen Fachwerkbau war immer Zurückhaltung gegenüber allem Dekorativen eigen. Der mitteldeutsch-fränkische Fachwerkbau nimmt in der dekorativen Ausgestaltung des Gefüges eine Mittelstellung ein, wobei er im allgemeinen dem niederdeutschen Fachwerkbau näher steht als dem alemannischen, der im Lauf des 16. Jahrhunderts mehr und mehr in den Sog des fränkischen Fachwerkbaus kommt, ohne die ihm eigene Zurückhaltung gegenüber allem Dekorativen und dem allzu Vielgestaltigen ganz aufzugeben.

In der notgedrungen groben Unterscheidung dreier verschiedener Fachwerkbauweisen ist der mitteldeutsch-fränkische Fachwerkbau der vielgestaltigste, dem Ausdehnungsbereich nach auch der größte. Sein Einfluß ist in nachmittelalterlicher Zeit vor allem nach Süden zu immer größer geworden. Von der Vielgestaltigkeit und auch vom Vordringen des fränkischen Fachwerkbaus mögen die Bildbeispiele und der sie interpretierende Text eine Vorstellung geben.

Der niederdeutsche Fachwerkbau

Das niederdeutsche Hallenhaus

Der Großteil der niederdeutschen Fachwerkbauten stellt sich in einem von den mittel- und oberdeutschen Bauern- und Bürgerhäusern sehr verschiedenen Bautyp dar: dem *niederdeutschen Hallenhaus,* wie die Forschung nun richtiger benennt, was früher als »Niedersachsenhaus« oder »Sachsenhaus« bezeichnet wurde. Es ist das dem Ursprung nach ein Bauernhaus, dessen wesentliches Merkmal, eine hohe Halle zu ebener Erde, auch das Haus des Akkerbürgers und Bürgers bestimmt hat.

Das Hallenhaus mit dem Volksstamm der Niedersachsen in Verbindung zu bringen, schien darin begründet, daß das Verbreitungsgebiet dieses Hauses sich weitgehend mit dem Siedlungsgebiet der Niedersachsen und dem späteren Herzogtum Sachsen zu decken schien und man im Hallenhaus niederdeutscher Prägung so ein Stammesmerkmal und den adäquaten Ausdruck einer bestimmten Art zu leben, und das heißt auch zu bauen, sehen mußte.

Die Forschung ist davon abgekommen, Bauformen mit bestimmten Völkern oder Volksstämmen zu identifizieren, denn die Verbreitung spezifischer Hausformen deckt sich durchaus nicht mit den durch Sprache oder Volkstum gezogenen Grenzen. So gehören etwa Teile des nördlichen Harzvorlandes nicht zum Verbreitungsgebiet des niederdeutschen Hallenhauses, obwohl sie nach Sprache und Volkstum dazu gehören müßten. Hier herrschen mitteldeutsche Bauweisen vor.

Vom niederdeutschen Fachwerkbau sprechen, heißt zunächst das niederdeutsche Hallenhaus beschreiben. Sein Verbreitungsgebiet erstreckt sich von den östlichen Niederlanden und der Kölner Bucht ostwärts bis zur Danziger Bucht, in der Gegenrichtung von Teilen des südlichen Westfalen bis nach Schleswig-Holstein.

Von zwei Pfostenreihen begrenzte Bauten mit stützenfreiem hallenartigem Innenraum hat es schon in spätvorgeschichtlicher und frühgeschichtlicher Zeit gegeben, und im Küstenbereich der Nordsee sind die Grundrisse großer Wohn- und Wohnstallhallen, der sogenannten eisenzeitlichen Hallen, ergraben worden. Ob und wieweit diese Hallenbauten ein Glied in einer kontinuierlichen Entwicklung bis hin zum niederdeutschen Hallenhaus darstellen, ist eine offene Frage, der hier nicht nachgegangen werden kann.

Das niederdeutsche Hallenhaus als Bauernhaus ist in seinen ältesten erhaltenen Beispielen ein Wohnstallhaus, dessen Innenraum von zwei Ständerreihen durchstellt ist, die durch Ankerbalken quer verbunden sind und ein Sparrendach oder ein sparrenähnliches Dach tragen. In gewissem Abstand von den Ständerreihen sind niedrige Flechtwerk-(Fachwerk-)Außenwände errichtet, die im Grunde nur eine raumabschließende Funktion haben. Zu tragen haben sie nur einen Teil des Pultdaches, das den Raum zwischen Außenwand und Ständerreihen überbrückt und das auf das Hauptdach aufgeschoben ist. Die Seitenschiffe, die sogen. Kübbungen, sind an das Kerngerüst nur angeschoben. Man könnte sie ohne Gefahr für das Kerngerüst wegnehmen. Was übrig bliebe wäre ein einschiffiges Zweiständerhallenhaus. Es hat solche Bauten für besondere Zwecke gegeben.

Die Kübbungen zogen sich in den Frühformen des Hallenhauses rund um die Halle. Das Dach war ein Vollwalmdach, also auch an den Schmalseiten des Hauses bis auf die niederen Umfassungswände schräg heruntergezogen. Nur auf der Giebelseite, auf der sich das Einfahrtstor befand, konnte der Walm nicht so weit heruntergezogen werden wie an den Traufenseiten. Solche frühen Hallenhäuser mit strohgedecktem Vollwalmdach – von denen sich keines erhalten hat – müssen nach außen etwas Abweisendes, Verhüllendes gehabt haben. Nur im Innern lag alles offen vor dem betrachtenden Auge; denn die Bauten waren in der Vertikalen nicht unterteilt. Man konnte bis zu den Dachflächen hinaufblicken und auch in die höchstens durch halbhohe Flechtwände quergeteilten

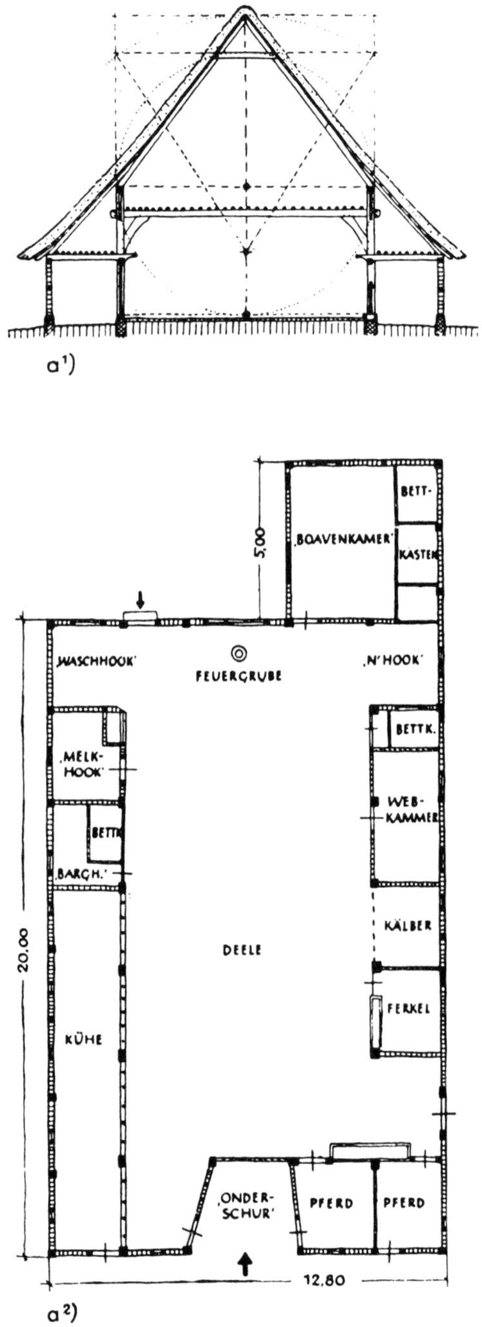

47 Grundriß und Schnitt eines Durchgangshauses, jetzt im Museum in Enschede

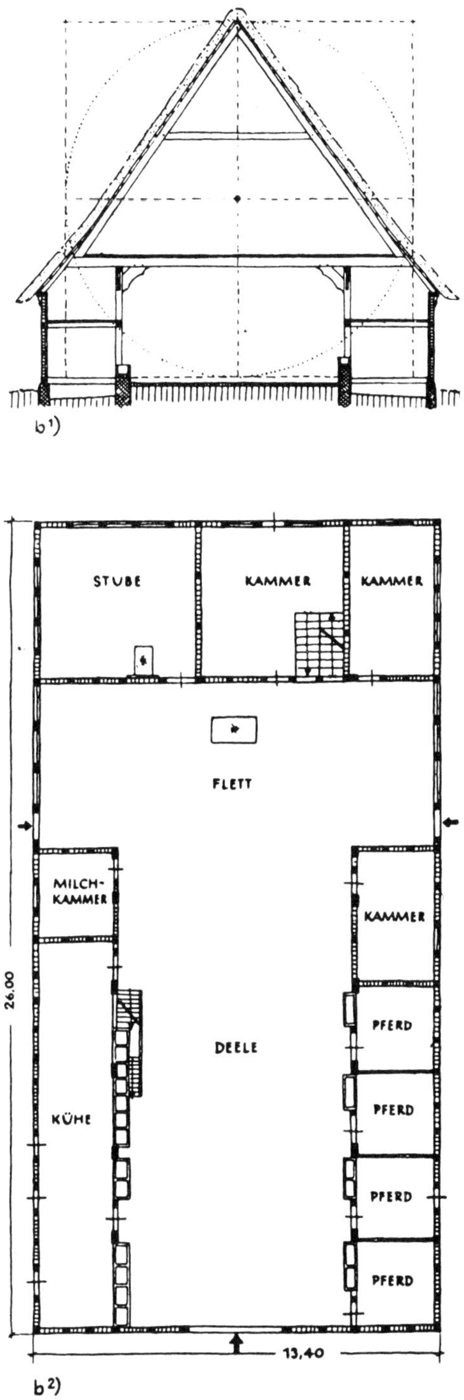

48 Grundriß und Schnitt eines Flettdeelenhauses aus dem 18. Jahrhundert

Kübbungen hineinsehen. Im Gegensatz zum Introvertierten solcher Bauten ließen schon die frühen Bauten im mittel- und oberdeutschen Raum durch Lauben im Erdgeschoß, Laubengänge im Ober- oder Dachgeschoß, Umraum in sich hinein, öffneten sich.

Auch im niederdeutschen Hallenhaus ist dem Ständerbau der Pfostenbau vorausgegangen. Die Ständer standen zunächst auf Fundamentsteinen, später auf untermauerten Schwellen. Gerüste aus kräftigen, durch Ankerbalken, später Dachbalken quer verbundenen Ständern ließen es zu, die Halle breiter zu machen als das bei Pfostenbauten möglich war. Auch konnte durch eine Lage leichter Rundhölzer, die man den querverspannenden Gefügeelementen auflegte, ein Dachboden für ungedroschenes Getreide, Stroh und Heu geschaffen werden. Aus dem Wohnstallhaus wurde so ein Wohn-Stall-Bergehaus.

In der Konstruktion war das Hallenhaus nach dem Übergang vom Pfosten- zum Ständerbau zunächst eine Ankerbalkenkonstruktion mit (in der Regel) ein Stück unterhalb der Ständerköpfe durchgezapften Ankerbalken. Der dadurch entstehende Kniestock brachte gegenüber aufgehälsten, aufgejochten oder aufgekämmten Ankerbalken mehr Stapelraum.

Je zwei gegenüberstehende Ständer bildeten mit dem Ankerbalken zusammen ein Quergebinde oder einen Querbinder. Die hintereinanderstehenden Quergebinde wurden durch ein Rahmenholz, das im niederdeutschen Raum zumeist nur eine Plate, d. h. ein Halbholz von nicht mehr als Bohlenstärke war, in der Länge verbunden.

Vom Grundriß oder der räumlichen Organisation her gesehen, waren die frühen Hallen-
47 bauten *Durchgangshäuser,* die Halle ging von Schmalseite (Giebel) zu Schmalseite durch. Man konnte die Halle vom Einfahrtstor des einen Giebels bis zur Wohntür des anderen Giebels frei durchschreiten. Von daher haben die Häuser ihren Namen bekommen.

Durchgangshäuser haben sich am längsten in den östlichen niederländischen Grenzlandschaften gehalten. Hier werden sie »Loss Hus«, d. h. (innen) offenes Haus genannt. Es waren zumeist große Zweiständerbauten mit durchgezapften Ankerbalken. Die Querschnittzeichnung könnte einsichtig machen, daß die Kübbungen nicht zum Kerngerüst gehören, sondern nur pultdachartig angeklappt sind.

Die Kübbungen sind durch kurze Balken, die Hillenbalken, mit den Ständern des Kerngerüstes verbunden. Das Kerngerüst selbst ist durch Kopfbänder oder Büge, die wie ausgestreckte Arme die Ständer mit dem Rähm als auch mit dem zugehörigen Balken verbinden, längs und quer ausgesteift.

Der Grundriß des Durchgangshauses aus dem östlichen Holland zeigt an der rückwärtigen Giebelwand einen Anbau, eine Wohnkammer. Ursprünglich verbrachten die Menschen ihre Nachtruhe in Kammern der Kübbung, nur durch eine Flechtwand von den ebenfalls in der Kübbung untergebrachten Tieren getrennt.

Vor der rückwärtigen Giebelwand lag auch die offene Feuerstelle, deren Rauch frei nach oben abzog. Das offene Feuer verbreitete eine bescheidene Wärme und bei Dunkelheit draußen auch ein bescheidenes Licht. Alle Arbeiten, soweit sie nicht außer Haus zu verrichten waren, spielten sich in der Deele genannten Halle ab. Sie war in Wahrheit die Mitte des Hauses mit der Feuerstelle als deren Brennpunkt.

Im größeren Teil Niederdeutschlands ist das Durchgangshaus schon seit dem Beginn der
Neuzeit durch das *Flettdeelenhaus* verdrängt 48
worden. In ihm hat das Hallenhaus gleichsam seine klassische Gestalt erreicht. Beim Flettdeelenhaus wurde das Wohnende ausgeweitet. Hier standen zwei Quergebinde nicht im üblichen Abstand eines Faches (wie man den Abstand zweier Ständerpaare nennt), sondern waren weiter auseinandergerückt und durch einen kräftigen Riegel in der Länge verbunden. Weil von unterhalb dieses sogenannten Unterschlagriegels Licht auf die Feuerstelle fiel, wurde dieses kräftige Holz in der Richtung der Hausachse Luchtholz genannt, und die Nischen darunter hießen Luchten. Die erweiterten Seitennischen oder Luchten bilden mit der langgestreckten Deele einen T-förmigen Raum, dessen breites Ende das Flett genannt wird. Das Flett könnte man den (Wohn-)Küchenraum des Hauses nennen. Die eine Flettnische war der Eßplatz (die Wohnecke) und damit vorzugsweise der Ort der männlichen Hausbewohner, während die gegenüberliegende Nische mit »Waschort« und Schränken der Raum der Frauen war. Von hier führte eine Tür ins Freie, zum Brunnen, daher auch Brunnentür genannt.

Eine Halfdör, eine in der Mitte geteilte Tür, deren oberes Teil in der Regel offen war, sorgte für Durchlüftung. Der kräftig dimensionierte Luchtbalken war durch kräftige Kopfbänder mit den abstützenden Ständern verbunden.

Vom Flett führte eine Tür in die Döns, die Wohnstube. Sie gehört zum Kammerfach, wie der hinter dem Flett liegende Wohnteil mit heizbarer Stube und Kammern heißt. Er bestand ursprünglich nur aus Kammern, daher der Name. Die ersten Kammern wurden in die hintere Kübbung eingebaut und waren nicht breiter als ein Fach, d. h. so breit wie der Abstand zweier Ständerpaare.

Die Feuerstelle hat auch im Flettdeelenhaus ihren alten Platz auf der Hausachse vor dem Kammerfach. Hier war der wichtigste Arbeitsplatz der Frau des Hauses. Von hier konnte sie überschauen und gegebenenfalls lenken, was im Haus vorging.

Deele und Flett können durch Gatter voneinander getrennt werden (damit die Kühe nicht bis in die Küche kommen!); eine Treppe führt zum Boden, und vor der Flettnische führt eine Tür in eine Kammer, die als Altenteil dient.

Als Wesen des niederdeutschen Hallenhauses hat Josef Schepers »seine freie, hallenhafte Raumweite, geschaffen für ein großgeordnetes Wohnen und Wirtschaften« bezeichnet. »Das Wesen des Hauses ist auf ein strenggebundenes, patriarchalisch bestimmtes und gleichsam – durch das Gewicht der hausfraulichen Hausaufsicht in der übersichtlichen Halle – auch matriarchalisch mitbestimmtes Gemeinschaftsleben angelegt. Was sich diesem Wesen nicht sinnvoll zuordnen ließ, wurde abgelehnt oder so gewandelt, daß es sich zuordnen ließ. Und trotzdem schlich sich seit dem Ende des Mittelalters mit dem Ein- und Anfügen kleiner Sonderräume in die anfangs ungeteilte, höchstens mit offenen Seitennischen versehene Halle so etwas wie ein Organismus im Organismus ein«[17]. Am ungebrochensten ist das Hallenwohnen im Nordwesten Niederdeutschlands geblieben, wo Sonderwohnräume bis ins späte 19. Jahrhundert unbekannt blieben oder lediglich an kältesten Wintertagen als Wärmestube dienten.

Im übrigen Niederdeutschland konnte man sich auf die Dauer nicht den von Mittel- und Oberdeutschland ausgehenden Einflüssen entziehen. Dort hatte sich schon früh neben dem großen Herdraum eine gesonderte, heizbare Stube herausgebildet, die eine gewisse Isolierung innerhalb der Haus- und Wohngemeinschaft, im besonderen ihrer führenden Mitglieder möglich machte. Es war der Übergang vom Hausen zum Wohnen, der sich mit heizbarer Stube und Kammerfach schließlich auch im größeren Teil Niederdeutschlands durchsetzte.

Im ganzen war das Leben im bäuerlichen Hallenhaus hart, am härtesten vermutlich für die Abhängigen. Im Winter wärmte das offene Feuer zwar von vorn, ließ den Rücken aber um so kälter.

In der Raumgestalt ist das Hallenhaus mit dem Herd (dem Hausaltar) im Schnittpunkt zweier Achsen eine großartige Idee – Parallelen zur dreischiffigen Basilika mit dem Altar am Ende der Mittelachse liegen auf der Hand. Im Zwang, auf Bequemlichkeiten zu verzichten, war das Leben im Hallenhaus allerdings wenig menschenfreundlich. Es setzte einen hohen Grad an Gesundheit und Widerstandskraft voraus.

Das Flettdeelenhaus aus dem 18. Jh. nach Schepers ist keine Ankerbalkenkonstruktion 48 mehr, sondern ein Dachbalkengefüge. Der auf die Rähme aufgekämmte Bundbalken des Dachbinders ist zugleich querverspannendes Element. In der Regel greift dabei ein Zapfen am Ständerkopf durch das nur bohlenstarke Rähm bis in den Bundbalken. Ständergerüst und Dachgerüst sind damit fest verbunden und bilden eine Einheit.

Deutlicher noch zeigt sich eine solche Konstruktion in dem genauer durchgezeichneten Querschnitt eines Hauses aus dem Oldenburgischen.

Der Dachbalken ist kräftig dimensioniert; denn die Dachbalken müssen ja die ganze Erntelast tragen. In der Regel stehen die Dachbalkenenden noch weiter über die Ständer über. Die Sparrenfüße sind in die Balkenenden eingezapft. Auf ihnen lastet das Dach und drückt sie nach unten, während die Balkenmitte sich leicht hochwölbt, wenn der Ernteboden unbelastet ist. Die Erntelast schafft dann den Ausgleich. Der Kehlbalken ist im gegebenen Fall ein Hahnenbalken. Die Außenwände sind niedrig und damit auch der Raum über den Hillenbalken gering.

Es könnte die Frage aufgeworfen werden, was die frühen Zweiständerbauten mit ihren niederen Außenwänden und einem Vollwalmdach mit einem Fachwerkbau zu tun haben, da nur die niedrigen Traufenwände und die etwas höheren Giebelwände aus Fachwerk bestehen. Fachwerkbau meint nie nur die Wände, sondern immer einen ganzen Bau, d. h. auch das Innengerüst und das Dachgerüst, auch wenn diese Gerüste (Skelette) nicht ausgefacht sind. Tatsächlich treten bei den frühen Zweiständerbauten die ausgefachten Wände gegenüber dem Skelett des inneren Gerüstes zurück.

Noch beherrschender gegenüber den niederen Außenwänden ist das Skelett des Kerngerü-

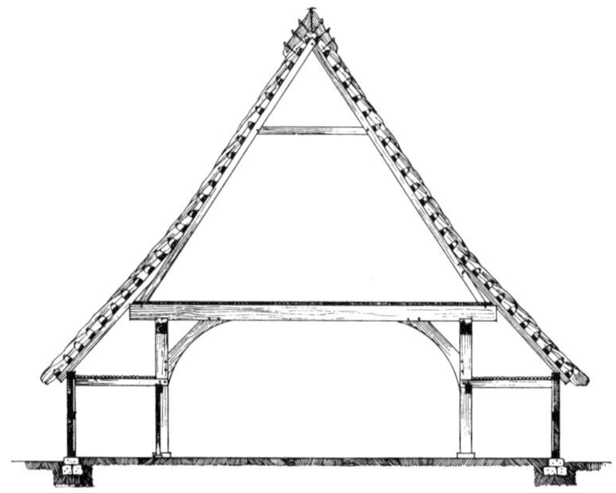

49 Querschnitt durch ein Zweiständer-Hallenhaus aus Mansholt/Oldenburg

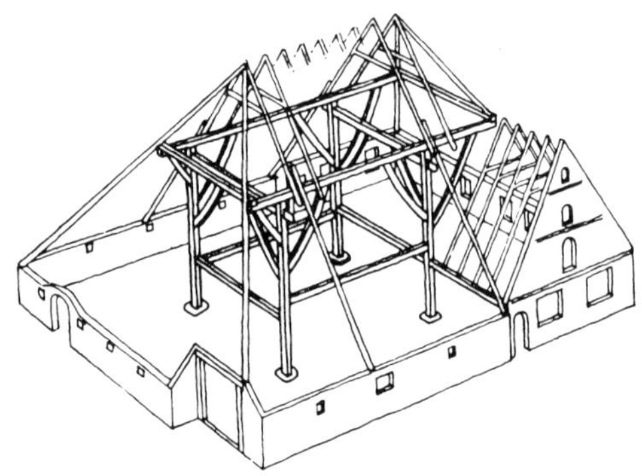

50 Das innere Skelett eines Gulfhauses (Hof von Eiderstedt/Südschleswig), jetzt im dänischen Freilichtmuseum Lyngby

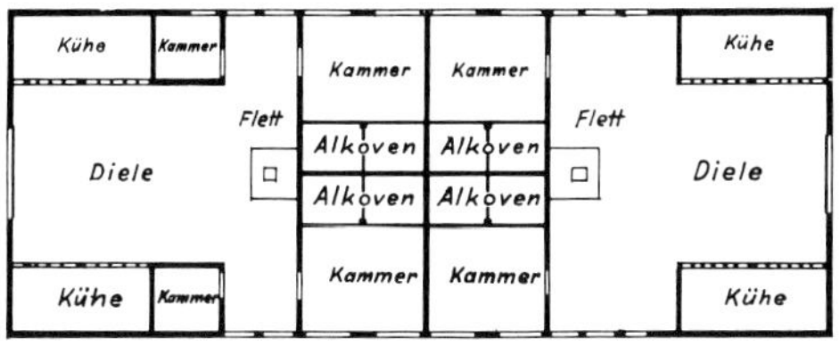

51 Das Doppelheuerhaus von Damme von 1773 und 1811, jetzt im Museumsdorf Cloppenburg

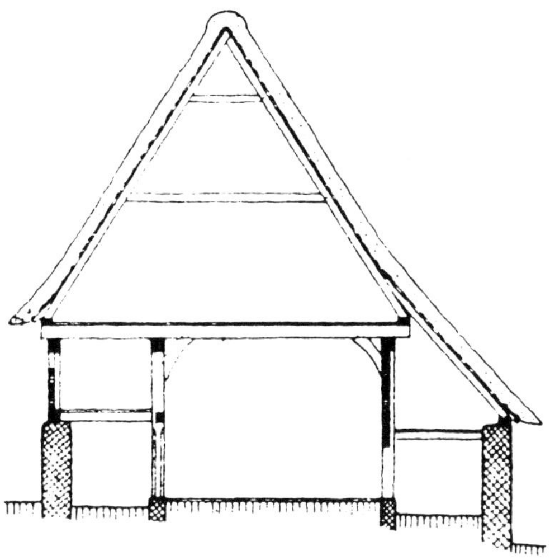

52 Schnitt durch einen Dreiständerbau

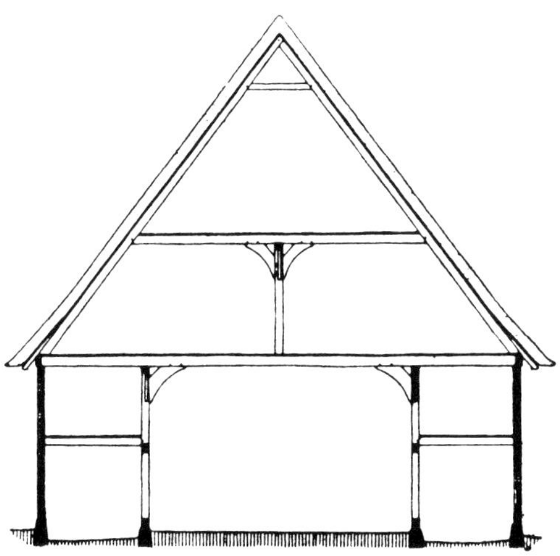

53 Schnitt durch einen Vierständerbau, den Valepagenhof von 1577, jetzt im Westfälischen Freilichtmuseum Bäuerlicher Kulturdenkmale Detmold

stes bei einem Haustyp, der sich in einem schmalen Landstrich an den Küsten Nord- und Ostfrieslands durchsetzte, dem Gulfhaus.

50 Beim Gulfhaus tragen vier Ständer aus riesigen Stämmen, am Kopf längs- und querverbunden und in den beiden Hauptrichtungen verstrebt, das Dach und umgreifen den sogenannten Barg, den auf dem Boden lastenden Erntestapel. Das Gulfhaus ist kein Fachwerkhaus, da auch die niederen Umfassungswände in der Regel aus Stein sind, aber eine großartige Holzkonstruktion und als solche dem inneren Ständergerüst von Hallenhäusern verwandt.

Die Zweiständerbauten treten um so mehr als Fachwerkbau in Erscheinung, je geringer die Walme an den Giebelseiten werden und je höher sich damit der Giebel aufreckt. So wird man allgemein ein Haus mit Schopfwalm auf vorkragenden Stichbalken, trotz der niederen Seitenwände als Fachwerkhaus bezeichnen, auch wenn der mächtige Pelz des Daches für den Gesamteindruck noch eine dominierende Rolle spielt.

Durchgangshaus und Flettdeelenhaus sind die Grundtypen des niederdeutschen Hallenhauses als Bauernhaus, wobei man das Durchgangshaus als die Ausgangsform der im Flettdeelenhaus sich darstellenden Hochform ansehen kann. Zwischen beiden gibt es Übergangs- und Mischformen; beide variieren auch in der Größe und natürlich auch im materiellen Aufwand. Das kam auf die soziale Schicht, auf die Stellung und den Reichtum des Bauherrn an. Es gab große soziale Unterschiede in den Volksschichten, die von der Bearbeitung des Bodens oder dem Züchten von Tieren ganz oder teilweise lebten. Das stufte sich von den Schulten- und Meierhöfen über die Voll- und Halberben zu den verschiedenen Schichten der Kötter und der untersten Schicht der Heuerlinge. Schon die Kötter mußten zumeist noch einem zweiten Broterwerb nachgehen. Bei allen sozialen Unterschieden – von der obersten Schicht des Adels vielleicht abgesehen – gab es doch die gleichen oder verwandte Bau- und Wohnvorstellungen. Zum großen Quatmannshof aus dem reichen Artland, jetzt im Museumsdorf Cloppenburg, gehörte beispielsweise ein Doppelheuerhaus.

51 Der Grundriß zeigt, daß zwei Hallenhäuser im Kleinformat hier aneinandergebaut sind. Jedes Haus hat eine Diele und ein zweiarmiges Flett, aber noch die offene Feuerstelle, während der große Hof schon einen Schornstein und eine eingeschlossene Feuerstelle hatte.

Mischformen zwischen dem Hallenhaus und mitteldeutschen Haus- und Gehöftformen hat es naturgemäß in den Grenzbereichen zwischen dem Mittel- und Niederdeutschen gegeben, am Niederrhein, im Sauerland und im nördlichen Hessen.

Ein entscheidender Schritt der Entwicklung vollzog sich dann aber am Flettdeelenhaus selbst: vom Zweiständer- über den Dreiständer- zum Vierständerbau. (Eigentlich müßte man vom Zwei-, Drei- und Vierständerreihenbau sprechen; denn es sind ja jeweils Ständerreihen, die das Kerngerüst des Hauses bilden.) Bei weit überstehenden Dachbalken des Zweiständerbaus lag es nahe, die Außenwände unter die Enden der manchmal bis fast zwei Meter auskragenden Dachbalken zu stellen. Am Wohnende von Hallenhäusern ist das zuerst verwirklicht worden. Die Außenwände wurden dadurch so hoch, daß man Fenster in sie einlassen und den Wohnteil besser erhellen konnte. Von da aus war es wiederum nur ein kleiner Schritt, die Kübbungswände auf beiden Seiten hochzuführen und die Dachbalken gegebenenfalls entsprechend zu verlängern. Geschah das nur auf einer Seite – das Beibehalten der Kübbung auf der Wetterseite hatte Vorteile –, so hatte man einen *Dreiständerbau*. Gerade in regenreichen Landschaften hat sich der – von der Hausachse aus gesehen – asymmetrische Dreiständerbau länger gehalten.

Führte man beide Kübbungswände hoch und verlängerte die Dachbalken entsprechend, so hatte man vier gleich hohe Ständerreihen, bzw. einen *Vierständerbau*. Das Sparrendach legte sich nun über die ganze Hausbreite und die Außenwände trugen Dach- und Erntelast mit. Die Seitenschiffe erreichten die gleiche Höhe wie die Halle, sie wurden zweigeschossig und rechtwinklig in ihrem Querschnitt. In den oberen Geschossen der Seitenschiffe konnte man Kammern einrichten. Der gewonnene Raum konnte vor allem aber als Speicherraum genutzt werden, separate Speicherbauten erübrigten sich.

Der Valepagenhof von 1577 zeigt einen herausragenden Vierständerbau mit Dachbalkengefüge und einfach stehendem Stuhl.

Der Vierständerbau ist vor allem für das Stadthaus von entscheidender Bedeutung geworden. In den Ackerbürgerstädten des südöstlichen Westfalen sind schon früh die mittlere Halle, bzw. die Deele verschmälert und die Seitenschiffe breiter gemacht worden, weil in den Städten eine breite hohe Deele nicht in gleichem Maße wie in einem bäuerlichen Betrieb als

Werk- und Wirtschaftsplatz zu nutzen war. Der Ackerbürger mußte im Normalfall noch einem Gewerbe nachgehen. Wichtiger als die große Deele wurden Sonderräume. Die Deele oder Däle blieb aber noch lange der Mittelpunkt auch des städtischen Hauses.

Am Beispiel eines Hauses von 1543 aus Braunschweig wird deutlich, wie in der Stadt die Bebauung sich nach den in der Regel schmalen Grundstücken, die oft nicht einmal rechtwinklig begrenzt waren, richten mußte. Die Däle nimmt im straßenseitigen Wohnhaus noch einen großen Raum ein – neben zwei Stuben und der Küche. Stallungen und Futterkammer mußten an einer Seite des Hofes und der hinteren Schmalseite des Grundstücks untergebracht werden. Hier liegt auch noch eine Kammer. Raum für weitere Stuben ist in dem über dem Erdgeschoß liegenden Zwischengeschoß.

Häuser dieser Art hat Schepers als *Wohndeelenhäuser* bezeichnet. Sie sind eine stadttypische bürgerliche Abart des Hallenhauses, dessen Entstehung man sich so vorstellen kann, daß zunächst die Kübbungen aufgegeben wurden. Die breite Deele wurde zur reinen Wohndeele, die hoch genug war, um Stuben, Kammern, auch eine Küche zweigeschossig übereinander einzubauen. Noch notwendige Nebenbauten oder Ställe wanderten in den Hof. Das Braunschweiger Haus paßt gut in eine solche Entwicklung hinein. Wohndeelenhäuser konnten mehrgeschossig sein, in kleineren Städten und einfachen Verhältnissen blieben sie aber auch eingeschossig.

In der Stadt konnte das dreischiffige Hallenhaus auch zur Zweischiffigkeit verkümmern, wobei die Halle oder Deele, die nun ähnlich dem Braunschweiger Haus an der Seite lag, zwar ihre Höhe behielt, aber schmäler wurde.

Eine weitere Abart des Hallenhauses war das *Durchgangsdeelenhaus,* das zwar noch seine Dreischiffigkeit behielt, die Deele aber zu einem abgeschlossenen Verkehrs- und Wirtschaftsraum zwischen einem breiteren Wohn- und einem schmäleren Wirtschaftsteil wurde. Ein Flett gab es in allen diesen Abarten des Hallenhauses nicht mehr. Die Stube rückte nach vorn zur Straße und schiebt sich dann zuweilen noch durch einen Vorbau, die sogenannte »Utlucht«, die ähnlich einem Erker nach drei Seiten Fenster hatte, in die Straße hinein.

Die Utlucht nimmt ihren Ausgang von den Häusern der Ackerbürger in den Städten des Oberweserraumes, von dort hat sie sich nach Norden und Osten ausgebreitet. Die ehemalige
Dechanei in Höxter von 1561 hat zwei Utluch- 208
ten, was auch aus dem Zusammenwachsen zweier Häuser herrühren kann. Als Motiv ist die Utlucht vermutlich von den steinernen Erkern an Schlössern und vornehmen Bürgerhäusern übernommen worden. Utluchten finden sich dann auch an repräsentativen Steinbauten: dem Rathaus in Paderborn aus dem Anfang des 17. Jahrhunderts geben sie geradezu das Gepräge.

Das Durchgangsdeelenhaus hat Schepers als eine Auflösung des Hallenhauses bezeichnet. In einem späteren Stadium wird daraus das *Querdeelenhaus,* das eine Traufenseite der Straße zuwendet. Wohn- und Wirtschaftsteil sind nur durch eine Deele oder gar nur einen Flur geteilt, womit eine starke Annäherung an mitteldeutsche Wohnformen erreicht ist. Das geschah vornehmlich in den südlichen Teilen Westfalens und betraf weniger die großen Höfe als die Kötter und damit also auch das Haus des Kleinbauern.

Auch dort, wo der Vierständerbau als dreischiffiges Hallenhaus erhalten blieb, hat er in der Angleichung an die Bedürfnisse städtischen Wohn- und Erwerbslebens eine Weiterentwicklung erfahren: Man setzte dem Kasten des Vierständerbaus noch einen in sich abgezimmerten *Speicherstock* auf, der dem Stapeln von Vorräten und Waren diente und keine Fenster, sondern nur Lüftungsgitter hatte. In der westfälischen Stadt Warburg haben sich solche Bauten aus dem letzten Drittel des 15. und der ersten
Hälfte des 16. Jahrhunderts erhalten. 55

Das Aufsetzen eines vorkragenden Speicherstocks markiert im niederdeutschen Fachwerkbau den im mitteldeutsch-fränkischen Raum teilweise schon im 14. Jahrhundert vollzogenen letzten Schritt in der Entwicklung des Fachwerkbaus: den Schritt hin zum *Stockwerksbau.*

Die Ausdehnung in die Höhe, d. h. die Mehrgeschossigkeit, ergab sich zwangsläufig aus den beengten räumlichen Verhältnissen innerhalb der befestigten Städte. Dem reinen Geschoßbau, der Bildung von Geschossen durch durchgezapfte (durchgeschossene) Ankerbalken, waren dabei Grenzen gesetzt. Für höhere Bauten kam einzig der Stockwerksbau in Frage, bei dem die Stockwerke als für sich abgezimmerte Kästen aufeinandergesetzt wurden.

Noch lange werden aber im niederdeutschen Raum, in manchen Städten bis weit ins 17. Jahrhundert hinein, die beiden untersten Geschosse, das Erd- und Zwischengeschoß, in Geschoßbauweise errichtet. Darüber sitzen dann die in der Regel stark auskragenden Stockwerke.

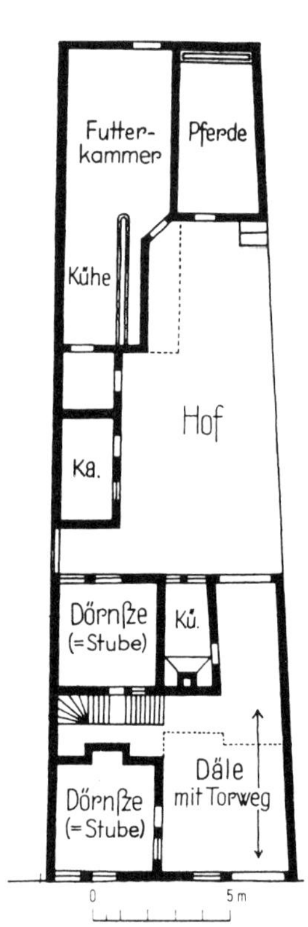

54 Braunschweig, Neue Knochenhauerstraße 11, Plan der Grundstücksbebauung

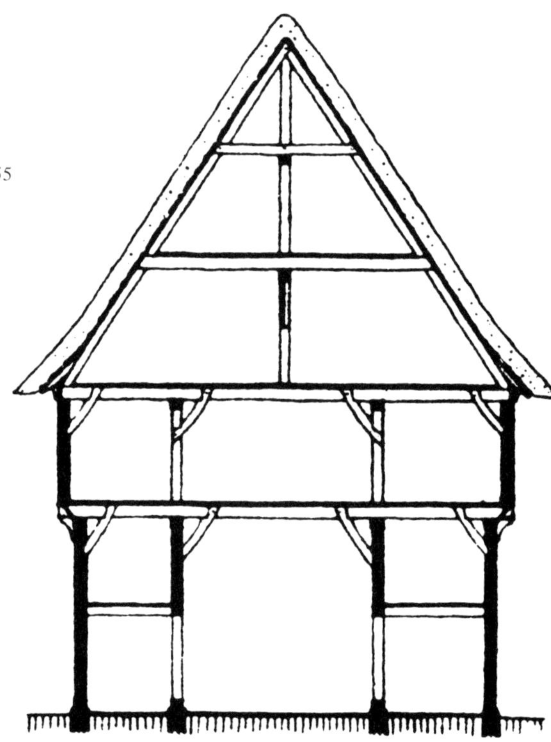

55 Vierständerhallenbau mit aufgesetztem Speicherstock und Dachbalkengefüge von 1471, früheres Amtshaus der Bäckergilde am Altstadtmarkt in Warburg

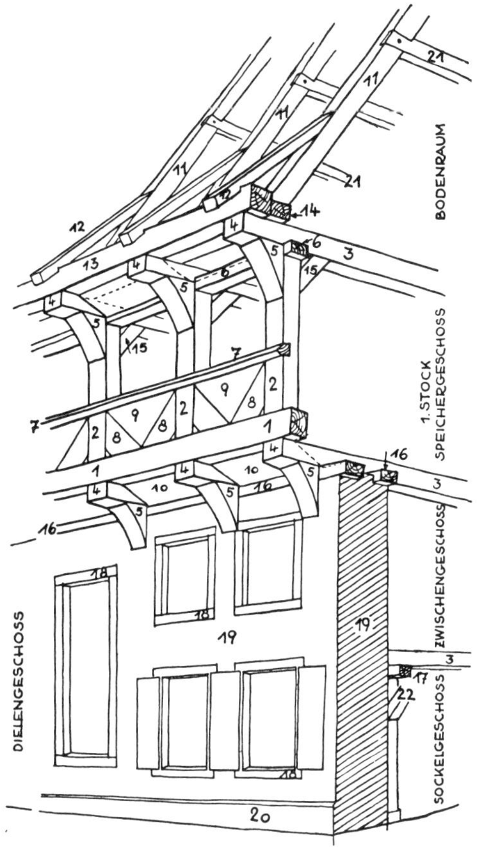

56 Konstruktiver Aufbau eines für Goslar typischen Hauses der Zeit um 1500. Die straßenseitige Front von Sockel- und Zwischengeschoß ist aus Bruchsteinen gemauert.
1 Schwelle, 2 Stiele oder Ständer, 3 Deckenbalken, 4 Balkenkopf, 5 Knagge, 6 Rähm oder Plate, 7 Fensterlatte, 8 Fußstrebe oder Winkelband, 9 Gefach mit Lehmfüllung, 10 Windbrett, 11 Sparren, 12 Aufschiebling, 13, Dachschwelle, 14 Sparrenschwelle, 15 Kopfband, 16 Mauerlatten, 17 Streichbalken, 18 Balkenzarge (Holz) Gewände (Werkstein), 19 Bruchsteinmauerwerk hell überschlämmt, 20 Sockel (Werkstein), 21 Kehlbalken (Kehlbalkendach), 22 Innenstütze mit Kopfbändern

Es ist nicht nur der Bautyp, das niederdeutsche Hallenhaus mit seinen städtischen Abarten, das den niederdeutschen Fachwerkbau vom mittel- und oberdeutschen unterscheidet. Die Unterschiede liegen auch im andersartigen Wandgefüge – vom entscheidendsten Merkmal der Unterscheidung, der dekorativen Ausstattung des Gefüges, zunächst einmal abgesehen. Um dem Grundprinzip des Fachwerkbaus – einem Gefügesystem, bei dem senkrechte und waagrechte Elemente, in der Regel durch verstrebende Elemente ergänzt, so verbunden werden, daß ein gegen Kippen und Verschieben gesichertes winkelsteifes Gerüst entsteht – Genüge zu tun, gibt es nicht nur eine Möglichkeit.

Gewisse Eigentümlichkeiten des niederdeutschen Fachwerkgefüges hängen allerdings mit dem Bautyp des Hallenhauses zusammen.

Im niederdeutschen Hallenhaus waren die Dachbalken wegen der zu tragenden Erntelasten und der Dachlast nicht nur kräftig dimensioniert, sie lagen auch in geringem Abstand voneinander. Außerdem hatte sich die Gewohnheit herausgebildet, Balken und Ständer einander zuzuordnen, so daß auf jeden Balken ein Ständer kam oder umgekehrt. Die Lasten von Dach und Ernte schienen so direkt in den Boden geleitet zu werden. Das gibt jene Gleichartigkeit der Gefügeelemente, die durchlaufenden Senkrechten (der Balkenkopf steht immer zwischen einem oberen und unteren Ständer) und die in der Regel gleichen gedrungen rechteckigen liegenden oder stehenden Gefache. Im Gegensatz dazu ist der mitteldeutsche Fachwerkbau gerade durch die Ungleichwertigkeit der Gefügeelemente ausgezeichnet.

In der dichten Stellung der Ständer unterscheidet sich das niederdeutsche Fachwerk besonders von dem alemannischen Fachwerkbau mit seinen weit auseinanderstehenden Ständern. Der mitteldeutsche Fachwerkbau nimmt auch darin eine Mittelstellung ein – dem niederdeutschen Fachwerkbau vielleicht etwas näher stehend. Beim fränkischen Fachwerkbau im Mittelrhein-/Moselgebiet mit seiner ebenfalls engen Ständerstellung ist auch an westlichen Einfluß zu denken. Im französischen Fachwerkbau stehen die Ständer oft so eng beieinander, daß man annehmen könnte, die Erinnerung an den vorausgehenden Bohlenständerbau (mit senkrecht stehenden Bohlen) sei noch so stark, daß man sich scheue, die Ständer etwas weiter auseinander zu stellen.

Im niederdeutschen Fachwerkbau konnte das Gefüge aus Ständern und Riegeln so engmaschig werden, daß es keiner zusätzlichen Gefügeelemente zur Aussteifung der Wände bedurfte.

Extremfälle in dieser Beziehung sind u. a. die berühmten Flettdeelenhäuser des Quatmannshofes und der Wehlburg, beide heute im Museumsdorf Cloppenburg. Bei beiden ist rein von der Fläche her die Ausfachung geringer als das Gitter aus Ständern und Riegeln. Daß es dabei keiner zusätzlichen Sicherung gegen Kippen oder Verschieben bedurfte, sagt selbst das naivste Empfinden. In beiden Fällen wurde nicht nach einer ökonomischen Konstruktion gesucht, sondern stand eindeutig die Repräsentation im Vordergrund. Verschwendung an Material wurde dabei als selbstverständlich in Kauf genommen. Der Eindruck der Festigkeit, des Solid-Beständigen, wird durch hohen Aufwand an Material erkauft. Ein ganzer Eichenwald mußte für die zum Bau des Quatmannshofes benötigten 200 Kubikmeter Eichenholz geschlagen werden.

Aber selbst einfache Zweiständerbauten hatten ein relativ engmaschiges Gerüst aus Ständern und Riegeln und jene gleichen gedrungen rechteckigen Gefache – keine schrägen Streben.

Berücksichtigt werden muß dabei natürlich, daß im niederdeutschen Fachwerkbau in stärkerem Ausmaß statt der flexiblen Ausfachung mit lehmverstrichenem Flechtwerk die Gefache ausgemauert waren. Das trug zusätzlich zur Aussteifung der Wand bei. Aber auch dort, wo die Lehmstakung angewandt wird, glaubt man, eine Abneigung gegen hohe Streben feststellen zu können. Es gibt hohe Streben, vor allem im Grenzbereich zwischen dem mittel- und niederdeutschen Fachwerkbau, besonders bei den Bauernhäusern. Hier finden sich auch die für das hessisch-fränkische Fachwerk so typischen Streben aus krummwüchsigen Hölzern. Bei den städtischen Abarten des Hallenhauses beschränken sich die Streben vorzugsweise auf den Raum unterhalb des Brustriegels, genauer gesagt: unterhalb der Fenster. Dort reihen sich kurze Fußstreben zu beiden Seiten des Ständers friesartig von Ecke zu Ecke. Sie können auch die Form des Andreaskreuzes (zwischen den Ständern) oder des Winkelbandes an den Ständerfüßen annehmen. Rein optisch verbreitern sich damit die Ständerfüße zu auf der Schwelle stehenden Dreiecken.

Bei der engen Stellung der zumeist kräftig dimensionierten Ständer hatten verstrebende Hölzer nicht die Bedeutung, die sie im mitteldeutsch-fränkischen Fachwerkbau hatten. In der Blütezeit des niederdeutschen Fachwerkbaus waren sie vielleicht weniger ein Gefügeelement als ein Feld für die dekorative Weitergestaltung des rein von der Konstruktion bestimmten Gefüges.

Man könnte auch einwenden, daß für hohe Streben in dem in Fachwerk errichteten niederdeutschen Stadthaus gar kein Platz war; denn in der straßenseitigen Front waren die Stockwerke oft bis zu den Ecken in Fenster aufgelöst. Die Fenster gingen oben bis zum Rähm, unten bis zum Brustriegel, bei den ältesten Bauten bis zu der in die Ständer eingeblatteten sogenannten Fensterlatte.

Die Auflösung der Front in Fenster war nun wiederum bedingt durch die starken Überhänge beim frühen Stockwerksbau. Durch die Überhänge wurde den darunter liegenden Geschossen Licht weggenommen, aber das wird nicht der entscheidende Grund für die oft fast totale Durchfensterung der Front gewesen sein; ästhetisch bedingte Empfindungen werden mitgespielt haben. Es ist gerade ein Unterscheidungsmerkmal des niederdeutschen Fachwerkbaus in seiner Blütezeit, daß der »Kunst am Bau«, der Auszier der Gefügeelemente, stärkere Beachtung geschenkt wird als im mittel- und oberdeutschen Fachwerkbau.

Dekor im niederdeutschen Fachwerkbau

Der Schmuck am Zimmerwerk niederdeutscher Fachwerkbauten ist bis weit ins 15. Jahrhundert hinein das Werk der Zimmerleute selbst gewesen. Es ist erstaunlich, was sie nur mit Beil und Meißel gemacht haben, wenn es sich im wesentlichen auch auf das Abfasen und Abrunden von Kanten und vor allem das Einkerben beschränkte. Was der Zimmermann an den vierkantig zugerichteten Hölzern der Konstruktion mit Beil und Meißel formal veränderte, behielt etwas Scharfkantiges und paßte so gut zur Formensprache der Gotik.

Die Balkenköpfe und Knaggen von Braunschweiger Häusern aus dem 1. Viertel des 16. Jh. zählen (im niederdeutschen Fachwerk) noch zur Gotik. In die Vorderseite von Knaggen eingeschnitzte Figuren werden das Werk von Spezialisten gewesen sein, der »Schnitker« oder Schnitzer, die in der zweiten Hälfte des 15. Jahrhunderts noch nicht direkt nachzuweisen, aber doch zu vermuten sind.

Der Wille, nicht nur mit sparsamsten Mitteln über das von der Konstruktion her Gegebene hinauszugehen, kommt im Grunde erst mit dem Stockwerksbau auf. Der Überhang mit der Schattenzone darunter forderte zu dekorativer Gestaltung der Knaggen, Balkenköpfe und Schwellen geradezu heraus. Am frühesten und deutlichsten zeigt sich das an der Gestaltung der *Knaggen*. Ehe die Deckenbalken mit Rähm und Schwelle verkämmt wurden und die Überhänge dann nur noch gering waren oder ganz verschwanden, waren die Knaggen ein wichtiges Gefügeelement. Sie dienten einmal der Abstützung des überstehenden Balkens, zum andern der Verriegelung, d. h. der festen Verbindung von Balken und Ständer. Es mußte reizen, die Bedeutung der Knaggen dadurch zu betonen, daß man ihnen durch Kehlen, Platten, Grate und Wülste eine besonders reiche Form gab. Je reicher sie in ihrer Form waren, um so auffälliger traten sie aus der Schattenzone unter dem Überhang heraus und belebten diese Zone. Es ist eine plastische Gestaltung von stark linearer Wirkung durch die Grate und Rillen, die beim Kerben mit Beil und Meißel werkzeuggerecht entstehen. Besondere Sorgfalt wurde der Gestaltung der Eckknaggen gewidmet, ob sie dort im Bündel oder im Einzelstand stehen. Der Kopf des in der Diagonalen auskragenden Stichbalkens wird in die Gestaltung einbezogen. Grate, Rillen und als Linien wirkende Schattenstreifen in Knagge und Balkenkopf legen sich optisch quer zu dem von den Ständern des Oberstocks auf Balkenkopf und Knagge ausgeübten Druck.

Unter dem Einfluß der Renaissance, der im niederdeutschen Fachwerkbau stärker ist als im mittel- und oberdeutschen und der identisch ist mit dem Einfluß, der von der Steinarchitektur auf den Fachwerkbau ausgeht, wird die Knagge kürzer und verkümmert zur *Konsole*. Der im unteren Teil abgerundete und an den Seiten abgefaste Balkenkopf wird fast zu einer Standardform.

Noch »steinmäßiger« sind die Konsolknaggen an einem Goslarer Haus von 1600. Auch die zwischen die Balkenköpfe eingesetzten Füllhölzer sind zusammen mit dem Rähm in typischen Formen der Steinarchitektur der Zeit (Zahnschnitt, Eierstab) waagrecht profiliert.

Neben Knaggen und Balkenköpfen sind es die *Stockwerksschwellen und die Füllhölzer*, auf die sich dekorative Gestaltung erstreckt. Dann werden auch die Ständerfüße mit den Fußstreben in Winkelform und wird schließlich die ganze Brüstungszone einbezogen. Wie die kräftige Horizontalprofilierung von Balkenköpfen und Knaggen läßt sich auch der auf der Schwelle

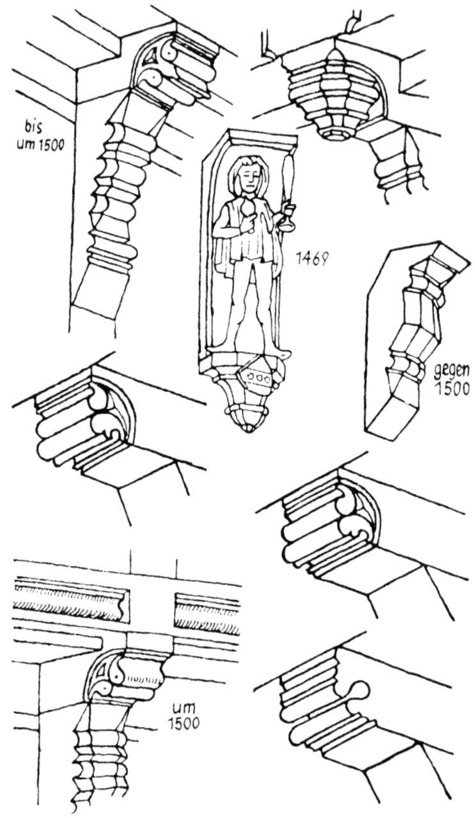

57 Balkenköpfe und Knaggen der Gotik an Häusern in Braunschweig bis nach 1515

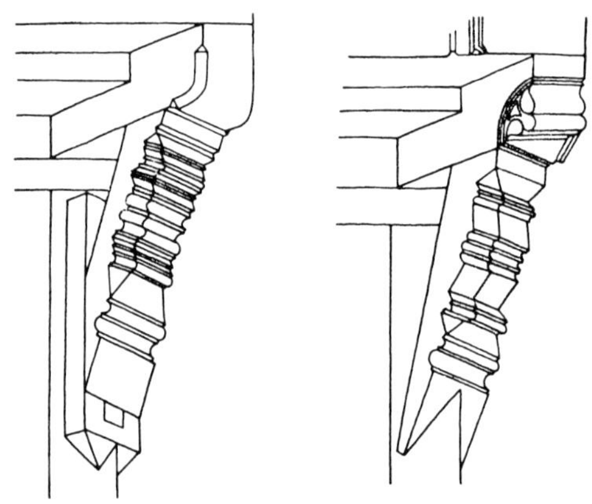

58 Eckknagge im Einzelstand an Braunschweiger Häusern, links bis etwa 1500

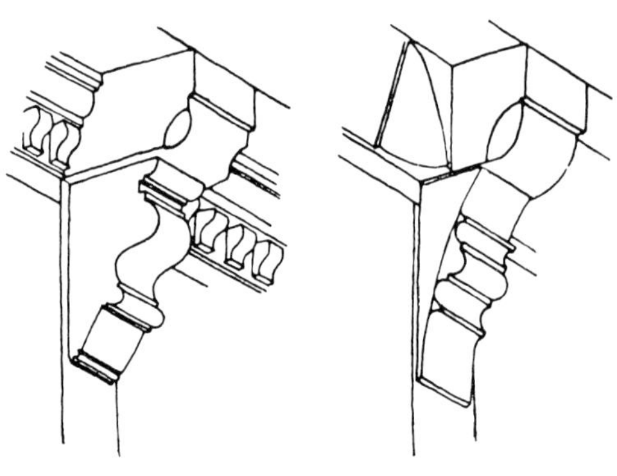

59 Braunschweig, Turnierstraße 8, Überhanggestaltung

60 Der gotische Laubstab und Abwandlungen davon als Schwellenzier an Braunschweiger Häusern von 1517 bis 1665

verwirklichte Schmuck aus einem feinen Empfinden für die in einem Fachwerkbau wirkenden statischen Kräfte deuten. Da ist der für Braunschweig und Umgebung so typische, auch in Goslar vorkommende *Treppenfries* mit seinem oft mehrfach gestuften Treppauf und Treppab. Für Braunschweig ist er von 1466–1526 an datierten Bauten nachzuweisen, in Goslar hat eines der ältesten erhaltenen Häuser, das Haus
193 An der Gose 31, einen Treppenfries. Über die Herkunft des Treppenfrieses kann man nur Vermutungen anstellen. Er erinnert an die Steinsetzung bei Kraggewölben. In der Art, wie er zwei Ständer verbindet, verklammert, könnte man auch von einer Brücke sprechen. Die Last, die auf die Schwellen drückt, wird (in der Sprache der Form) auf die Balkenenden und die sie stützenden Knaggen übertragen. Der Treppenfries erscheint nicht nur als lineares Ornament, sondern auch in perspektivischer Verkürzung plastisch in die Schwelle hineingearbeitet.

Aus dem Treppenfries haben sich der *Trapezfries* und der *Bügelfries* entwickelt. Beide erscheinen in der Regel als flach-lineares Ornament. Rein formal haben sie die gleiche Bedeutung wie der Treppenfries. In der Verdoppelung zwischen zwei Ständern verliert der Bügelfries allerdings seinen formalen Sinn. Neben Trapez- und Bügelfries gibt es auch noch einen *Rechteckfries.*

Noch stärker als Treppen-, Trapez- und Bügelfries übersetzt die *Schiffskehle* statische Vorgänge in die Sprache der Form. Man findet sie sowohl in den unteren Teil der Schwelle als auch in die Füllhölzer eingeschnitten, und sie kommt in vielen Variationen vor. Die Schiffskehle erinnert entfernt an ein Schiff oder Boot, das kieloben auf Land gesetzt ist und dessen Umrißlinie ähnlich dem Bügelfries eine Brücke von Ständer zu Ständer schlägt. Schöne, in die Schwellen eingeschnittene Schiffskehlen finden sich an der im Kern um 1500 entstandenen Junkernschenke in Göttingen.

Ursprünglich war im niederdeutschen Fachwerkbau der Hohlraum zwischen zwei Balken, Rähm und Schwelle durch sogenannte Windbretter – schräg nach oben gestellte Bretter oder Bohlen – geschlossen. Sie werden bemalt gewesen sein, seltener wohl beschnitzt. Später werden die Wind- oder Füllbretter durch Füllhölzer ersetzt.

60a Die Zeichnung zeigt rechts oben ein Füllholz mit eingeschnittener Schiffskehle – des weiteren, wie ein solches Füllholz mit den Balkenenden durch Zapfen verbunden ist und auf welche Weise auch Knaggen aus dicken Bohlen ausgesägt wurden und mittels Zapfen Ständer und Balkenkopf verriegeln. Das Rähm ist im gegebenen Fall nur eine Plate, ein nur bohlenstarkes Holz.

Früh war es dann auch die Stockschwelle, die zu flachplastischer Gestaltung herausforderte. Der älteste Northeimer Fachwerkbau hat noch ganz schlichte, länger am Ständer heruntergezogene geschweifte Knaggen und nur an der Unterkante gerundete Balkenköpfe, aber ein Schriftband in flachem Relief über beide Stockschwellen hinweg. Noch früher erscheint Schrift auf den Schwellen Braunschweiger Häuser, in Goslar dagegen erst viel später. Als Text für die »Spruchschwelle« sind beliebt die Namen der Erbauer, die Jahreszahl der Erbauung, Zitate aus der Bibel, andere fromme, aber auch scherzhafte Sprüche, Lebensweisheiten und später die Anrufung um Schutz vor Blitz, Feuer und Brand. Als Schriftart gibt es sowohl eine gotische Fraktur als auch eine Antiqua-Großbuchstabenschrift. Schriftbänder auf der Stockschwelle sind über den ganzen niederdeutschen Raum verbreitet.

Ein weiteres beliebtes Motiv für den Schwellendekor ist der gotische *Laubstab,* den u. a. das Hoppener Haus in Celle von 1532 an der Traufenseite in der Rundestraße in einer sehr schönen Ausführung zeigt. In einer Vielzahl von Variationen wird der Laubstab immer wieder abgewandelt.

Die Abwandlungen gehen von streng geometrischen und vegetativen Formen zu phantastischen Bildungen aus figürlichen und abstrakten Elementen. Lange vor dem Manierismus macht sich hier ein ähnlicher Formalismus breit, doch muß zugestanden werden, daß auch beim krausesten Ineinander von Reminiszenzen an Vegetatives, Tierisches oder Menschliches das Gesetz der Fläche gewahrt wird. Die Arbeit des Schnitzers bleibt Relief, d. h. einem Grund verhaftet. Die Schwelle wird nicht in ihrer Substanz angegriffen.

Man kann verstehen, daß den mit Zimmerleuten zusammenarbeitenden Schnitzern Schwelle, Balkenkopf und Knagge als Feld oder Objekt dekorativer Gestaltung nicht mehr genügten und sie die Ständerfüße mit den zu Winkelbändern abgewandelten Fußstreben in ihre künstlerische Arbeit einbezogen. Dieses Dreieck aus Ständerfuß und Winkelbändern wurde zum Ort für das im niederdeutschen Fachwerk so dominierende Motiv der *Fächerrosette.* Sie gibt vom Dekorativen her dem niederdeutschen

Fachwerk geradezu das Gepräge. Im Umriß ist sie ein mehr oder minder überhöhter Halbkreis, von dessen Zentrum aus die Blätter der Rosette fächerartig ausstrahlen. In einer fast unendlichen Zahl von Variationen stellt sich die Fächerrosette dar: mit flachen, konkaven oder konvex gebildeten Blättern, nebeneinanderliegenden oder sich überlappenden Blättern. So vielfältig wie der gefächerte Teil können das Zentrum und die Umrahmung gebildet sein: aus Taustäben, Perlschnüren, Kehlen oder Bändern parallel zum Umriß; im Zentrum kann eine Figur, eine Blüte sitzen. Beim Willmannschen
212 Haus in Osnabrück ist an die Stelle der Blätter ein Blütenornament getreten, das in verschiedenartigen Streifen breit umrahmt wird. Die Fächerrosette gibt es seit dem zweiten Drittel des 16. Jahrhunderts. Ihren Ursprung hat sie im östlichen Niedersachsen. Mit Ausnahme des mittleren Westfalen drang sie in den ganzen niederdeutschen Raum vor. Es gibt sie in Schleswig-Holstein (Möln, Plön, Bad Segeberg) und im mittleren Hessen. Selbst in Franken ist sie noch zu finden. Östlich drang sie bis über die Elbe vor.

Die Vorliebe für ihre Verwendung endet im allgemeinen mit dem Ende des 16. Jahrhunderts. Zwischen dem frühesten datierten Vorkommen, an einem Haus in Halberstadt 1532 (zerstört), und dem spätesten Vorkommen an einem Haus in Bad Salzuflen (1632) liegt genau ein Jahrhundert.

Im Westfälisch-Lippischen vermischt sich die Fächerrosette mit Blattrankenwerk.

Seitdem die Brüstungsgefache mit Bohlen ausgefüllt wurden, sitzt die Fächerrosette nicht mehr auf dem Ständerfuß, sondern in der Mitte des Gefaches, oder sie überzieht als ein dichter Fries die ganze Brüstung.

Die Fächerrosette ist keine aus dem Holzbau entwickelte Form, sondern als Motiv aus dem Steinbau übernommen worden. Sie erinnert sowohl an die Palmette der Romanik als vor allem an die Halbkreismuschel in der italienischen Frührenaissance.

Die mit Bohlen ausgefüllten Brüstungsgefache werden nach 1600 noch zum Feld eines anderes Ornaments, des *Metallornaments,* auch Beschlagwerkornament genannt. Es ist eine Nachahmung in der Fläche ornamental gestalteter Bleche, die auf eine Holzunterlage aufgenagelt werden. Die Übersetzung solcher Praktiken in Holz hat etwas Gekünsteltes. Da das »gekünstelte« Ornament aber in den klar abgegrenzten Rahmen eines Brüstungsgefaches eingesetzt ist, wird der gesamte Rahmen einer Fachwerkfassade dadurch nicht gestört. Das Metall- oder Beschlagwerkornament ist ein tpyisches Renaissanceornament.

Das Metallornament überlappt sich zeitlich mit der typisch barocken Ohrmuschelornamentik auf den Brüstungsbohlen. Das Ohrmuschelornament ist nicht mehr so »blechartig« wie das Metallornament, sondern plastischer durchgebildet, bewegter in der Form, und die Formen sind nicht nur in der Fläche ausgebreitet.

Von den Ohrmuschelornamenten gibt es einen nahtlosen Übergang zu der Darstellung von Fabelwesen, Drachen, Seepferdchen, Meerweibchen oder Kreuzungen dieser Phantasiewesen mit aus der Pflanzenwelt abstrahierten stark bewegten Formen.

Einen rein dekorativen Charakter haben auch die sogenannten *Blendarkaden* in der Brüstungszone niederdeutscher Fachwerkbauten. Die Blendarkade oder der Blendbogen ist keine Erfindung der Renaissance, aber sie ist ein Motiv der Steinarchitektur, und von daher kann ihr Aufkommen im Fachwerkbau erklärt werden. Die Blendarkade als durchgehender Fries in der Brüstungszone kommt insofern dem Stilempfinden der Renaissance entgegen, als dadurch nicht nur die Waagrechte betont wird, sondern die klare Gliederung der ganzen Fassade unterstützt wird. Das Pastorenhaus von St. Blasii in Münden ist dafür ein gutes Beispiel. Die Fassade atmet durchgehend den Geist der Renaissance bis in das Gebälk und die Konsolknaggen hinein, die Blendbogenfriese sind aber das entscheidende Element der architektonischen Erscheinung.

Rein gotisches Formengut stellen dagegen die in die Brüstungen eingeschnitzten Maßwerkmotive dar, die herausragenden Beispiele solchen Dekors sind im letzten Krieg in Braunschweig zerstört worden. Verwandt ist das Motiv den in die Schwelle eingeschnitzten sich durchdringenden halben Kreisen.

In Teilen des mittleren Westfalen haben die Winkelbänder die Form von Viertelkreisen. Ihnen paßte sich die Fächerrosette besser ein. Hier findet man auch jene besonders für Wiedenbrück so typischen *Tiergrotesken,* die vermutlich aus dem Blattrankenwerk entwickelt worden sind, das sich gerade im Westfälischen mit der Fächerrosette vermischt hat.

Man braucht die spiral- oder S-förmigen Ranken nur in Figuren oder Köpfen, am anderen Ende in fischschwänzigen Formen enden zu lassen. Am Ratskeller zu Wiedenbrück aus dem

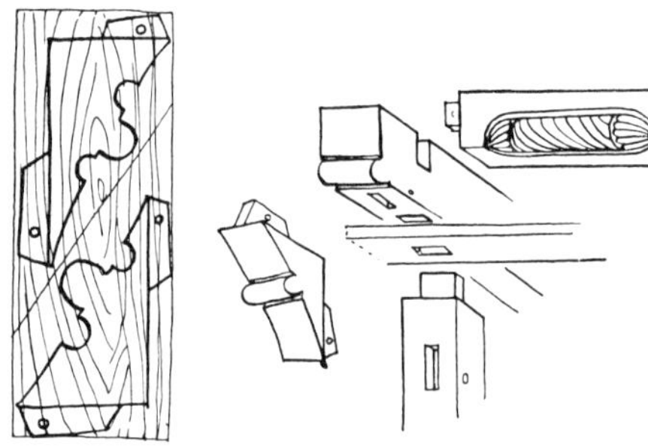

60a Gefüge-Knotenpunkt bei der Stockwerkszimmerung: Verbindung von Ständer, Plate, Schwelle, Knagge und Füllholz

60c Steinkirchen/Altes Land, Giebel eines Bauernhauses aus dem 18. Jahrhundert

60b Münden, Kr. Göttingen, Kirchplatz 4: Pastorenhaus von St. Blasii, kurz nach 1570 (Reuther, Hannoversch Münden, Abb. 5)

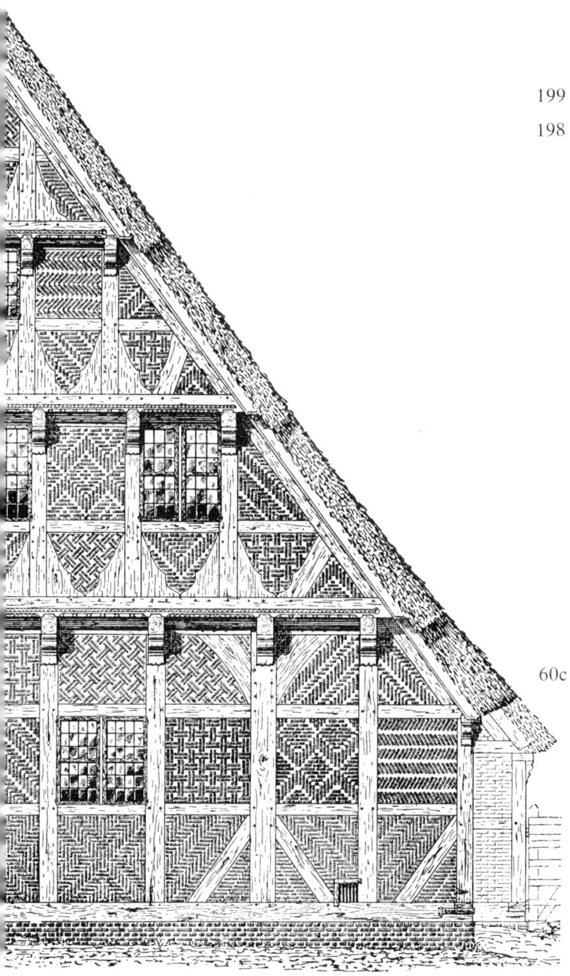

Jahre 1560 erscheinen diese Phantasiewesen in den Brüstungen dreier Geschosse in immer neuen Variationen. Mit bewundernswerter formaler Sicherheit sind sie den Viertelkreisflächen eingepaßt. Der Bildteil zeigt Aufnahmen solcher Tiergrotesken im Detail.

Den Höhepunkt und die gleichzeitig nicht mehr zu überbietende Endform dekorativer Kunst im Fachwerkbau stellt das Werk Simon Stappens dar, der in Goslar, vor allem in Braunschweig, vermutlich in Celle und Osterwieck tätig war. Bei Simon Stappen überspielt eine dekorativ-plastische Bildwelt das konstruktive Gefüge in einer Weise, daß es in der Erscheinung fast zurücktritt. Man kann das natürlich dämpfen, indem man den mit Formen, Figuren und Szenen überschnitzten Flächen eine gleichmäßigere dunklere Tönung gibt, wie das am Huneborstelschen Haus in Braunschweig geschehen ist.

Die Tätigkeit Stappens läßt sich für die Jahre zwischen 1517 und 1536 nachweisen. Er soll der Schöpfer des Schwellendekors an dem im letzten Krieg zerstörten Knochenhaueramtshaus in Hildesheim gewesen sein, das Viollet-le-Duc als das schönste Holzhaus der Welt bezeichnet hat. Neben dem schon erwähnten Huneborstelschen Haus in Braunschweig stellt sich sein Werk vor allem am Brusttuch in Goslar dar, wo er 1526
199 tätig gewesen ist.

198 Ein Sonderfall dekorativer Gestaltung im niederdeutschen Fachwerkbau sind die in vielfältiger Musterung erfolgten Ausmauerungen der Gefache mit roten und gelben Ziegeln, wobei die Mörtelfugen weiß nachgezogen werden. Zusammen mit dem weiß gestrichenen Hölzerwerk ergibt das ein sehr dekoratives Erscheinungsbild. Solche Bauten sind typisch für das Alte Land bei Hamburg, im besonderen für die Orte Jork und Steinkirchen. Sie entstammen zwar zumeist dem 18. und auch noch 19. Jahrhundert, haben aber mit der unter dem Einfluß des Klassizismus einsetzenden Reduktion der gestalterischen Elemente nichts zu tun. Insofern passen sie nicht in das abschließende Kapitel, das den Fachwerkbau in der Konkurrenz zum
60c Steinbau behandelt. Die schöne Zeichnung eines Steinkirchener Hauses aus dem 18. Jahrhundert möge deshalb die Darstellung des Dekors im niederdeutschen Fachwerkbau abschließen.

In der Auszier, in der künstlerischen Weiterbildung des konstruktiv Gegebenen, übertrifft der niederdeutsche Fachwerkbau sowohl den mitteldeutsch-fränkischen als auch den oberdeutsch-alemannischen.

Im Vergleich zum niederdeutschen Fachwerk könnte man den alemannischen Fachwerkbau als direkt schmuckfeindlich bezeichnen. Im mitteldeutsch-fränkischen Fachwerk hat das Dekorative zwar auch eine Rolle gespielt. Hier hat sich der Schmucktrieb vorwiegend in einem ganze Flächen überziehenden Zierstrebenwerk ausgewirkt, weniger als reliefhaft-plastische Durchbildung der Gefügeelemente. Eine Ausnahme macht einzig das Werk des Ende des 17. und im Anfang des 18. Jahrhunderts in Oberfranken tätigen Zimmermeisters Jörg Hofmann aus Zeil a. Main. Er ist neben Simon Stappen einer der ganz wenigen Künstler am Bau, die aus dem Dunkel der Anonymität heraustreten.

Wenn bisher von der Entwicklung des Fachwerkbaus gesprochen wurde, so war damit keine Entwicklung auf ein bestimmtes Ziel hin gemeint, sondern eher die Folge von Veränderungen oder Neuerungen, die sich im Laufe der Zeit vollzogen und von denen am konsequentesten jene waren, die sich im rein Konstruktiven abspielten – vom Ständerbau, dem der Pfostenbau vorangegangen war, zum Stockwerksbau, von der Verblattung zur Verzapfung der Gefügeelemente.

Anderes erwuchs folgerichtig aus der Funktion und den größer werdenden Ansprüchen, die man an das Gebaute stellte. Die Bauernhäuser wurden größer, als man für die verschiedenen Funktionen nicht mehr die in der Konstruktion weitgehend gleichen Hütten baute, sondern etwa das Wohnen, das Viehaufstallen und das Bergen der Ernte unter einem Dach vereinigte. In den Städten mit den beschränkten Ausdehnungsmöglichkeiten in der Breite mußten die Häuser zwangsläufig höher werden und sich dabei auch im Grundriß ändern.

Andererseits blieben Traditionen lebendig. Von Überliefertem trennt man sich nicht so leicht, in älteren Kulturepochen noch weniger als in jüngeren.

Konnte man im Fachwerkbau vom hohen Mittelalter bis zur ersten Hälfte des 17. Jahrhunderts noch so etwas wie eine allgemeine Entwicklung vom Einfacheren zum (auch landschaftlich) Differenzierteren sehen, so läßt sich das von dem darauffolgenden Fachwerkbau nicht mehr sagen. Im Konstruktiven ändert sich nichts Entscheidendes mehr. Walbe hat deshalb von einer »Zeit der Beharrung« gesprochen, doch wird man von dieser Feststellung allein dem Fachwerkbau der beiden letzten Jahrhunderte nicht gerecht. Fast alle Autoren, die sich bisher mit dem Fachwerkbau und seiner Geschichte beschäftigt haben, konnten dem 18. und noch weniger dem 19. Jahrhundert ein besonderes Interesse abgewinnen. Von den auf 208 Bildseiten in »Kleine Kunstgeschichte des deutschen Fachwerkbaus« von Binding, Mainzer und Wiedenau dargestellten Fachwerkbauten gehören aus der Bundesrepublik und der DDR nur zwei der Zeit um 1700 an, fünf der zweiten Hälfte des 19. Jahrhunderts. Letztere sind ohne jeden Kommentar, und das heißt ohne jede Wertung, abgebildet.

Aber es ist, wie gesagt, schwierig, die Kategorien zu finden, die diesen zum Nebenschauplatz der Geschichte des Bauens gewordenen Fachwerkbau des 18. und 19. Jahrhunderts wahrheitsgemäß beschreiben lassen. Es bot sich zuletzt an, den Fachwerkbau der Jahrhunderte, die dem Dreißigjährigen Krieg folgen, aus einer allgemeinen Tendenz heraus, der Konkurrenzsituation gegenüber dem Steinbau, zu beschreiben. Diese Konkurrenzsituation bestand zwar mancherorts und in ganzen Landschaften schon früher, zur beherrschenden Tendenz wird sie aber erst seit dem Ende des 17. Jahrhunderts. Nicht überall, muß wieder einschränkend gesagt werden, wie ja auch der Dreißigjährige Krieg für das Bauen keinen allgemeinen gravierenden Einschnitt bedeutet. Für manche Städte wurde der Große Krieg dadurch zu einer Zäsur auch des Bauens, daß in ihnen der wirtschaftliche Niedergang auch die Bautätigkeit für lange Zeit stagnieren ließ. Städte wie Alfeld a. d. Leine, Einbeck oder Alsfeld haben sich erst mit der beginnenden Industrialisierung wieder erholt.

Der Fachwerkbau geht allgemein stark zurück. Es entstehen aber auch in der zweiten Hälfte des 17. Jahrhunderts noch Bauten, die sich jenen des 16. und frühen 17. Jahrhunderts an die Seite stellen können.

Das nordhessische »Allendorf in den Soden«, das heutige Bad Sooden-Allendorf, wurde 1637 durch die Kroaten fast bis auf das letzte Haus niedergebrannt. Schon 1638 begann man mit dem Neubau des Rathauses. Ein Jahr später wurde das Haus Bürger in der Södergasse erbaut, nicht nur das stattlichste Haus in der Stadt, sondern in weitem Umkreis. Noch vor Ende des Jahrhunderts war Allendorf neu erstanden, auf altem Grundriß und in Formen, die kaum vom Geist des Barock bestimmt waren, sondern aus der Tradition und den Gegebenheiten des Ortes und der Zeit erwuchsen.

Der Fall Allendorf ist allerdings eine Ausnahme. Der Stadt kam zugute, daß das Salzwerk im heutigen Stadtteil Sooden erhalten geblieben war, daß die Stadt ausgedehnte Waldungen besaß und (wegen der Salzgewinnung) ein Vorkaufsrecht auf alles Holz in weitem Umkreis hatte[18].

Auch in Eschwege, das ebenfalls durch die Kroaten stark verwüstet worden war, entstehen die schönsten seiner Fachwerkhäuser, darunter das Raiffeisenhaus, in der 2. Hälfte des 17. Jahrhunderts. Das große Siemenshaus in Goslar wird 1693 erbaut, ein Jahr später das große Wohn- und Handelshaus in der Ledergasse in Calw.

Städte wie Kassel oder Hannover blieben von den Verwüstungen des Dreißigjährigen Krieges verschont. Das schönste deutsche Bauernhaus, die Wehlburg im Artland, entsteht erst rund 100

Der Fachwerkbau in der Konkurrenz zum Steinbau

61 Solingen, Mangenbergstraße 64–66: Doppelwohnhaus von 1739 mit feuerhemmender Verschieferung

Jahre nach dem Ende des Dreißigjährigen Krieges. Was an erhaltenen Bauernhäusern vorher gebaut worden ist, fällt gegenüber den Fachwerkbauten, die vom späten 17. Jahrhundert bis zum frühen 19. Jahrhundert gebaut worden sind, nicht ins Gewicht.

Die Konkurrenz des Steinbaus bedeutete für den Fachwerkbau zweierlei, einmal seine Existenz überhaupt und zum andern die Anpassung an die Formensprache des Steinbaus, an sein äußeres Gesicht. Man konnte nicht nur Bauern- und Bürgerhäuser, sondern Zunft- und Rathäuser, Kirchen, Kapellen und sogar Schlösser in Holz (als Fachwerkbau) errichten. Der Holzbau war billiger, nicht nur in ländlichen Verhältnissen durch die Mithilfe beim Bau, sondern auch von der Materialbeschaffung und -zurichtung her. Welchen Aufwand erforderte allein der Transport von Steinen!

Stein ist allerdings ein dauerhaftes Material, und Steinbauten boten den besseren Schutz gegenüber den Brandkatastrophen, von denen keine Stadt verschont geblieben ist, die meisten mehrfach heimgesucht worden sind. Ganz reale Erwägungen sprachen gegen den Fachwerkbau, zumindest seit dem Aufkommen der Städte und dem dadurch bedingten engeren Zusammenhausen der Menschen.

Holzbauten waren in höchstem Maße feuergefährdet, als die Dächer noch strohgedeckt und die Herdfeuer noch offene Feuer waren. Der spätere Einbau von Kaminen hat den Zug des Feuers und damit den Funkenflug noch verstärkt. Am Beispiel der Stadt Nürnberg ist die Situation, vor der alle Städte standen, schon geschildert worden. Noch zur Dürerzeit gab es in Nürnberg Häuser, die keine Kamine hatten. Dabei waren die Nürnberger Häuser damals in der Mehrzahl Fachwerkbauten, bei denen das Erdgeschoß teilweise schon massiv, ein oder zwei Stockwerke darüber aus Fachwerk bestanden. Das bekannte Dürerhaus, das der Maler 1509 erworben hatte und bis zu seinem Tode bewohnte, hatte schon zwei Untergeschosse in Sandstein, die beiden Stockwerke darüber waren Fachwerk.

Im Laufe des 16. und frühen 17. Jahrhunderts hat sich dann der Steinbau mehr und mehr durchgesetzt. Das 1601–1607 erbaute Pellerhaus, das aufwendige Haus eines Zugewanderten, war ein reiner Steinbau.

Holzbau wurde nach und nach zum Bau der Armen, zum »billigen« Bau in des Wortes doppelter Bedeutung, während zu Wohlstand gekommene Kaufleute, Handwerker, Bierbrauer und auch schon einmal ein Mietwucherer sich in der reichen Ausgestaltung der Fassaden von Steinhäusern nicht genug tun konnten und der Rat der Stadt sich genötigt sah, hier mäßigend einzugreifen, wenn er auch die Tendenz zum Steinbau aus ganz rationalen Erwägungen heraus unterstützen mußte.

Die Brandgefahr hat in allen Städten zu Einschränkungen des Fachwerkbaus oder sogar zu Verboten geführt. In Lübeck mußten nach schweren Feuersbrünsten schon vom Ende des 13. Jahrhunderts an die Außenmauern von Neubauten in Stein errichtet werden. In Frankfurt wurde erst ab 1711 das massive Erdgeschoß vorgeschrieben, 1811 erging ein allgemeines Verbot für Fachwerkbauten.

Zugunsten des Steinbaus kam ein weiteres hinzu: der an manchen Orten und in ganzen Landschaften spürbar werdende Mangel an Bauholz. Die Verordnung des Rates der Stadt Nürnberg aus dem 1. Viertel des 17. Jahrhunderts, daß die Umfassungsmauern bei Neubauten, zumindest die Fassaden, »von Stein aufzubauen« seien, bezweckte neben der Verminderung der Feuergefahr auch die »Verschonung des Waldes«.

Die für Nürnberg geschilderten Zustände in der Auseinandersetzung von Fachwerkbau und Steinbau sind nicht repräsentativ für Städte allgemein, nicht einmal für alle Großstädte, wie das Beispiel Frankfurts bezeugt, doch wird hier wie dort die allgemeine Tendenz deutlich: Nicht nur weil es gefordert wird, auch wer es sich leisten kann, baut sein Haus in Stein und in der Formensprache der Zeit, die aus dem Steinbau erwächst. Der Fachwerkbau gerät auch in dieser Beziehung in die Abhängigkeit vom Steinbau, er paßt sich an – nicht überall und nicht etwa zur gleichen Zeit. Es ist an anderer Stelle von den Einflüssen der Stadt aufs Land, von bestimmten Landschaften auf andere, abgelegenere gesprochen worden. Bauten wie das jetzige ev. Pfarrhaus in Hersfeld oder der Forsthof in Harmuthsachsen sind Fachwerkbauten rein aus der Konstruktion und ohne jede Anpassung oder Zugeständnisse an Form oder Dekor des Steinbaus der Zeit.

Hier hat sich das Problem der Anpassung an den Steinbau anscheinend gar nicht gestellt. Anderswo dagegen schämt man sich der Fachwerkbauten und versucht, ihnen durch Putz, Anstrich oder andere imitierende Manipulationen das Aussehen des Steinbaus zu geben. Dazwischen gibt es eine Fülle von Varianten. Direkte Imitationen sind dabei selten, weil sie schwieriger zu realisieren sind; man übersetzt die fremden Formen in das andere Material.

Daß die Gotik mit ihrer Vertikaltendenz, dem Strebensystem und der Auflösung der Wand in tragende und nur raumabschließende Teile, dem Fachwerkbau, im besonderen dem Ständerbau, entgegenkam, ist anschaulich leicht nachzuvollziehen. Der Fachwerkbau der Gotik brauchte sich nicht anzupassen.

Der Stockwerksbau mit der Lagerung der Stockwerke übereinander und der damit verbundenen Dominanz der waagrechten Elemente wurde wie selbstverständlich dem Geist der Renaissance gerecht – soweit es die reine Konstruktion betraf. Typische Schmuckformen der Renaissance wie die Halbkreismuschel der italienischen Frührenaissance mußten nur in eine dem Holz gemäße Form umgesetzt werden. Das ist in der Fächerrosette auf mannigfaltige Weise und in akzeptabler Form geschehen. Eine Umsetzung von Bauformen der Renaissance in rein dekorative Formen sind die Blendarkaden in der Brüstungszone von Bauten der Zeit in Goslar, Duderstadt und anderen Orten. Und es gibt einen absoluten Zusammenklang der Renaissanceornamentik in Stein und in Holz: der
237 Innenhof des Schlosses in Bevern, dem bemerkenswertesten Beispiel solcher Versuche.

Die Formensprache des Barock war den in der Natur des Holzes liegenden Gestaltungsmöglichkeiten absolut entgegengesetzt.

Die Anpassung der Fachwerkbauten an die Formensprache des Barock konnte nur an der Oberfläche wirksam werden. Sie betraf – mit Ausnahme des geringer werdenden oder ganz verschwindenden Überhangs der oberen Stockwerke – nicht die Konstruktion. Einen gewissen Spielraum der Anpassung konstruktiver Elemente gab es nur bei den Streben, den kurzen Fußstreben vor allem und den sich durchdringenden Formen im Zierstrebenwerk der Brüstungen. In Goslar wird aus den geraden kurzen Fußstreben die Buckelstrebe. Im süddeutschen Raum bekommt die Fußstrebe bei doppelter Schweifung des Umrisses einen Knick oder wird S-förmig gebogen.

In der Konstruktion zeigt sich gegen Ende des Barock eine weitere Vereinfachung des Gefüges. Der Überstand der oberen Stockwerke gegenüber dem Erdgeschoß wird immer geringer, schließlich verschwindet er ganz. Die Wände werden damit flächiger, unplastischer. Die künstlerische Gestaltung richtet sich vorrangig oder ausschließlich auf das Portal, bei dem dann das ganze Repertoire barocker oder spätbarocker Formen ausgespielt wird. Zeitgenössische Palastarchitektur scheint hier stimulierend gewirkt zu haben.

Im Fachwerkbau gibt es so einen nahtlosen Übergang vom Barock zum Klassizismus, der dem Formenrausch des Barock absagt, absagt allem Illusionären und Sensualistischen, die dem Fachwerkbau von seiner Natur her sowieso fremd waren. Der Klassizismus, ohne die Französische Revolution und den Verlust traditioneller Bindungen nicht denkbar, erstrebte eine reinere, »geistige« Architektur in einfachen klaren Formen, die sich zuerst aus der Zweckbestimmung ergeben. In der griechischen Antike schien das schon einmal verwirklicht. So werden Formen von daher übernommen: schwach profilierte Gesimse, Lisenen und der niedere Dreiecksgiebel über vorspringenden Bauteilen, Fenstern und Türen. Im übrigen dominieren gerade Linien und glatte Flächen.

Die Bindungen an den Zweck konnten dem Fachwerkbau entgegenkommen. Die durchgehenden glatten Flächen waren ihm – da er sein Skelett zeigte – fremd. Von der Profilierung waagrechter Bauelemente abgesehen, waren ihm auch die aus der Antike übernommenen Formen fremd. Sie konnten nur als unorganische Bestandteile der Konstruktion appliziert werden, oder – und das ist der zumeist begangene Weg: Fachwerkbauten wurden von vornherein als Putzbauten konzipiert. Durch den gleichmäßigen Putz, teils auch nur durch einen weißgrauen Anstrich, bekamen sie das Aussehen verputzter Steinbauten.

In ländlichen Gebieten, aber auch in kleinen Städten u. a. Nordhessens und Niedersachsens blieb das Fachwerk offen. Dem neuen Stil wurde man dadurch gerecht, daß außer dem schwindenden Überhang die Hölzer schwächer werden und auf jede Dekoration verzichtet wird. Einzig die Balkenköpfe werden manchmal noch mit einem leicht profilierten Brett überdeckt. An den beiden anderen Hausseiten, meist den Giebeln, wurde der äußerste Balken, der sogenannte Ortbalken, zum Rähm des Unterstocks und zur Schwelle des Oberstocks. Die Naht zwischen den Stockwerken verschwand dort für das Auge völlig. Giebel von Zwerchhäusern erhielten die flache (griechische) Form, das Oberlicht der höheren Fenster in den höher werdenden Stockwerken wurde halbkreisförmig gerundet.

Auch die dem Klassizismus folgenden Versuche, durch formale Anleihen bei den aufeinanderfolgenden Stilen der abendländischen Baugeschichte die Gestalt der neuen Bauten zu bestimmen, waren dem Gesetz des Fachwerkbaus so entgegengesetzt, daß man in ihm nur noch mehr das Überholte, das am besten ganz zu Beseitigende sehen mußte. So wurden in den Städten die bis dahin noch vergleichsweise intakten Altstadtkerne aufgebrochen, Bauten des Historismus setzten sich an die Stelle von Ensembles von Fachwerkbauten, die sich ja selbst schon durch den Einbau von Läden im Erdgeschoß, durch Ausbau des Speicherstocks zu Wohnungen und allgemein von etwa Handwerkerhäusern zu Mietwohnungshäusern gewandelt hatten.

Trotz eines allgemeinen Trends sind die Auswirkungen nicht in allen Städten die gleichen. Was für Frankfurt gilt, trifft nicht in gleichem Ausmaß für Hannover oder gar die im Ruhrgebiet sich bildenden Großstädte zu. Eine Stadt wie Nürnberg konnte in weiten Teilen der Stadt die Struktur und das Gesicht des Überkommenen wahren.

In dem, was seit dem Barock dem Fachwerkbau im Weg stand, mischen sich Rationales und Emotionales. Weder der Wechsel der Stile noch etwa der der Mode ist rational völlig begründbar. Potentaten, große und kleine und die, die es ihnen nachtun können, werden immer das Dauerhaftere anstreben. Napoleon hätte am liebsten in Eisen gebaut. Wer nicht in Stein bauen kann, gibt seinem Haus dann wenigstens den Anschein des Steinbaus. Wilhelm Schwemmer meint, daß in Nürnberg schon vor Erlaß der Verordnungen zum Steinbau eine Tendenz zum Verputzen von Fachwerkbauten bestanden habe, die sich dann im Laufe des 17. Jahrhunderts durchsetzte[19]. Seit dem frühen 18. Jahrhundert lassen Bauzeichnungen in Nürnberg nur noch verputzte Fassaden erkennen. Bis ins 19. Jahrhundert baute man auch tragende Fachwerkwände, deren Gefache mit Backsteinen ausgemauert waren und die beidseits verputzt wurden.

In ländlichen Gebieten hat sich das Verputzen der Fassaden nur örtlich durchgesetzt.

Das Verputzen hat gerade ältere Bauten sehr mitgenommen. Man sieht heute an vielen freigelegten Fachwerkbauten die Wunden, die man dem Skelett durch Einschlagen von Kerben in die Außenflächen aller Hölzer geschlagen hat, damit der Verputz besser haften sollte. Bei Bauten, die einen aufwendigen plastischen Schmuck hatten, ist man oft geradezu brutal vorgegangen, indem man alles, was über die Außenfläche der Wand herausragte, einfach abbeilte. Am Rathaus in Groß-Gerau schlug man die Rahmung der Fenstererker ab, in Seeheim a. d. Bergstraße ließ man dagegen die Eckständer und die Rahmen der Fenster frei von Verputz.

Moden können unerbittlich sein. Selbst eine Fachwerkstadt wie Braunschweig mußte ihren Tribut an den Zeitgeist zahlen. Kostbarer Schmuck wurde auch hier abgebeilt – so etwa die gotischen Maßwerkmotive in den unteren Partien eines Hauses, das als das einzige so verzierte Haus die Zerstörungen des letzten Krieges überstand.

Verbretterungen der Gebälkzone durch Übernageln der Balkenköpfe und des Schwellendekors mit einem Brett sind schon aus früherer Zeit bekannt. (Dieses Zunageln ist nicht zu verwechseln mit der starken Profilierung der Gebälkzone unter dem Einfluß der Renaissance zur Betonung des »Lagerns« der Geschosse.)

Auch die Zurücknahme überhängender Stockwerke, das Vorrücken erdgeschossiger Wände, sind Auswirkungen des Trends zur Anpassung der Fachwerkbauten an den Steinbau. Alten Stuhldächern gab man einen Knick, um sie als Mansarddächer erscheinen zu lassen, dem für das Barock typischen Dach. Aus ehemaligen Ladeluken wurden breite Zwerchhäuser.

Veränderungen, zumeist Verstümmelungen, ergaben sich aus anderer Nutzung der Räume, der Dälen für Läden etwa. Zwischen Verstümmelung und Neugestaltung gibt es dabei einen fließenden Übergang.

Im 19. Jahrhundert finden sich dann neben denen, die alles neu und anders machen wollen, auch schon die Bewahrer, seit der Mitte des Jahrhunderts die ersten Wiederherstellungsversuche. 1869 wurde in Braunschweig das Haus
Güldenstraße 7 von angeblich 1567 einer Wie- 240
derherstellung unterzogen; es erhielt Spitzgaupen und plastische Ausgestaltungen, die es niemals vorher besessen hatte.

Positiv zu werten ist in dieser Beziehung die nach dem Ersten Weltkrieg in Braunschweig unternommene »Entbretterung«, wobei die Verschalungen von Gebälk- und Dachtraufenzone weggenommen wurden und so wenigstens teilweise das alte Schnitzwerk wieder zum Vorschein kam.

Daß sich auch dort, wo man dem Trend zum Steinbau oder der äußerlichen Anpassung an den Steinbau nicht folgte, wo man sich also zum freien Fachwerk bekannte, ein Stilwandel vollzog, ist schon angedeutet worden. Das Strebenwerk wird bis auf kurze Fußstreben und halbhohe Streben an den Eckständern reduziert. Es erscheinen die für das Fachwerk des 19. Jahrhunderts so typischen Doppelständer, nahe beieinander stehende Ständer mit sie verbindenden kurzen Riegelstücken. Die Fenster gehen bis ans Rähm und haben zumeist einen profilierten Rahmen.

Es gab vereinzelt sogar größere Städte, die dem Trend zum Steinbau widerstrebten, Kassel zum Beispiel. Dort hatte der Barock nur geringe Spuren hinterlassen und hatte sich eher ein früher kühler Klassizismus ausgewirkt, der von der aus Frankreich stammenden hugenottischen Architektendynastie der Du Ry (Vater, Sohn und Enkel) über fast ein Jahrhundert gepflegt wurde. Zwar hat man auch in Kassel die Fachwerkbauten der Altstadt überputzt. Es gibt ein altes Photo vom Altstadtmarkt mit den teils fünfstöckigen verputzten, stockwerksweise stark auskragenden und mit hohen Erkern versehenen Fachwerkbauten. Ihre Körperlichkeit kommt so fast besser zur Geltung als in dem graphisch-bunten Bild freien Fachwerks.

Es gibt Umbauentwürfe für die Fassaden von Fachwerkhäusern ganz im Stil des Klassizismus, doch hat sich der Fachwerkbau nicht verdrängen lassen.

Unter dem allmählich grau und unansehnlich werdenden Putz ist die nach und nach bis in die letzten Winkel zugebaute Altstadt dann ziemlich verkommen. Späte Sanierung und Freilegung der Häuser am Altmarkt konnten nicht mehr viel bewirken, ehe die Altstadt im Herbst 1943 dann restlos vernichtet wurde[20].

Daß sich weniger noch als in Kassel in den hessischen Landstädten der Fachwerkbau verdrängen ließ, lag allerdings auch daran, daß es an geschulten Handwerkern für den Steinbau und auch an nennenswerten Ziegelbrennereien mangelte, die den Bedarf an Ziegelsteinen vor der zweiten Hälfte des 19. Jahrhunderts hätten decken können.

So entstanden auch in den hessischen Landstädten vereinzelt jene von vornherein zum Verputzen vorgesehenen Fachwerkbauten, daneben aber auch noch Bauten, in denen man zwar den Einfluß des Klassizismus erkennt – die flachen Dreiecksgiebel der Zwerchhäuser –, die aber durch Hölzeranordnung und Proportionen mit älteren Bauten zusammen noch ein gutes Gesamtbild ergeben.

Im Zusammenhang mit der Konkurrenz von Fachwerk- und Steinbau, bzw. der Anpassung von Fachwerkbauten an die Erscheinung von Steinbauten sind auch die *Wandverkleidungen* zu sehen. Sie waren aber schon ein legitimer Schutz von Fachwerkwänden, ehe es das Problem der Anpassung oder der Imitation des Steinbaus durch den Fachwerkbau überhaupt gab.

In Gebirgsgegenden wie dem Harz bedurften die fugenreichen Fachwerkwände des Schutzes gegen den vom Wind in die Fugen getriebenen Schlagregen. Hier, aber auch in anderen höheren Lagen der Mittelgebirge, des Vogelsberges, der Rhön oder des Westerwaldes, hat es schon früh die verschiedensten Formen der Wandverkleidung gegeben, das Verschindeln, das Verschiefern oder das Verbrettern.

Bei der Wandverkleidung mit Brettern unterscheidet man im Harz *Schalung* und *Hausbeschlag*. Unter Schalung versteht man das senkrechte Verbrettern der Wand, wobei die Bretter seitlich nicht ineinandergreifen. Die Fugen werden mit einem schmalen Brett oder einer Leiste überdeckt. Die Schalung ist älter als der Beschlag. Als dunkle Bretterschürze findet man sie im Giebel von vielen und gerade älteren Hallenhäusern. Wo es auf »Schönheit« nicht besonders ankam, verwendete man Schwarten, d. h. die beim Aufsägen eines Stammes anfallenden, unbesäumten äußersten Bretter mit der natürlichen runden Oberfläche auf der einen Seite. Bei primitiven ländlichen Bauten ist solche Schalung bis heute in Gebrauch. Bei Schalungen mit gehobelten Brettern reizte es bei vorkragenden Stockwerksbauten dazu, die Wand architektonisch zu gliedern, indem man die Bretter vor den auskragenden Stockwerken in spitzenähnlichen Formen enden ließ, die Fenster rahmte und zusätzlich farbig absetzte oder auch die Ecken lisenenartig betonte und waagrechte Gesimse anbrachte.

Gerade im Harz und seinen Bergstädten hat sich eine kunstvolle Form des Verschalens und mehr noch des Hausbeschlags entwickelt, die Verkleidung der Wände mit waagrecht liegenden gehobelten Brettern, Dielen oder Bohlen. Als Stülpschalung, wobei die Bretter sich schuppenartig überdecken, ist der Hausbeschlag so alt wie die Schalung mit in der Senkrechten vernagelten Brettern. Vom Ende des 18. Jahrhunderts an und ausgehend von repräsentativen Bauten kam der Hausbeschlag mit breiten Hobeldielen in Mode, weil die Bauten sich so leichter der Erscheinung von Steinbauten angleichen ließen. Waagrechte Fugen ergaben sich durch die überblattend aneinanderstoßenden Dielen, wobei durch Anbringung einer Tropfnase am oberen Brett und einer entsprechenden Auskehlung des darunter befindlichen Brettes die Fugen regendicht wurden. Durch Einschnitzen von senkrechten, versetzten Stoßfugen in die Dielen bekamen die Wände das Aussehen von Quadermauerwerk. Bekanntestes Beispiel solchen Hausbeschlags, bzw. solcher Wandverkleidung ist das Gebäude des Oberbergamtes in Clausthal im Harz. In seiner Imitation von Quadermauerwerk durch Hausbeschlag mit Hobeldielen im Jahre 1838 hat dieser Bau beispielgebend gewirkt und den Trend zur Anpassung von Fachwerkbauten an den Steinbau noch verstärkt. Andere Bauten in Clausthal und Zellerfeld haben Lisenen an den Ecken, Traufgesimse, geschoßteilende profilierte Leisten, Rahmungen der Türen und Fenster über dem Grundmuster der Quaderung – eine Brettarchitektur der Oberfläche, die zumeist das Gesicht des Klassizismus trägt.

Alt und bis heute angewendet, ist die Wandverkleidung durch *Schindeln,* die an der Wand ähnlich angebracht werden wie auf einem Dach, mit einem Überstand von 6–8 cm der oberen Schicht über die untere. Seitlich greifen die Schindeln mit Nut und Feder ineinander. Form und Größe der Schindeln schwanken.

Eine wettersichere und zudem feuersichere Wandverkleidung ist die *Verschieferung.* Es gibt Unterschiede im Material, den blauen Schiefer etwa in Teilen Hessens oder den in verschiedenen zarten Farben vorkommenden Sollingschiefer. Die einzelnen Platten oder Plättchen können mit Hilfe von Schablonen in die verschiedensten Formen geschlagen und verschieferte Flächen dadurch rhythmisiert, gegebenenfalls auch farbig gegliedert werden. Selbst figürliche Musterungen kommen vor. Im Thüringischen, auch in Teilen Norddeutschlands, sind Wandverkleidungen mit Ziegeln weit verbreitet. An den Wetterseiten mit roten Ziegeln verkleidete Bauten ergeben mit dem Schwarzweiß der unverkleideten Fachwerkwände einen kräftigen Farbklang.

Man kann natürlich die Frage stellen, ob verkleidetes Fachwerk noch als Fachwerk zu bezeichnen ist, da die Skelettkonstruktion, die ja den Begriff Fachwerk ausmacht, nicht mehr in Erscheinung tritt. In Wahrheit sind es Fachwerkbauten. Zu den »Knochen« des Skeletts und dem »Fleisch« der Füllungen kommt noch eine Haut, die das, was darunter ist, vielleicht durchblicken oder wenigstens ahnen läßt. Eine Grenze ist da zu ziehen, wo ein Bau von vornherein als Putzbau konzipiert und eine Holzkonstruktion für die Wand nur gewählt worden ist, weil sie billiger herzustellen war. Es sind das fast ohne Ausnahme Bauten, die weder so noch so eine Bereicherung für die gebaute Umwelt darstellen, und die Frage ist müßig, ob man sie noch als Fachwerkbauten oder einen Grenzfall des Fachwerkbaus bezeichnet. Alle Fachwerkbauten jedoch – und es sind das ausnahmslos ältere – die einem Modetrend zuliebe einmal verputzt wurden, sind Fachwerkbauten im ureigensten Sinn des Wortes. Durch das Auskragen eines oder mehrerer Stockwerke erkennt man sie auch unter dem dicksten Putz an ihrer körperhaften Erscheinung. Bei starkem Überhang sind ja auch die abstützenden Büge oder Knaggen meist frei geblieben; denn aus statischen Gründen konnte man sie nicht beseitigen, und sie unter Putz zu legen, wäre zu umständlich gewesen. Es kann natürlich sein, daß das Freilegen von altem Fachwerk Überraschungen bringt, einmal durch das erwähnte und oft brutale »Glattmachen« der Wände vor dem Verputzen, zum andern dadurch, daß ein durch die sogenannte Trockenfäule stark vermodertes Skelett zutage tritt. Was in solchen Fällen zu tun ist, gehört zur Aufgabe von Spezialisten und geht über den Rahmen dieser Darstellung hinaus. Nur soviel sei hier sozusagen am Rande erwähnt: Man wird morsche oder vermoderte Hölzer auswechseln müssen. In einem Skelettbau ist das möglich und wird bei neueren Restaurierungen zunehmend gemacht. In Japan, wo man jahrhundertelang nur in Holz gebaut hat, werden schon lange die morsch gewordenen Hölzer alter Tempelbauten immer wieder durch neue ersetzt. Das Bauwerk verändert sich dabei gewissermaßen nur in seiner Zellsubstanz, die überlieferte Gestalt bleibt unverändert.

Verfall des Fachwerkbaus?

Heinrich Walbe sagt im letzten Abschnitt seines Werkes über das »Hessisch-Fränkische Fachwerk«:

»Das neunzehnte Jahrhundert bringt den größten Umschwung, bringt den Niedergang. Das Handwerk, dem Maschinenbetrieb anheimfallend, gibt alle Phantasie und Schöpferkraft auf, sucht nur nach der einfachsten, billigsten Form. So wird der Mann preisgegeben. An seine Stelle tritt die wandhohe Strebe, die ins Rahmholz geht, aber sie ist nichts anderes als ein schräggestellter Pfosten, unfähig, eine Gruppenbildung mit Entschiedenheit zum Ausdruck zu bringen. Auch jeglicher Schmuck entfällt – es sei denn, daß man

in die Fensterbrüstungen noch ein senkrechtes oder schräges Holz einfügt.

Da die Ursache des Umschwungs ein allgemeiner ist, ist auch dieser selbst allgemein. Landschaftliche Unterschiede gibt es nicht mehr.«

Betrachtet man reine Zweckbauten, aber auch Häuser im städtischen und ländlichen Raum in der Fachwerkbauweise des 19. Jahrhunderts, so ist man geneigt, Walbe zuzustimmen. Gegenüber den erhaltenen Bauten aus der klassischen Zeit des Fachwerkbaus, aber auch noch gegenüber denen des 18. Jahrhunderts, ist das tatsächlich ein Niedergang. Daß dabei ökonomische Erwägungen der ausschlaggebende Faktor gewesen sind, liegt auf der Hand. Es darf aber nicht vergessen werden, daß die Mehrzahl der erhaltenen Bauten, sieht man einmal von Schlössern und Kirchen ab, schon zu ihrer Zeit das allgemeine Niveau der gebauten Umwelt überragten – im Aufwand an Material wie auch in der künstlerischen Gestaltung.

Andererseits ist anzunehmen, daß das, was mit geringerem Aufwand an Material und vielfach in Selbsthilfe errichtet wurde, oft nicht einmal ein halbes Jahrhundert überdauert hat.

Daß das Aufkommen des Maschinenwesens das Bauen und die Bauten veränderte, war zwangsläufig. Daß sich hieraus spezifische Probleme ergaben, ist unbestritten, sie kommen zu anderen Problemen hinzu und lassen die Entwicklung im Bauwesen seit der zweiten Hälfte des 19. Jahrhunderts nicht mehr so folgerichtig erscheinen, wie das in früheren Epochen der Fall gewesen zu sein scheint. Das 19. Jahrhundert ist zwar voller Widersprüche, doch kann man ihm das Schöpferische nicht ganz absprechen, man könnte sogar von einem schöpferischen Eklektizismus sprechen.

Es gibt Bereiche, in denen sich die Tendenzen, Konflikte und Aktivitäten des 19. Jahrhunderts stärker spiegeln als gerade im Fachwerkbau. Aber betroffen ist er auch. Es gibt auch einen historisierenden Fachwerkbau, dem Romanik, Gotik und Barock fremder bleiben mußten als in erster Linie die deutsche Renaissance oder das Idealbild, das man sich von ihr machte.

Wo noch Bürgerhäuser in Fachwerkbauweise errichtet werden, bedient man sich fast ausnahmslos der Formenwelt aus der klassischen Epoche des Fachwerkbaus – der fränkischen Fenstererker, der Erker allgemein inmitten der Front oder an einer Gebäudeecke und zumeist mit einem Türmchen bekrönt. Gerade die Dachzone wird gern mit Zwerchhäusern, Zwerchgiebeln, Dachhäuschen, Gaupen und Türmchen verschiedener Form belebt. Die Stadt Marburg hat eine ganze Anzahl solcher Fachwerkbauten des Historismus aus den Jahren um die Jahrhundertwende. Es gibt Fachwerkbauten aus dieser Zeit, die man als romantischen Fachwerkbau bezeichnen könnte. Sie sind in ihrem spielerisch freien Umgang mit Bauformen der Vergangenheit ein absoluter Gegenpol zu dem später aufkommenden Funktionalismus in der Architektur.

Solche Bauten sind nur noch selten reine Fachwerkbauten, das Erdgeschoß ist in der Regel massiv, Überhänge fehlen.

In manchen Landschaften geht der historisierende Fachwerkbau zu Anfang unseres Jahrhunderts in den sogenannten Heimatstil über und wird wieder schlichter. Häuser von Gartenstadtsiedlungen werden auch als eine Mischung von Fachwerkbau und Massivbau entworfen. Auch der Jugendstil bedient sich des optischen Reizes wegen des Fachwerks für Teile der Außenwände.

Eine gewisse Belebung erfährt der Fachwerkbau im Dritten Reich. In Anknüpfung an den Heimatstil und die Landhausbewegung werden in den traditionellen Fachwerkbau-Landschaften ländliche Siedlungen auch als Fachwerkbauten errichtet.

Die Bedeutung des Fachwerkbaus ist seit Ende des letzten Krieges weiter zurückgegangen. Was bald nach Kriegsende noch in Fachwerkbauweise errichtet wurde, waren selten mehr als Behelfsbauten. Auch die in Fachwerk errichteten Notkirchen dieser Jahre sind längst verschwunden und haben repräsentativen Bauten Platz gemacht. Daß in jüngster Vergangenheit sich vielleicht hier und da Individualisten ein Eigenheim als Fachwerkbau haben errichten lassen, zählt nicht.

Ein besonderer Fall verdient jedoch besondere Erwähnung: Die Stadt Fredeburg im Sauerland erlitt gegen Ende des letzten Krieges noch schwerste Zerstörungen. Von ihren vielen Fachwerkhäusern blieb ein einziges erhalten. Auch in Oberkirchen, heute mit Fredeburg Stadtteil von Schmallenberg, wurden Häuser zerstört. Hier wie in Fredeburg errichtete man sie wieder als Fachwerkbauten, nicht immer in der alten Form und nicht immer in der glücklichsten Hölzeranordnung, aber auch nicht ohne Schmuck und nicht ohne die für das Sauerland typischen Schriftbänder auf den Schwellen, die auf Zerstörung und Wiederaufbau Bezug nehmen. Daß sich Fredeburg heute als ein freundlich-sauberer Ort präsentiert, verdankt es nicht zuletzt seinem Wiederaufbau in Fachwerkbauweise.

Daß der Fachwerkbau wieder einmal Bedeutung gewinnen wird, ist nicht wahrscheinlich, man kann es aber auch nicht völlig verneinen. Für den Fachwerkbau in unserer Zeit scheint es nur *eine* bedeutungsvolle Aufgabe zu geben: die Konservierung und Restaurierung der noch erhaltenen Bauten von gewissem Rang, vornehmlich der Bauten aus der klassischen Epoche des Fachwerkbaus. Diese Aufgabe stellt große Anforderungen an Architekten und Handwerker und sollte am besten Spezialisten übertragen werden, die für diese Aufgabe besonders geschult sind – ähnlich oder vergleichbar den Bautrupps, die Polen zum Wiederaufbau historischer Bauten und ganzer Stadtteile herangebildet hat.

Weil unsere Umwelt ärmer wäre, wenn es die noch erhaltenen Bauten nicht mehr gäbe, sollten sie erhalten bleiben – wenn schon nicht in der materiellen Substanz, so doch in ihrer Gestalt. Es ist ein großer Unterschied, ob von einem Bauwerk anhand von Bildern, Zeichnungen oder Beschreibungen nur berichtet werden kann oder ob es noch real existiert. Auch alte Fachwerkbauten sind nicht nur Dokumente der Baugeschichte, sondern der Kulturgeschichte, der Sozialgeschichte, des Herkommens von Völkern oder Volksgruppen. Die Erhaltung dessen, was trotz Kriegs- und Nachkriegszerstörungen noch besteht und erhaltenswürdig ist, sollte überhaupt keine Frage mehr sein. Die einzige Frage ist, *wie* es zu erhalten, und das heißt auch, wie es zu nutzen ist. Die Antwort hierauf kann nicht die Denkmalpflege allein geben, wenn sie auch die treibende Kraft sein und bleiben wird.

Der Arch. Helmut Spieker hat in einem Beitrag in Heft I/77 des »Baumeister«, München, gesagt, »daß der Fachwerkbau . . . ein in hohem Maße entwickeltes System darstellt«, das ohne Schwierigkeiten Anpassung an wechselnde Bedürfnisse zuläßt und viel nutzungsneutraler ist als (im allgemeinen) heutige Wohnhausprodukte. »Denn alle Änderungen unserer Lebensgewohnheiten, unseres Tagesablaufs, haben an materiellen Änderungsnotwendigkeiten für das gebaute Gehäuse nur eines gebracht: erhöhte Installationsanforderungen, sonst nichts.«

In diesem Zusammenhang sei auf zwei beispielhafte Entscheidungen, bzw. Unternehmungen hingewiesen. Das eine ist die kleine westfälische Stadt Rietberg, die statt eines Rathausneubaus das alte Rathaus von 1805 abgebrochen hat, um es mit neuem Innenausbau in der alten äußeren Gestalt wiederaufzubauen – wie sie das vorher schon mit einem älteren Hallenhaus gemacht hatte, das nun auch der Verwaltung dient.

Das andere ist die Stadt Reutlingen, die die Baugruppe des alten Spitals aus dem 16. Jahrhundert – angeblich Württembergs größter Fachwerkbau – bei Wahrung und Restaurierung der äußeren Gestalt im Innern völlig neu für das Friedrich-List-Gymnasium hat ausbauen lassen. Der Bau genügt nun allen Anforderungen, die man an eine moderne Schule stellen kann. Nur zwei ähnlich beispielhafte Unternehmungen, die eine von öffentlicher, die andere von privater Seite, seien hier noch erwähnt: Die Wiederherstellung eines alten Bauernhofes in Winterstettenstadt zu neuer Nutzung als Dorfgemeinschaftshaus und die Restaurierung des heruntergekommenen ehem. v. Steinschen Hofes in Hünfelden-Kirberg.

Daß solche Unternehmungen Probleme aufgeben und daß man zu ihnen in ganz verschiedener Weise Stellung nehmen kann, soll nicht verschwiegen werden. Ist ein alter Bau, dem man ein modernes Stahlskelett einzieht, damit er den auf ihn einwirkenden Belastungen wieder standhält, in dem man neue Innenwände einzieht, die Fenster vergrößert, noch der alte Bau? Das ist er natürlich nicht mehr. Das war er in den überwiegenden Fällen schon lange nicht mehr. In den Jahrhunderten seiner Geschichte ist für veränderte Bedürfnisse an ihm verändert, abgerissen, umgebaut, auch angebaut worden. Den ursprünglichen Zustand herzustellen, wäre nur in Ausnahmefällen möglich. Entscheidend ist, in welche neue Gestalt – bei weitgehender Wahrung seiner überlieferten Außengestalt – der restaurierte Bau gebracht wird. Dafür gibt es kein allgemeines Rezept, darüber wird von Fall zu Fall entschieden werden müssen, das verlangt nicht nur Fingerspitzengefühl, sondern auch Fachwissen. Bei der Translozierung von Bauten in die zahlreicher werdenden Freilichtmuseen hat sich eine Praxis herausgebildet, die man bejahen kann – wenn sie auch für Bauten, die für heutige Nutzungen eingerichtet werden müssen, nicht immer durchgehalten werden kann.

Für die Bewahrung alten Kulturgutes – als Bauten sind es in den weitaus überwiegenden Fällen Fachwerkbauten – haben die Freilichtmuseen eine große Bedeutung. Durch ihre Arbeit ist manches erhalten geblieben, was sonst, oft aus Unwissenheit, verschwunden wäre.

Nicht nur das 19. Jahrhundert hat für Ensembles wenig Verständnis aufgebracht. Auch aus unserem Jahrhundert ließen sich zahlreiche Beispiele anführen, wo man nicht minder brutal Neues in alte Baustrukturen hineingesetzt hat. Dabei wurden weniger einzelne Häuser durch »moderne« ersetzt, als ganze Komplexe alter Häuser abgerissen, um Platz für ein Kaufhaus, eine Bank oder einen Supermarkt zu schaffen. Solche »Behälterarchitektur«, vielfach fensterlos-klotzig, steht nun neben kleinteiligen Altbauten und erdrückt sie – das Gegenteil einer Ensemblewirkung.

Die Gefahr, daß im ökonomisch gesteuerten Griff nach den Zentren von Städten und Gemeinden weiter wertvolle Bausubstanz zerstört wird, dauert an. Auch die andere Gefahr, die Städte dem Verkehr und im besonderen dem Auto anzupassen, ist noch nicht gebannt.

Ensembles sind über ihre Erscheinung hinaus Zeugen von Lebensformen und Wertvorstellungen der Vergangenheit, die man nicht einfach verleugnen kann. Der Verlust historischer Bausubstanz ist für Siedlungen jeder Größe zugleich auch ein Identitätsverlust.

Der Begriff Ensemble wird hier im Sinne der Denkmalpflege verstanden: als eine Mehrheit von baulichen Anlagen, an deren einzelnen Teilen nicht unbedingt aus künstlerischen, technischen, geschichtlichen oder städtebaulichen Gründen ein öffentliches Interesse besteht, das Orts-, Straßen- oder Platzbild aber insgesamt erhaltungswürdig ist. Ein Ensemble im hier verstandenen Sinn muß nicht nur aus Fachwerkbauten bestehen. Wie Bauten mit massivem Ergeschoß und daraufgesetzten Stockwerken in Fachwerk eine durchaus befriedigende Gesamterscheinung bilden können, so können auch Skelett- und Massivbauten nebeneinander gut harmonieren.

Großstädte haben ihren Bestand an Fachwerkbauten vielfach schon im Zuge ihrer Expansion in der zweiten Hälfte des 19. Jahrhunderts, den Rest im letzten Krieg, verloren. Das wenige, was etwa in Hannover, Hamburg, Bremen, Mainz oder Frankfurt (hier ein einziges Haus) erhalten blieb, zählt nicht. Einzig Nürnberg hat im Bereich der Kaiserburg noch den alten Bestand an Fachwerkbauten retten können. In Ballungsgebieten sind allgemein Ensembles historischer Bauten selten geworden. Hier findet man bestenfalls noch einzelne Objekte, ein Rathaus, ein Pfarrhaus, eine alte Herberge oder eine ehemalige Zehntscheuer.

Stärker als kleine Städte haben Dörfer im Sog industrieller Zentren ihr Gesicht verloren. Das letzte besorgten Modernisierungswellen.

So ist es fast ein Wunder, daß es »trotzdem« noch ganze Landschaften gibt, deren Siedlungen bis hin zur Mittelstadt noch weithin vom Fachwerkbau bestimmt sind. Das trifft zu etwa für die nördliche Hälfte Hessens, die Gegend um Marburg, das Gebiet der oberen Weser mit Teilen des östlichen Westfalen, des Harzvorlandes oder Gebiete an der unteren Mosel, an der Lahn und am Mittelrhein. Im Süden sind es vor allem der Kraichgau mit Eppingen, die Landschaften um Stuttgart und im Osten Teile Frankens. Es gibt noch Städte, die man als Fachwerkstädte bezeichnen kann: Celle und Goslar neben Einbeck, Northeim, Duderstadt oder Hornburg. In der Mitte der Bundesrepublik ist neben den schon erwähnten nordhessischen Kleinstädten mit Sooden-Allendorf an der Spitze vor allem Alsfeld zu nennen, im Süden Calw, im Osten Forchheim. Dazu kommen die Fachwerkdörfer, am zahlreichsten auch wieder im nördlichen Hessen und rund um Marburg, aber auch im Wesergebiet und Teilen Westfalens, Barbelroth und Jockgrim in der Südpfalz, Meeder und Isling in Oberfranken – um nur einige wenige außerhalb Hessens mit Namen zu nennen.

Es ist eine große Spanne – nicht nur räumlich – zwischen der Steigstraße in Meersburg am Bodensee und dem Häuserensemble an der Rur in dem Eifelstädtchen Monschau, zwischen dem Stadtensemble unterhalb der Kaiserburg in Nürnberg und einer Straße in Celle oder einem so altertümlichen dörflichen Ensemble wie dem in Schönhagen am Solling. Gebäude aus Stein behalten etwas von dem Amorphen des Materials, aus dem sie errichtet sind. Verputzte Bauten sind in ihrer Erscheinung nur Oberfläche, einzig Türen und Fenster erlauben einen mehr oder minder bescheidenen Rückschluß auf das Innere. Fachwerkbauten dagegen geben sich preis. Sie zeigen unverhüllt ihr Skelett. Die Balkenköpfe lassen die Decken und Fußböden spüren, Bundständer den Anschluß von Innenwänden. Im alemannischen Fachwerk zeigen sich sogar die Fußbodendielen außen.

An den Ständern gleitet das Auge hoch, es läßt sich von Zierstrebenwerk gegebenenfalls etwas ablenken, bis der Dachüberstand die Bewegung hemmt. An mediterraner Baukunst geschulte Augen mögen die auffällige Sprache der Fachwerkbauweise barbarisch finden und gerade am Kubischen und Glattwandigen ihre besondere Freude haben.

Ensembles von Fachwerkbauten

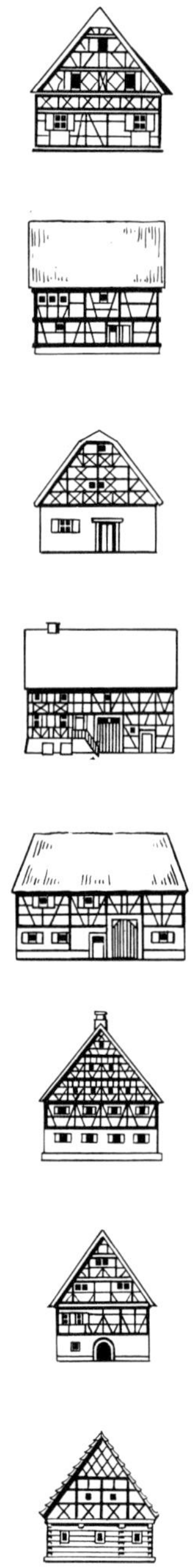

62 Übersicht der Haus- und Hofformen

Der Umgang mit dem Erbe

Umgebindehaus

Schwedenhaus älterer und jüngerer Form

Egerländer Höfe

Niederdeutsches Hallenhaus

Mitteldeutsches Ernhaus und Gehöft

Altmark Vierseithöfe

Ostmitteldeutsche Gehöfttypen

Westfälisches Flettdeelenhaus

Niederrheinisches Ankerbalkenhaus

Gewandelte An- und Einsichten

Mit der Wiederentdeckung der Wohnqualität von Altbauten ging vor allem die verstärkte Restaurierung von Fachwerkhäusern einher, da sie durch die Lehmgefache und deren leicht zu entfernenden Ausstakungen eine problemlosere Renovierung versprachen als so manches alte komfortable Steinhaus. Vielfach gehörten die Fachwerkhäuser als Wohnungen einfacher Leute mit nur unzureichenden sanitären Einrichtungen sowieso zu der vernachlässigten Bausubstanz im Bereich der historischen Stadtkerne, den nach der »Landflucht« zunehmend als attraktiv empfundenen, zentral gelegenen Wohnbereichen im Herzen der City. Mit der entsprechenden Sanierung einzelner herausragender Objekte wurden dank der bereitwillig fließenden Modernisierungsmittel, Förderungen und Ermutigungen – nicht zuletzt der Denkmalämter – ganze Ensembles wiederhergestellt, wandelten sich mit den gestiegenen Mietpreisen heruntergekommene Innenstadtquartiere zu repräsentativen »Schaufassaden« im Stadtbild. Attraktives Äußeres verband sich mit modernem Wohnkomfort, die neue Lebensqualität hatte dem einst verpönten schiefen Fachwerkhaus mit seinen verwinkelten Stiegen den Schrecken genommen. Künstler bauten sich profanierte Kirchen zu Ateliers aus, Jugendtreffpunkte zogen in bisher ungenutzten Scheunen ein, und mit einem postmodernen Anbau ließ sich auch das entlegenste Fachwerkgehöft zu einem altengerechten Seniorenheim umgestalten. Ein Wetteifer erfaßte die Gemeinden landauf, landab; das älteste Fachwerkhaus Deutschlands zu besitzen, das konnte mit dem Abdruck im Stadtprospekt schon eine überholte Sachlage von gestern sein. Die dentrochronologischen Untersuchungsmethoden machten es möglich. Mit der Vielzahl der eingereichten Proben mehrten sich auf der anderen Seite wiederum die Forschungsergebnisse.

In dieser ersten Phase des Entdeckens wurden freilich auch Fehler begangen, die zum Teil sofort, zum anderen noch heute gebüßt werden müssen. Substanzverluste, trotz sorgfältigster Rettung, sind zu beklagen. Dort nämlich, wo die Begradigung und Wiederherstellung des Fachwerks mittels der Auskernung des Gefüges geschah. In den seltensten Fällen dürfte dabei eine Bestandsaufnahme der Putze, schlichter Lehmstuckierungen oder gar der Farbigkeit von Decken und Wänden versucht worden sein. Unwiederbringliche Lücken für die Forschung. Fehlerhafte Restaurierungsversuche haben Hausbesitzern vor allem Verdruß pekuniärer Art verursacht, wenn nämlich das soeben sanierte Holz wegen unsachgemäßer Behandlung verging und gänzlich ersetzt werden mußte.

Die anfänglichen Brauntöne der ersten Freilegungswelle verloren sich nur ganz allmählich durch zunehmende Vorbilder ausgeführter Originalbefunde, Begleiter und Ornamentik behielten Seltenheitswert. Dies hat sich inzwischen gründlich geändert, dank intensiver Forschungen[21], mutiger Bauherren und der allgemein aufgeschlosseneren Haltung gegenüber farbigen Fassungen von Fachwerken.

Eine Bewußtseinsveränderung hat vor allem die gestiegene Zahl derer bewirkt, die positive Bauerfahrungen mit Fachwerk gemacht haben. Ein vielbeachtetes Echo erbrachten z.B. die Bemühungen des Förderkreises »Alte Kirchen« um die von Verfall oder Abriß bedrohten Fachwerkkirchen in Hessen. Dieses Engagement gab weiterwirkende Impulse für ein Gebiet, in dem die Fachwerkbauweise heimisch ist und deren Bestand durch eine veränderte Haltung gegenüber veralteten Gebäuden, die durchaus den zeitgemäßen Anforderungen angepaßt werden können, gesichert erscheint.

Auch Architekten haben sich bereit gefunden, in der Rekonstruktion alter Zusammenhänge die traditionellen Gegebenheiten eines Hauses mit den heutigen Ansprüchen zu verbinden und daraus eine neue annehmbare Einheit zu schaffen. Ihre Kreativität ist dabei um ein Höchstmaß gefordert, denn es gilt nicht, eine peinlich genaue Wiederholung des Alten, sondern ein harmonisches Ganzes in der Einbeziehung alter und neuer Techniken zu entwickeln. Kombinationen mit postmodernen Erkerchen, die einem Fachwerk angeklebt erscheinen, zeigen die Grenzen der vorwärtsweisenden architektonischen Lösungen, können Kompromiß sein. Modische Türklinken, Lampen oder Briefkästen zeigen, wenn es mit Geschmack geschieht, ein Einlassen auf die Eigenheiten eines Fachwerkhauses, weniger gelungene Zutaten legen offen, welche Schwierigkeiten modernes Wohnen in alter Umgebung bieten kann, wenn man sich nur allzu bereitwillig an dem gängigen Angebot orientiert.

Vor allem die traditionellen Handwerke waren aufgefordert, sich bezüglich des Fachwerks in eine längst vergessene Materie wieder einzuarbeiten. Mittlerweile sind Schulungszentren, die in den alten Techniken aus- und weiterbilden, zu festen Einrichtungen geworden. Doch für jeden einzelnen bedeutet das Arbeiten an einem solchen Sanierungsprojekt zunächst einmal, die Scheu vor Jahrhundertstaub abzulegen. Selbst bei sachgemäßer Abnahme hält ein morsches Dachbrett noch genügend Dreck bereit, der ins Auge gehen kann, und so mancher stabil erscheinende Fußboden hat schon ein nachgiebiges Verhalten beim Betreten an den Tag gelegt. Ein kleines Abenteuer hält fast jedes Fachwerkhaus bei seiner Freilegung bereit, selbst wenn das Gefüge durch thermographische Aufnahmen bereits klar festgestellt werden konnte und Stichproben das Holz als kerngesund ausgewiesen haben.

Hausherren solcher Anwesen lernten nach gelungener Restaurierung eine die Mehrkosten, Aufregungen und Mühen rechtfertigende behagliche Wohnatmosphäre kennen, die in ihren gesunden klimatischen Verhältnissen hinter keinem als bequem gepriesenen Neubau zurücksteht. Heizung oder Kachelofen sind dabei weniger die Kriterien als vielmehr ein noch mit relativ hohem Anteil an Original- oder gar neuer Lehmausfachung belassenes Fachwerk, das über eine ausgezeichnete Klimaregulierung verfügt.

Die Farbigkeit von Fachwerken

Mehrkosten für ein schmuckes Äußeres entstehen aber vor allem dann, wenn sich der Eigentümer zu einer adäquaten farbigen Fassadengestaltung seines Fachwerkhauses entschließt. Ein verstärkter Trend zur Farbe ist vielerorts bereits an den Häusern zu verzeichnen, die in den 70er Jahren restauriert wurden und jetzt ihren zweiten Anstrich erhalten. Dadurch bekommen sie ein ganz anderes Gesicht. Bislang standen schön anzusehende Gebilde aus Pfosten, Riegeln, Streben und Zierbändern entlang der Gassen. Mit einem aufgemalten Begleitstrich, der schlicht im Feld am Balken entlangführt, beginnt das Fachwerk plötzlich zu leben und erhält eine völlig andersartige Ausstrahlung. Er hebt die bisherige Trennung zwischen Gerüst und Ausfachung auf, verbindet beides statt dessen zu einem farbigen Ornament.

Einfache Häuser oder Scheunen waren seltener farbig oder gar vielfarbig gefaßt, auch wird man in ärmeren Gegenden sparsamer damit umgegangen sein, doch die zahlreichen bei den Landesdenkmalämtern gesammelten Untersuchungsergebnisse belegen, daß Fachwerke viel öfter rot, grau oder ocker bemalt waren, als dies bisher vermutet wurde, und vor allem gehören jeweils Begrenzungslinien bzw. Begleiter sowie ornamentale Bemalungen dazu.

Wie sehr diese wichtigen farblichen Zutaten innerhalb der Ausfachungen das Erscheinungsbild eines Hauses verändern können, zeigt beispielsweise das Heilig-Geist-Spital in Ehingen. Auf den ersten flüchtigen Blick scheint der mächtige dreigeschossige Bau über seinem massiven Erdgeschoß mit Ziegeln ausgemauert, wie man dies von den niederdeutschen Hallenhäusern, der Wesergegend oder dem nördlichen Hessen gewohnt ist. Es handelt sich jedoch um eine aufgemalte Ziegelung, die den verputzten Ziegeln der Gefache zwar gleich gestaltet, als Bemalung dem Holzgefüge jedoch jegliche Erdschwere nimmt. Das als bürgerliche Stiftung um 1340 gegründete Heilig-Geist-Spital in Ehingen erhielt zu seinen um einen Hof gruppierten Ökonomiegebäuden 1532 das sogenannte Neuhaus, das Spitalgebäude, hinzu. Seine allseitig leicht vorkragenden Fachwerkgeschosse werden am Abschluß der Sockelzone durch einen gemauerten Bogenfries betont, der in die aufgemalte Ziegelung der Ausfachung einbezogen wurde. Das kräftige Eichenfachwerk, dessen gleichmäßige Ständerstellungen die von geschweiften Streben und Bügen aufgelockerte strenge Rhythmik unterstreichen, weist auf den einstigen Reichtum des Spitales hin. Die Rähme sind sogar verdoppelt und im Erdgeschoß vereinzelt Bossenquadern eingebracht. Vormals konnte man nur das Gerippe auf der Giebelseite sehen, heute besticht das insgesamt freiliegende Fachwerk, nicht zuletzt wegen seiner prägnanten farbigen Gestaltung. Verstärkt wird dieser Eindruck im übrigen von der rekonstruierten Durchfensterung der Fassaden, die zwischen den Riegeln eingespannt, in ihrer symmetrischen Anordnung das optische Erscheinungsbild wesentlich mitbestimmen[22]. Längst haben diejenigen, die zur Entschärfung einer Ortsdurchfahrt für den Abbruch der alten Schule oder eines vergleichbaren Objektes votierten, eingesehen, daß ihre Gemeinde heute um eine Touristenattraktion reicher wäre, wenn das alte Fachwerkhaus noch als »Verkehrsberuhigung« an seinem alten Platz stünde. Im besten Falle hat das Backhaus oder Rathaus einen neuen Standort in einem Freilichtmuseum gefunden. Von dort wünscht es jetzt aus den genannten und anderen naheliegenden Gründen so man-

63 Idstein/Taunus: Killingerhaus, Giebeldetail

cher zurück. Diese »Sehnsucht« nach dem Althergebrachten treibt denn auch so kuriose Blüten wie Massivbauten mit vorgeblendetem Scheinfachwerk. Die vorgenagelten, glattgesägten Bretter mit den nachempfundenen Zierformen täuschen nur den Ungeübten und geben eigentlich keinen Sinn. Tatsächliche Neugestaltungen in der traditionellen Technik bleiben eher jungen experimentierfreudigen Architekten und Bauherren überlassen, haben noch viel zuwenig Schule gemacht. Unter dem Begriff Fachwerk werden zumeist nur die älteren Häuser und darunter vor allem die des 16. und 17. Jahrhunderts verstanden, da um ihre Wiederherstellung, besonders wenn es um herausragende Einzelobjekte ging, mehr Aufhebens gemacht worden ist. In Hessen wird gar für den Erhalt von Denkmalen in der Lotterie »gerubbelt«, doch davon profitieren wohl nur die wenigsten Fachwerkhäuser. Dennoch ist die Zahl der in den letzten Jahren freigelegten und nach Befund wiederhergestellten Objekte erheblich gestiegen. Ferner trägt die verstärkte Ensemblepflege wesentlich zu einem einheitlichen und gepflegten Aussehen der vormals vernachlässigten Altbausubstanz bei.

Teure Farbpartikeluntersuchungen durch Restauratoren können sich nur wenige – auch aus zeitlichen Gründen – leisten. Außerdem sind nicht immer genügend Spuren auf den Balken oder den Ausfachungen vorhanden, so daß diese Prozedur oft gar nicht lohnend erscheint. Architekten, Hausbesitzer und Denkmalpfleger sind dann auf Analogieschlüsse angewiesen, vorausgesetzt, sie entschließen sich zu einer altersgerechten farbigen Gestaltung ihres Hauses. Steht es im Verband mehrerer Steinbauten und ist das einzige Fachwerkkleinod weit und breit, so verlangt dies nur eine geschmacklich verantwortliche Auswahl, steht das Objekt jedoch innerhalb einer unverputzten Fachwerkfront unterschiedlich alter und verzierter Häuser, so erleichtert ein für das gesamte Stadtgebiet erarbeiteter Farbleitplan diese Entscheidung wesentlich.

Ein solches Konzept hat das Baden-Württembergische Landesdenkmalamt beispielsweise für Besigheim entworfen[23]. Hier galt es, Bauten von etwa 1450 bis 1600 in ihrer stadtbildprägenden Wirkung zu erfassen und das Rathaus sowie die Stadttürme als Akzente dagegen zu setzen. Beides mußte darüber hinaus, mit den vereinzelten jüngeren Bauten und deren Erscheinungsbild gerecht werdend, ins farbliche Lot gebracht werden.

Das besondere Augenmerk einer solchen Planung gilt vor allem den durch Umbauten entstellten und den unscheinbaren Häusern, da sie mit den durch die Originalbefunde festgelegten in Einklang stehen sollten.

Die in Besigheim untersuchten Fachwerke des 15. und 16. Jahrhunderts trugen rote und graue Fassungen, zu denen immer auch Begleitstriche gehörten, die zum Beispiel als einfache schwarze Linien zu hellgrauen Hölzern, wenn nicht anders- und vielfarbig, zu denken sind. Ausgehend von den vorgenannten Untersuchungsergebnissen stand damit die Grundfarbe für eine analoge, sich nach der jeweiligen Datierung der Fachwerkhäuser richtende Farbbehandlung fest. Die eingehende Beratung bei der endgültigen Auswahl obliegt dann dem Einfühlungsvermögen des Denkmalpflegers in Zusammenarbeit mit den übrigen Verantwortlichen. Doch schon das maßstäbliche Modell einer solchen Leitplanung überzeugt.

Inzwischen haben die Untersuchungen bei der Freilegung von Fachwerken vielartige Befunde ergeben, die nicht nur regionalgeschichtliche Aufschlüsse zulassen, sondern auch die Erfahrungen bezüglich der Alterung und Beständigkeit sowie der Zusammensetzung der verwendeten Farben erweitern helfen. Oft konnten mehrere Fassungen an einem Objekt festgestellt und analysiert werden. Zur Ausführung kam in den meisten Fällen die älteste Fassung, die restlichen Proben und Befunde dienten bei vergleichbaren Fachwerken als Anhaltspunkte. Die Ähnlichkeit bezieht sich dabei nicht nur auf die Ausgestaltung der Hölzer und der Figuren, sondern die späteren Farbgebungen können auch bei den sogenannten unscheinbaren Gebälken zu einer ihrer Zeit und Auffassung gemäßen Einfärbung verwandt werden. Ungewohntes erfährt zunächst Ablehnung. Die ersten ockerfarbig gestrichenen Fachwerke wurden mit Argwohn betrachtet oder belächelt. Heute gibt es eine ganze Reihe in dieser ursprünglichen Fassung wiederhergestellte Häuser. Sogar das Tübinger Schloß strahlt von der Höhe in leuchtendem Ockergelb in die Weite der Landschaft. Wie selbstverständlich mutet den Besucher die so gestaltete Galerie des Südflügels über dem aus aufgemalten Quadern gestalteten Sockelgeschoß an. Die noch aus der Erbauungszeit stammenden Fachwerkpartien wiesen als unterste Fassung ein Ockergelb und für die Gefache einen hellen Anstrich aus, auf denen ein schwarzer Begleitstrich entlang der Balken verlief. Eine Zeichnung von 1620, die der Tübinger Schloßhauptmann Nikolaus Ochsenbach von der Nord- und Südansicht anfertigte, ließ die ockrig-gelbe Gliederung ebenfalls deutlich erkennen[24].

Eine weitere ockerfarbige Fassung fand sich bei den Untersuchungen des Baden-Württembergischen Landesdenkmalamtes auch in Besigheim: im Inneren des Rathauses ließ sich eine ockerfarbige Balkenbemalung mit in Mennige schattierten Lichtkanten von 1571 nachweisen[25]. Das um 1459 in alemannischem Fachwerk ausgeführte Rathaus von Besigheim erhält sein markantes Aussehen und unverwechselbares Profil jedoch von der äußeren roten Balkenfassung, die bis zu 5 cm in die Gefache hineinreicht und mit schwarzen Schattierungen zum weißen Gefach hin abgesetzt ist. Am Außenbau konnten zwei sich gleichende Dekorationen übereinander festgestellt werden. Die erste Fassung wäre demnach der Erbauungszeit, die zweite einer Renovierung und der damit zusammen gesehenen Innenausmalung von 1571 zuzurechnen. Mit dem breit über die Balken auslaufenden Strich konnten zum einen kleine Schönheitsfehler, wie z. B. der krumme Verlauf von Balkenstücken korrigiert werden, außerdem wirkten die Balken breiter, d. h. das Fachwerk mächtiger, ein nicht unwichtiges Argument angesichts der hohen Bauholzpreise. Im Zusammenwirken mit den Schattierungen hebt die Farbe die reine Konstruktion des Fachwerks auf und verwandelt es in ein dekoratives Ornament, wie das auch schon an anderen Beispielen aufgezeigt werden konnte.

Aus Gründen der Symmetrie neigte man mitunter auch dazu, Balken aufzumalen, wo sie konstruktiv überhaupt nicht erforderlich waren. Das Schlößl in Pfullingen erhielt im 17. Jahrhundert zwischen den großen Gefachen seines dentrochronologisch um 1450 datierten alemannischen Fachwerks zusätzliche Pfosten und Riegel aufgemalt. Dieses in Rot gehaltene »Füllwerk« tauchte mit seinen ebenfalls aufgemalten Feuerböcken (Andreaskreuze mit geschweiften Nasen) sogar an den inneren Flurwänden wieder auf[26]. Das schlichte, zweigeschossige Fachwerkhaus mit steilem Krüppelwalmdach und gedeckter Außentreppe betont ferner das die Hausecke markierende beidseitig anlaufende Fensterband.

Ocker als Balkenfarbe wurde nicht nur in über 200 Fachwerkhäusern des südwestdeutschen Bereiches als authentische Fassung ermittelt, sondern kann als typisch für das spätere 16. und frühe 17. Jahrhundert angesehen werden, auch in Mainz trat es als Erstfassung an einem Barockhaus auf. Die mit einer Begleitstrichmalerei versehene Farbgebung des Hauses Rochusstr. 32[27] muß dem Besitzer später jedoch nicht mehr gefallen haben, denn als Zweitfassung wurde bei der Untersuchung Rot als Balkenfarbe auf weißer Ausfachung mit schwarzem und blauem Begleitstrich entdeckt.

Schon das Mittelalter kannte intensive Farben, die durchaus auch einmal hart aufeinandertreffen durften, was allein schon die Miparti-Mode mit den in halb rot und halb grün geteilten Kleidungsstücken belegt. Die Neufassung des Limburger Doms (1970–78, im Inneren dauert die Restaurierung noch an), der vormals grau in grau aus dem Felsen wuchs, hatte, da er von der Kölner Autobahn aus direkt im Blickfeld der Vorüberfahrenden liegt, nicht nur die Gemüter der einheimischen Bevölkerung erregt, sondern eine breitgefächerte Diskussion um die generelle farbige Gestaltung von Bauwerken in die Wege geleitet. Sein vielfarbiges Äußeres war zunächst als ein revolutionärer Schritt zum kitschig-bunten verschrien worden, mittlerweile hat man sich daran gewöhnt und möchte ihn als Krone der von zahlreichen Fachwerken durchsetzten Altstadt nicht mehr missen. Mit der farbigen Fassung von Fachwerkhäusern verhält es sich ähnlich. Wie befremdlich erschienen die ersten mit gedrehten Säulen und Marmorierungen versehenen Objekte, wie z. B. das Haus Lange Str. 82 in Hannoversch-Münden oder Kurze Str. 11 in Waiblingen sowie die Quaderungen am Haus Rütsche 5/7 in Limburg. Auch jüngere Fachwerke können diesbezüglich Erstaunen auslösen: die Nadelhölzer des Hauses Königstr. 50[28] in Bad Bergzabern aus dem Anfang des 18. Jahrhunderts waren rosa gefaßt und mit einem schwarzen Begleitstrich auf der kalkweißen Ausfachung versehen.

Am ehesten erscheint eine farbige Gestaltung am Schnitzwerk von Fachwerken vorstellbar, da es sich dort als fortwährend wiederhergestellter Schmuck mitunter noch in situ befindet. Als im wörtlichen Sinne herausragende Teile fielen die Schnitzereien gründlichen Reinigungen und natürlichen Verwitterungen zuerst zum Opfer, so daß ein Gesamtbefund zu den seltenen Glücksfällen gehört. In Vallendar[29] wurde kürzlich das Haus zur Traube, Rathausplatz 12, nach Originalbefunden wiederhergestellt. Auch hier hatte man sich mit Spuren behelfen müssen, um die reichgeschnitzten fränkischen Fenstererker, Eckständer und welschen Giebel mit ihren detailfreudigen Säulen, Girlanden und Masken in ihr ursprüngliches, von grün, ocker, rot, schwarz und blauen Akzenten vor hellrotem Balkengrund aufgelockertes Erscheinungsbild zurückzuversetzen. Den gerade ausgestrichenen Hölzern ist im kalkweißen Gefach ein gelber Begleitstrich beigegeben.

Eine Wandlung besonderer Art vollzog sich am Killingerhaus in Idstein, als anläßlich der umfassenden neuerlichen Restaurierung und Umgestaltung zu einem Museum die bisherige Fassung, hellrote Balken ohne Begleitstrich, deren geschnitzte Partien schwarz unterlegt waren, durch eine neuentdeckte ersetzt wurde. 1615 in Straßburg erbaut, war das reichverzierte fränkische Fachwerkhaus von dort mit seinem Besitzer in die nassauische Residenzstadt gekommen. Die Translozierung fand nach 1627 statt, genaue Angaben dazu fehlen. Heute erstrahlt das Gebälk in hellem Türkis, Rot und Gelb auf olivgrüngrauem Grund. Als Beigabe zu dieser festgestellten untersten Schicht hat man auf einen Begleiter verzichtet, die Befundlücke ist aus dem obengenannten Grund des zweimaligen Aufschlagens des Fachwerks erklärlich, eine Hypothese hat man sich nicht erlaubt. Bestechend ist ferner der Unterschied zu der vormaligen rein schwarzen Überstreichung und der nunmehrigen vielfarbigen Ausgestaltung der Wappen, Hausmarken und Inschriften in den Erkerfeldern und unter den fränkischen Fenstererkern des ersten Stockwerks. So können an verborgenen Stellen der Dachtraufe oder späterer Anbauten winzige Farbreste die Jahrhunderte überdauern und uns heute dazu dienen, die lebendige Vielfalt der einstigen Stadtlandschaften überzeugend wiederherzustellen.

64 Klingenhof, Kr. Nürnberger Land: Haus Nr. 2

Demgegenüber gestaltet sich diese Suche auf den Dörfern meist deswegen weniger erfolgreich, weil auf schlichte Fachwerke weniger geachtet wurde, unsachgemäße Renovierungen die Reste dezimierten und zudem mit etlichen überhaupt nicht gefaßten Bauten zu rechnen ist. Gerade dort lassen sich aber noch die rar gewordenen Kratzputzfelder im Originalzustand beobachten, die aus den gleichen Gründen an den im Urzustand belassenen Scheunen vor sich hindämmern. An kleinen, von älteren Leuten bewohnten Katen kann man sogar hier und da noch echte bleiverglaste kleine Flügelfenster entdecken und manchmal noch die aus Lehmstuck geformten Balkendecken. Diese einfachen Formen werden häufig übersehen, gehören aber ebenso zum Fachwerkhaus wie die endlich in den Mittelpunkt auch des fachlichen Interesses gerückte Farbigkeit. Denn was schon bei der ähnlichen, nur in den tonigen Werten differierenden Ausmalung des inneren und äußeren Fachwerks auffiel, gilt für die späteren Ausgestaltungen ebenso: das Haus hatte auch im Inneren einen »öffentlichen« Charakter und diente der Repräsentation. Aus Lehm überformte Balken verfolgten genau denselben Zweck wie die begradigenden Übermalungen: sie täuschten gerades, dickes Holz vor.

Restaurierungsmaßnahmen fallen dort am ehesten ins Gewicht, wo aus einer baufälligen Hütte ein schmuckes Anwesen wird. Hier gewinnt Denkmalpflege öffentliches »Ansehen«.

Eines dieser von Privatleuten geretteten Objekte ist der Steinsche Hof in Kirberg, der nach Auffindung der Spuren gotischer Türmchen im Dachgebälk abermals restaurativ in Angriff genommen wurde und heute sein mittelalterliches Gepräge bis auf die im Barock vergrößerten Erkerfenster fast gänzlich zurückgewonnen hat. Ein ebenso erstaunlicher Wandel vollzog sich am Klösterle in Bad Cannstatt. Das nach der dentrochronologischen Untersuchung auf 1463 zu datierende, zweistöckige Haupthaus[30] erhielt seine ursprüngliche rote Farbfassung des Fachwerks mit schwarzen Bandelieren zurück sowie die Ockerfassung des freiliegenden Fachwerks in den Fluren und Kammern des Gebäudes. Gegenüber seinem vormaligen verputzten Zustand ist das Haus, das ehemals mit allen übrigen Bauten des Hofes durch Übergänge verbunden war, kaum wiederzuerkennen. Im Inneren konnte das Gewölbe der Kapelle im zweiten Stock von der zentimeterdicken Übertünchung befreit werden, auch ließ sich die Bretterbalkendecke der Stube sowie deren alte Bohlenwände wiederherstellen. Der stark verformte Holzbau konnte außerdem weitgehend ohne Stahl gesichert werden. Neue, nach alten Mustern gefertigte Schiebefenster verhalfen dem Gefüge endgültig zu seinem alten Erscheinungsbild.

Zusätzlich gelang eine der wichtigsten Voraussetzungen zum Erhalt eines Denkmals, nämlich die adäquate Nutzung, die sich nicht auf eine rein museale beschränken mußte, sondern im Erdgeschoß Raum für eine Gaststätte bereithielt.

Interessante Ergebnisse brachten auch die Ermittlungen bei der Restaurierung des Hauses Holzgasse 45 in Siegburg[31], das zu den ältesten Bürgerhäusern der Stadt gerechnet wird. Das stattliche giebelständige Fachwerkhaus, genannt »Zum Tannenbaum«, entstand um 1600.

In seiner Giebelspitze hatte sich eine noch weitgehend intakte Partie alten Gefachputzes verborgen, die nun die Rekonstruktion der historischen Farbigkeit erlaubt. Die mit Tierhaaren vermischte Putzschicht trug eine weiße Grundierung, auf der parallel zu den Balken zunächst ein schwarzer Begleitstreifen am Holz entlang lief, der von einem dünnen weißen Strich begrenzt wurde. Daneben lag ein ebensobreiter Streifen in dunklem Ocker, gefolgt von zwei schmaleren schwarzen, die wiederum ein weißer Zwischenabstand separierte. Das Holz wies als unterste Schicht Spuren eines dünnen schwarzen Anstrichs auf. An den geschnitzten Verzierungen der Rähmen war ein Befund leider nicht mehr möglich, diese Stellen hatten bei früheren Ausbesserungen zu starke Reinigung erfahren. Die ursprüngliche Aufteilung des Untergeschosses als Halle ließ sich aus Gründen der gewerblichen Nutzung als Ladengeschäft nicht realisieren. Da die beiden unteren Geschosse im Gegensatz zu den oberen, mit alten Kölner Decken ausgestatteten Stockwerken durch frühere rigorose Umbauten bereits geschädigt waren, erscheint dies, trotz der Seltenheit dieses Bautyps im Rheinland, vertretbar, denn immerhin kann die seltene spätgotische Farbfassung rekonstruiert werden.

Mehr Beachtung sollte in Zukunft auch den Sockelzonen und Putzen der Häuser geschenkt werden, deren Fachwerke sich auf Giebel oder Erker beschränken. Als Beispiel sei hier das Haus Nr. 2 in Klingenhof (Landkreis Nürnberger Land)[32] genannt, ein 1790 errichtetes, zweigeschossiges Wohnstallhaus. Seine geputzten Wandflächen zieren Ecklisenen, Gurtgesimse und geritzte Kapitelle mit grünen Füllungsmotiven. Die Gliederung setzt sich etwas dunkler von den mit gelben, roten und blauen Farbtupfen auf gebrochenem Weiß aufgelockerten Feldern ab. Im Kontrast dazu steht der ochsenblutrote dreigeschossige Fachwerkgiebel mit einem reichen, aus einem System sich überkreuzender, verdoppelter Diagonalstreifen gebildeten Schmuckmotiv.

Nachdem durch die vermehrten Funde an Fachwerkhäusern unterschiedlicher Art, Alter und Ausgestaltung die Aufmerksamkeit der Wissenschaft verstärkt auf die Farbgebung gelenkt wurde, wenden sich Forscher nun auch verstärkt den weiteren bislang vernachlässigten Details der Häuser zu.

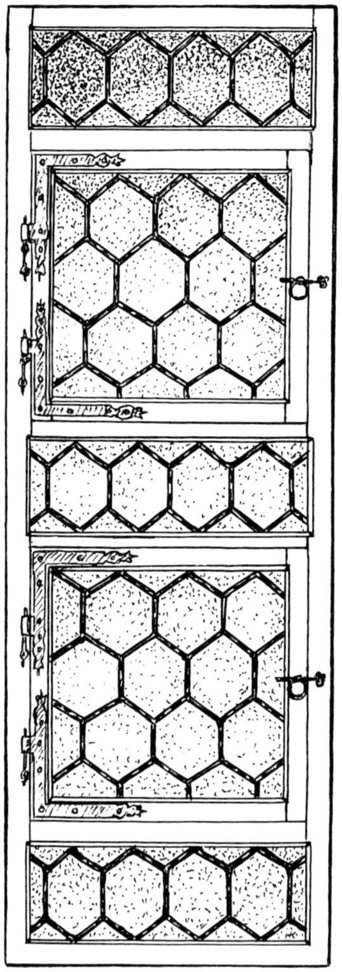

Glasflügelfenster mit Beschlägen, 17. Jh.

Zargenrahmenfenster (Außenansicht) mit Pfosten und Querholz, 18. Jh.

65 Schiebefenster (Innenseite) aus der ehem. Badestube im Kloster Hirsau, 17. Jh. oder älter

Blendrahmenfenster mit Schiebeflügel (Innenansicht), Mitte 19. Jh.

Alte Fensterformen

War es zunächst wiederum die Farbgebung von Fenstern, die die Gemüter erregte, weil sie nicht mehr in dem vertrauten Weiß, sondern grün, rot oder gar blau gestrichen werden sollten – denkt man nur an den Alsfelder Streit um die Gestaltung der Rathausfenster – so gehen die Bemühungen heute dahin, möglichst viele Fenstertypen zu erhalten. Wenn sie nicht an Ort und Stelle verbleiben können, versucht man sie wenigstens als museale Belegstücke zu verwenden. Wiedererstellte Schiebefenster wie diejenigen im Klösterle von Bad Cannstatt sind erste Ermutigungen. Bislang wurde unter Fensterrekonstruktion häufig nur die Wiederherstellung kostbarer Butzenscheibenfenster mit Bleiverglasung verstanden, die hinter Isolierverglasungen geschickt verborgen werden mußten, um sie vor dem aggressiven sauren Regen zu schützen. Um deren farbliche Rahmung konnte dann wiederum gestritten werden, falls keine Quellen dazu verbindliche Aussagen machten. Einfachen Holzfenstern mit ihren zum Teil handgeschmiedeten Halterungen gebührt ein ebensolcher Schutz wie bleigefaßten Rauten- oder bemalten Gläsern. Das Bewußtsein für eine umfassende, bis ins Detail reichende Pflege alter Häuser setzt sich so langsam durch. Gründliche Forschungsarbeiten zu alten Fenstern liegen bereits vor, in den Nachrichtenblättern des Landesdenkmalamtes Baden-Württemberg[33] und dem Buch von Christoph Gerlach »Fenster aus Westfalen«, das sich der Konstruktion und Entwicklung des Fensters im Fachwerkbau widmet[34], um nur einige zu nennen.

Die historische Ausgestaltung der Innenräume

So unerläßlich Fenster für die Rückgewinnung eines authentischen Erscheinungsbildes an Fachwerken sind, für die Innenraumgestaltung gilt ein gleiches. Bislang hielt man »außen alt« und »innen modern« für das einzig praktikable Konzept, faßte lediglich die wohnliche Nutzung des Hauses ins Auge. Statische Belange schränkten die Beweglichkeit des flexiblen Mobilars bereits genügend ein, Brandschutzauflagen taten ein übriges. Allenfalls alte Türrahmen hatten eine Chance, am gleichen Ort übernommen zu werden, doch schon mit der Farbgebung sind Konflikte zur restlichen Ausstattung vorgegeben, will man sich an die historischen Vorlagen halten. Die bisher angeführten Restaurierungen der 80er Jahre zeigen jedoch deutlich, daß in allen Fällen eine Auskernung Substanzverluste nicht nur an alten Lehmausfachungen bedeutet hätten, sondern daß für einen Fachwerkinnenraum eine ebensolche farbige Behandlung obligatorisch war, deren Spuren damit gleichfalls unwiederbringlich vernichtet wären.

Wie bereits geschildert wurden die inneren Sichtfachwerke analog der äußeren mit einem Begleitstrich versehen, lediglich der Farbton unterschied sich deutlich vom äußeren. Wurden die Wände gänzlich mit Lehmputz überzogen, so ist mindestens mit einer farblichen Absetzung der Fenster und Türen zu rechnen. Je nach Bedeutung des Raumes und der gesellschaftlichen Stellung des Hausbesitzers konnten dies ornamentale Rahmungen sein, zierten Schmuckrosetten, Masken oder einfacher Gebälkstuck – aus Lehm geformt – die Decken. In den Gefachen konnten wie im Schlößl von Pfullingen Feuerböcke oder Sinnsprüche, Hausmarken und Ornamente aufgemalt sein. Jedenfalls waren auch die Innenräume in lebhaftere Farben getaucht, als man dies bislang vermutete. Umsichtiges Vorgehen ermöglichte in der ehemaligen Wasserburg Elkerhausen die Freilegung von Masken in den Knaggenbögen der Stube, was die Vermutung, daß es sich hier um die Gerichtsstube handelte, stützen half. Die minutiös ausgeführten Stuckierungen bärtiger Männergesichter waren unter den dicken Übertünchungen nicht zu erkennen gewesen und wären bei einer der üblichen Abnahmen verlorengegangen. Sie gehören der untersten, noch unter den Renaissancerahmenornamenten und Sichtfachwerkausmalungen gelegenen Schicht an. Nach den Figuren des Außenfachwerks ist dieses ältere Haupthaus der Burg um 1500 zu datieren[35].

Die Isolierungskampagnen oder zur Begradigung der schiefen, buckligen Wände eingezogenen Gipskartons nahmen bislang kaum Rücksicht auf derartige Befundsituationen. Doch auch hier regt sich mit den zunehmenden positiven Befunden auch das öffentliche Interesse an solch umsichtiger Sicherung von Farblagen, und sie gehörten eigentlich selbstverständlich zur ersten Bauaufnahme vor Beginn einer Restaurierung, nicht nur bei staatlich subventionierten Schloßbauprojekten.

Der Umgang mit unscheinbaren Fachwerken

Bauten des 18./19. Jahrhunderts haben es besonders schwer, ihrer Bedeutung entsprechend behandelt zu werden. Im Zuge der Freilegungswelle wurde vieles an die Oberfläche geholt, was eigentlich nie dazu gebaut worden ist. Da liegen sie nun frei, nichtssagende dünne Nadelhölzer, nur den Nöten der Konstruktion gehorchend, aber halt eben Fachwerk. Falsch verstandene Denkmalpflege: das offenbart sich bei näherer Betrachtung. Tiefe Einkerbungen überziehen das dürre Gerippe, einst eingehauen, um dem späteren Verputz den nötigen Halt zu geben. Feuerverordnungen hatten eine homogene Putzschicht verlangt, Fachwerke durften sich bis auf wenige reich geschnitzte Ausnahmen nicht ungestraft sehen lassen, und jetzt schlägt der Modetrend ins andere Extrem um: Niemals als Sichtfachwerk geplantes wird stolz als solches präsentiert. Vom historischen Standpunkt aus gehören diese Hölzer wieder unter Putz.

Schlicht und einfach, dennoch von imposanter Erscheinung und komfortabler Stockwerkshöhe sind einige in Koblenz erhaltene sogenannte Rayonhäuser, die zum Zwecke des schnell möglichen Abbruchs im ausgehenden 19. Jahrhundert vor den Toren der Stadt errichtet wurden[36]. Drangvolle Enge und akute Wohnungsnot zwangen die Reichsfestungen Mainz und Koblenz zu ungewöhnlichen Maßnahmen. Gesetzlich festgeschrieben mußten die Schußfelder vor den Wällen (Rayon-Zonen) freigehalten werden, eine Wohnbebauung war außerhalb der Stadt nur in 600 bis 975 Meter Entfernung von den Festungsanlagen erlaubt. Sie durfte jedoch nur aus kellerlosen, im Kriegsfalle leicht abzubrechenden Fachwerk- oder Holzhäusern bestehen. In Koblenz hat eine behutsam voranschreitende Neubebauung der Außenbezirke einige dieser zum Teil freistehenden Villen integriert, während Zeugnisse dieser Art vor den Toren der damaligen Bundesfestung Mainz haben weichen müssen. In den Rayonhäusern wurde somit die Not zur Tugend, konstruktives, mit Ziegeln ausgemauertes Fachwerk wegen seiner idealen Eigenschaften des schnellen Auf- und Abschlagens massiven Steingebäuden vorgezogen. Zur Ausführung kam eine klare funktionelle Gliederung mit rhythmisch verhaltener Akzentsetzung mittels Balkons, Giebeln oder Türmchen. Um den Fortbestand der Koblenzer Villen als integrative Bestandteile einer modernen Stadtbebauung braucht man sich dank der neuerlichen Rückbesinnung und der offenkundigen Aufwertung des Straßenbildes durch solche architektonischen Seltenheiten weniger zu sorgen als um die vielen Scheunen, die, noch vor sich hindämmernd, ohne jegliche Nutzung dem sicheren Verfall preisgegeben sind.

Ungenutzte Lagerflächen werden vom Finanzamt steuerlich nicht bewertet, jegliche Gebäudenutzung, die wiederum eine Instandhaltung voraussetzt, muß diesen Einsatz daher rechtfertigen. Doch wer benötigt Stell- und Stallflächen, wenn keine Landwirtschaft mehr betrieben wird? Mit den Gebäuden verschwinden Lehmputze und kratzputzverzierte Gefache sowie das Wissen um diese Techniken.

In Hinterloh (Landkreis Rottal-Inn) hätte man den Bundwerkstadel des Hauses Nr. 50[37] getrost ablegen können, ohne ihn sorgfältig zu zeichnen und zu fotografieren, in einem so bedenklichen Zustand befand er sich. Gemeinsam mit dem ebenso einfühlend sanierten Wohnhaus gelang es statt dessen, durch die behutsame Abtragung der Konstruktion, deren Ergänzung und Sicherung sowie die neuerliche Aufrichtung des Stadels eine charakteristische Hofanlage des 19. Jahrhunderts wiederzubeleben.

Doch auch Industriedenkmale haben es immer noch schwerer, gerettet zu werden als Wohnbauten. So manche Mühle, die nicht als Ausflugsgaststätte zu aktivieren war, oder außerhalb der Ortschaften gelegene Ziegeleien konnten trotz interessanter Fachwerkstruktur in solider Handwerksbauweise nicht gehalten werden.

Die Stadt als lebendiges Museum

Fachwerkstädte wie Fritzlar, Melsungen, Goslar, Hildesheim, Nördlingen, Esslingen, Bamberg, Miltenberg oder Limburg an der Lahn wissen von alters her um ihre Ausstrahlungskraft. Daher gelang es in diesen Orten, Flachdachbauten oder mit Fremdmaterialien wie Glasbausteinen oder Eternitfassaden bestückte Häuser aus den Innenstadtbezirken fern zu halten bzw. durch positive Vorbilder zu verdrängen. Wer die Restaurierungswelle der 70er Jahre und deren Weiterentwicklungen in einer solchen Stadt bis heute verfolgt hat, kann Abenteuer, Bedrängnis und Freude sowohl der Bewohner als auch der Besucher näher beschreiben. Am Anfang bestaunte jeder den neuesten Fund, lobte das sich wohltuend aus der Masse der übertünchten und verputzten Nachbargebäude abhebende frischerstandene Fachwerkgefüge. Mittlerweile treten aus dem Band der unterschiedlich gefaßten Fachwerke nur noch die echten Steinhäuser hervor. Diese geballte Kraft differenzierter Gefüge und Linien ergibt ein wesentlich unruhigeres Bild als zuvor, und es zieht Touristen magisch an. Fotografierende und staunende Menschenmengen schieben sich, vor allem an Wochenenden, durch das Gewirr der engen Gassen, verträumten Winkel und Plätze. Im Gegensatz zu einem abgeschlossenen Museumsbau lebt dieses 24 Stunden lang und nicht nur zu den angegebenen Vorführungszeiten wie im Freilichtmuseum. Der Vergleich mit dem Zoo mag manchem Hausbesitzer angebrachter erscheinen. Doch angeschaut werden kann nur die Fassade, betreten darf man höchstens die als Café, Restaurant oder Lädchen genutzten Erdgeschoßräume, das übrige bleibt dem Publikumsverkehr verschlossen.

Das Dorf als Wochenendhaus

Wie nun, wenn man nicht mehr zuschauen möchte, sondern in seiner freien Zeit ein Fachwerkhaus auf dem Lande zu bewohnen sich leisten kann? Wenn nur der eine oder andere Lehrer aus der Stadt dies tut, fällt innerhalb eines von Modernismen geprägten Ortskerns meist nur ein freigelegtes Fachwerkhaus mit Sprossenfenstern auf, das unter der Woche einen abweisenden Eindruck macht. Waren die verkehrstechnischen Anbindungen jedoch gut, die Grundstückspreise niedrig und jeder im Dorf froh, die alte Hütte losgeworden zu sein, so kamen mehrere gleichzeitig mit dieser Wochenendidee und unterhöhlten die alten gewachsenen Strukturen.

Monreal ist mit seiner geschlossenen Fachwerkbaugruppe entlang der Enz wunderschön anzusehen, seiner Bestimmung würde die Bezeichnung Feriendorf aber eher entsprechen. Ortsfremde erkannten die Bedeutung der historischen Bausubstanz und betrieben deren Sanierung. Denkmalschutz hat, um der Erhaltung willen, schon viele Bestimmungsänderungen von Kirchen und Klöstern, Burgen, Rathäusern und Bahnhöfen bewirkt, hier wurde dem Verlassen und Ausbluten alter Dörfer etwas entgegengesetzt, was vielleicht zugleich eine weitere, die Landschaft störende Neubau-Feriensiedlung verhindern half[38].

Ein ganz normales Fachwerkhaus

Saubere Kerbschnitte sorgten schon auf dem Zimmerplatz dafür, daß beim Aufbau alles nur so wie vorgezeichnet zusammenpaßte und -gehörte, das machte jedes Fachwerkhaus zu einem Unikat. Demnach ist ein normales Fachwerkhaus als ein solches zu betrachten, das nicht aus der Art schlägt durch Verwendung von unorganischen Materialien oder anderer Kuriosa. Es zeichnet sich des weiteren durch eine seinem Alter entsprechende geläufige Farbigkeit aus, besitzt kaum Schnitzwerk, reduzierte Schmuckformen und wenig Giebel- bzw. Erkerzierat. Bei den Baubehörden ergeben sich kaum Einwände oder besondere feuerpolizeiliche Auflagen, und während der Restaurierung treten kaum Hausschwamm, Fäulnisbildungen oder statische Probleme auf. Denn nicht jedes Fachwerkhaus ist ein Denkmal, aber die meisten fallen bereits unter den Ensembleschutz und werden von umsichtigen Hausbesitzern gepflegt, die bereit sind, aus den Fehlern vergangener Restaurierungen zu lernen. Sie sind vor allem bereit, zum Wohle und Erhalt des Hauses tief in die eigene Tasche zu greifen, um in einem stimmungsvollen, harmonischen alten Fachwerkhaus zu leben.

Dr. Ingrid Krupp M.A.

Bildteil

Der alemannisch-schwäbische Fachwerkbau

66 Pfullingen, Kr. Reutlingen. Auf einer Kuppe zwischen Eschaz und Eierbach: »Schlößl«, um 1450, Nordseite mit alemannischem Fenstererker und überdachtem Außentreppenpodest des 16. Jh.s.

◁ 67 *Mühlheim a. d. Donau, Kr. Tuttlingen: Rathaus, um 1400. Das älteste Fachwerkrathaus im deutschen Sprachraum mit offener Gerichts- und Verkaufshalle. Weite Ständerstellung, kurze, knaggenartige Kopf- und Fußbänder und doppelte Rähme auf der Giebelseite. Vorstehende Brustriegel und die Dächlein über den Fenstern möglicherweise infolge der Restaurierung durch Prof. Alois Leibinger 1935 verändert.*

68 Pfullendorf, Kr. Sigmaringen: Das »Alte Haus«. Über dem Eingang die Jahreszahl 1317, wahrscheinlich erst im letzten Viertel des 15. Jh.s erbaut. Erste Erwähnung in einer Schenkungsurkunde des Klosters Salem von 1486. Reinstes alemannisches Gefüge mit Bohlenwänden im Oberstock, sehr weiter Ständerstellung, langen, teils verdoppelten Kopf- und Fußbändern und niedrigen Fenstern zwischen den durchlaufenden Riegeln. Die Deckenbalkenlage eine der kompliziertesten im Fachwerkbau, die meisten Balken kragen im schiefen Winkel zu den Wänden aus.

69 Eppingen, Kr. Heilbronn: Ehemalige Ratsschenke von ca. 1400. Der älteste erhaltene Bau alemannischen Gefüges mit Bohlenständerwänden, weiter Ständerstellung, dicht verlegten Deckenbalken und Verdoppelung des Rähms auf der Stirnseite.

70 Esslingen: Altes Rathaus, um 1430 als Kaufhaus erbaut. Alemannischer Fachwerkbau, im Untergeschoß und Oberstock verdoppelte Fußbänder, durchlaufende Brust- und Sturzriegel mit dazwischen eingespannten Fenstern. Gehört zu den kraftvollsten und monumentalsten unter den deutschen Fachwerkbauten, vergleichbar nur noch dem Rathaus in Markgröningen. 1923–26 grundlegend restauriert.

71 Blaubeuren, Alb-Donau-Kreis, Karlstraße 21: Das um 1420 in rein alemannischem Fachwerk über dem Erdgeschoß erbaute Hospital

72 Nürnberg, Maxplatz 8: Weinstadel, ursprünglich Siechenhaus, 1446–48 errichtet, Weinlager seit 1529, nach dem letzten Krieg Studentenwohnheim

73 Walldürn, Neckar-Odenwald-Kreis: Rathaus von 1448. Das Erdgeschoß diente bis 1858 als (offene) Markthalle, das Fachwerkbild des Oberstocks und der beiden Dachgiebel ist ursprünglich. Die weite Stellung der Ständer und Stiele, die sich nicht überkreuzenden, aufgeblatteten Kopf- und Fußbänder und auch die zwischen die beiden (eingezapften) Riegel eingepaßten Fenster entsprechen dem oberdeutsch-alemannischen Fachwerkbau.

74 Nürnberg, Ecke Am Tiergärtnertor/Obere Schmiedgasse: Das Pilatushaus aus dem Jahre 1489. Untergeschoß aus exakt behauenen Quadern, drei Fachwerkgeschosse und ein mit einem Türmchen bekrönter, steiler Giebel. Das Gesamtbild ist durch die verputzten Flächen im dritten Oberstock etwas gestört.

75 Markgröningen, Kr. Ludwigsburg: Das Rathaus, im Kern Mitte 15. Jh. Mehrfache Renovierungen, u. a. 1865, 1930 grundlegend restauriert. Die typischen Merkmale des alemannischen Fachwerkbaus, nur die Ständer dichter als im Alemannischen allgemein üblich. Mehr Skelett als »Fleisch« durch die enge Stellung der kräftig dimensionierten Ständer und nicht nur verdoppelte, sondern verdreifachte Rähme. Verschiedenartig geformte Knaggen. Neben Esslingen das repräsentativste Fachwerkrathaus Baden-Württembergs.

76 Tübingen, Schmiedtorstraße: Ehem. »Herrschaftliche Kelter«, 2. Hälfte 15. Jh. (heute Realschule). Alemannisch im Fachwerkgefüge, groß in der Gesamtwirkung. Dicht verlegte Deckenbalken, breites Rähm, kräftige Knaggen. Auffallend die steilen, teils sich überkreuzenden, schmalen Kopf- und Fußbänder.

◁ 77 *Beuren, Bodenseekreis: Das Schwedenhaus, um 1500. Ansicht von Südosten und Detail der östlichen Traufenwand.*
Wie das Schwörerhaus in Immenstaad ein typisches Beispiel für ein gestelztes Haus. Die Ständer aus Eichenholz haben Querschnitte von 30 × 30 und 30 × 50 cm. Die Kopf- und Fußbänder sind aus 4 cm starken Eichenbohlen geschnitten. Ihre zugespitzten Enden bilden mit dem gezackten Umriß der einen Kante ein Ornament. Ständerschale (oder Schwebeblatt) und dichte Verlegung der Deckenbalken.

78 *Detail zu Abb. 77*

79 *Detail zu Abb. 80*

78 ▽

79 ▽

81 Forchheim, Kr. Forchheim: Das »Frechshaus« am Marktplatz vom Ende des 15. Jh.s. Die Andreaskreuze wirken hier fremd. Die Ständer des Erdgeschosses verschieden hoch auf einem Steinsockel. Eckständer mit profilierten Knaggen, die den Gratstichbalken und die sich überkreuzenden Rähmenden mit dem Ständer verriegeln. ▷

80 Geislingen a. d. Steige, Kr. Göppingen: Der Alte Bau, auch Bauhof genannt, ein ehemaliger Fruchtkasten aus dem Anfang des 16. Jh.s, ab 1961 in seiner ursprünglichen Gestalt wiederhergestellt. Untergeschoß aus Kalktuffquadern, Fachwerkstöcke in rein alemannischer Bauart: durchlaufende Riegel, verdoppelte Rähme, kurze Kopf- und Fußbänder, profilierte Knaggen. ▽

82 Grötzingen, Kr. Esslingen: Haus Burgstraße 16. Schmalhoher Bau, fünfmal stark auskragend. Anlehnung an die Stadtmauer bis zum 3. Stock. Die weite Ständerstellung des älteren alemannischen Fachwerks noch an der Traufenseite. Die dichter stehenden Wandstiele in der Giebelfront wahrscheinlich durch die Instandsetzung des Hauses im Jahre 1906. Der zweigeschossige Anbau an der linken Traufenseite jüngeren Datums.

83 Bamberg: Domkurien, erbaut 1. Viertel 16. Jh. Mischung aus alemannischen und fränkischen Stil- bzw. Zimmerungselementen. Alemannisch die auf gleicher Höhe durchlaufenden Brust- und Sturzriegel und die relativ weite Ständerstellung. Mitteldeutsch-fränkisch die Verstrebungsfiguren.

85 Spalt, Kr. Schwabach: Hopfensignierhalle (ehemals Getreidespeicher), um 1490. Eine der schönsten und markantesten Verkörperungen des alemannischen Fachwerkbaus. Zwischen den durchlaufenden Brust- und Sturzriegeln eingespannte Fenster, durch einen kurzen Stiel zur Schwelle hin abgestützt. ▷

△ 84 Schwäbisch Gmünd: Das alte Kornhaus von 1507

86 Immenstaad, Bodenseekreis: Schwörerhaus von 1528. Gestelztes Haus, eine in Variationen weitverbreitete Grundform des Hauses im Bodenseegebiet und dessen Hinterland. 1909 wiederhergestellt. Auffallend am Schwörerhaus – bedingt durch die sehr weite Ständerstellung – die Gefache in Form breiter, liegender Rechtecke. Die Schwellen der Traufenseiten durch die der Giebelseiten durchgezapft und durch Zapfenschloß gesichert.

87 Eppingen, Kr. Heilbronn: Die »Alte Universität«, 15. Jh. Der Kraichgau, in dessen Mitte Eppingen liegt, ist eine der fachwerkreichsten Landschaften der Bundesrepublik. Die alemannische Fachwerkbauweise zeigt am reinsten noch der straßenseitige Giebel. Durch den Einbau größerer Fenster sind die ursprünglich durchlaufenden Sturzriegel unterbrochen.

88/89 Zwei Glockenstuben in alemannischem Fachwerk, oben Turm der Kapelle in Kentheim, Kr. Calw, und unten Turm der Kirche des Stadtteils Strümpfelbach von Weinstadt, Rems-Murr-Kreis

90 Schwäbisch Gmünd, Ostalbkreis: Amtshaus des Heilig-Geist-Spitals von 1497 am Marktplatz, ursprünglich Schranne. Typisches Beispiel für den alemannischen Fachwerkbau: weite Ständerstellung, durchlaufende Riegel, aufgeblattete Kopf- und Fußbänder und eine im ganzen schmucklose, ganz aus dem Holz entwickelte Konstruktion. Wechsel von Kopf- und Fußbändern an den Ständern der Giebelgeschosse. Fenster verändert.

91 Bad Wimpfen, Kr. Heilbronn: Das alte Bürgerhospital, um 1500. Der Wandel vom oberdeutschen zum mitteldeutschen Fachwerk ist sichtbar. Das Fachwerk des inneren Flügels (rechts im Bild) mit seinen durchlaufenden Riegeln und den kurzen Kopf- und Fußbändern beidseits der Eck- und Bundständer im Gesamtgefüge noch oberdeutsch. Die Stiele, an denen flügelartig die Fenster sitzen, auch die kurzen Stiele im Hauptbau, könnte man als Elemente mitteldeutschen Fachwerks ansehen.

92 *Memmingen/Allgäu: Das Gerberhaus (»Sieben-Dächer-Haus«) von 1601. 1945 durch Kriegseinwirkungen eingestürzt, unter Verwendung der alten Hölzer vorbildlich wiederaufgebaut. Das Fachwerkgefüge ist rein alemannisch. Der übersteile Giebel und das in Stufen abfallende Dach resultieren aus der Funktion der Trockenböden.*

93 Maulbronn, Enzkreis: Haus der ehemaligen Klosterverwaltung, 16. Jh., Erker des zweiten Oberstocks und Zwerchhaus später. Das Fachwerkgefüge des dreigeschossigen Gebäudes im wesentlichen noch alemannisch. Fränkisch die wandhohen, leicht geschweiften Streben an Eck- und Bundständern, die Zwischenstiele mit kurzen Fußstreben. Links vom Haus der ehemaligen Klosterverwaltung der kleine Haberkasten mit rein alemannischem Fachwerk im Giebel. ▽

94 Stein am Rhein, Kanton Schaffhausen, Choligasse 151: Vettersches Haus, 17./18. Jh. Reiches Fachwerk oder Riegelwerk, wie man es in der Schweiz nennt. In der Konstruktion den Bauten aus Dingelsdorf (Abb. 97 u. 215) verwandt.

95 Eppingen, Kr. Heilbronn, Kirchstraße: Das Baumannsche Haus von 1582–83. Fränkischer Fachwerkbau, im durchlaufenden Brustriegel eine Reminiszenz an das Alemannische. Die fränkische Mannfigur in Giebelmitte dreimal übereinander. Ganz fränkisch auch die Fenstererker.

96 Urach, Kr. Reutlingen: Blick über den Ermskanal auf den 1530 errichteten südlichen Anbau des Schlosses. Dahinter das 1443 erbaute Schloß mit dem 1620 ausgeschmückten Goldenen Saal. Das Fachwerk der Südseite ist eine Mischung aus alemannischen und in stärkerem Maße fränkischen Elementen. So erscheint hier verhältnismäßig früh die Strebenfigur des Mannes. Heute Teil des Württembergischen Landesmuseums.

97 Dingelsdorf, Kr. Konstanz, Brotgasse 37: Das Kudermannsche Haus, 2. Hälfte 16. bis 2. Hälfte 17. Jh. Die Giebelwand der großen Stube im Oberstock ist mit senkrechten Bohlen ausgefacht, Fenstererker alemannischer Art im Giebel und über dem Eingang. Andreaskreuze unter den Fenstern und stockwerkhohe, teils X-förmig sich überkreuzende Streben dazwischen. Der äußerste Deckenbalken der Giebelseite, der »Ortbalken«, ist Rähm des Untergeschosses.

98 Reutlingen, Kanzleiplatz: Teil des alten Spitals aus dem 16. Jh., für das Friedrich-List-Gymnasium neu ausgebaut.

99 Besigheim, Kr. Ludwigsburg, Markt: Rathaus. 1459 als Kaufhaus der Stadt mit Fronwaage, Gerichtslaube und Fruchtkasten erbaut. Giebel zum Markt und Traufseite alemannisches Fachwerk, rückwärtiger Giebel massiv. Im Inneren (II. Stock) bemalte Bohlenwände von 1571.

Der fränkische Fachwerkbau

101 Kobern-Gondorf, Kr. Mayen-Koblenz, Kirchstraße 1: »Haus Simonis«, ehem. Hof der Abtei St. Marien in Trier (Mergener Hof), 1320/21 erbaut. Südwestseite. Während das Fachwerk des Giebels noch der urtümlichen Ständerbauweise folgt, zeigen die Frontseiten des Erd- und Obergeschosses bereits Rahmenkonstruktion.

100 Gelnhausen, Main-Kinzig-Kreis, Kuhgasse 5 (früher Kuhgasse 1): Haus von 1351

103 Frankfurt-Sachsenhausen, Schellgasse 8: Ständerbau mit Firstständergerüst, 1292. 1979 als ältestes Fachwerkhaus Deutschlands entdeckt. Neben Teilen des ursprünglichen Gefüges zeigte das älteste der noch bestehenden Frankfurter Fachwerkhäuser Reste späterer Umbauten.

104 Gießen, Georg-Schlosser-Straße: Burgmannenhaus (Leibsches Haus), erbaut 1349

◁ 102 Bauschlott, Enzkreis, Hauptstraße 28: Eines der ältesten deutschen Bauernhäuser (1428) und eines der wenigen noch erhaltenen Firstsäulenhäuser. Die von der Grundschwelle bis zum First durchgehende Säule ist im Giebel des in letzter Zeit wiederhergestellten Hauses deutlich zu sehen.

105 Münden, Kr. Göttingen, Kirchplatz 8: Das ehem. Küsterhaus von St. Blasii (nach Inschrift von 1457)

106 Alsfeld, Vogelsbergkreis: Amthof 8, um 1470 erbautes spätgotisches Fachwerk mit starkem Geschoßvorsprung und kurzen, überblatteten Fußstreben. Hängepfosten an der oberen Ecke, gerade Knaggen, das Erdgeschoß durch Ladeneinbau stark verändert. Schleppgaupen neueren Datums.

107 Bernkastel-Kues, Blick in die Karlstraße. Das schmale Haus (Nr. 13) mit dem früher an der Mosel nicht seltenen Schwebegiebel oder Freigespärre könnte in seiner schmucklosen Konstruktion und dem weiten Auskragen des Oberstocks noch dem späten 15. Jh. angehören. Das schmalbrüstige Haus mit dem überspitzten Giebel hat in der Grundfläche nur eine Breite von 2,20 m. ▽

◁ ▽ *108 Fritzlar, Schwalm-Eder-Kreis, Zwischen den Krämen 12: Haus von ca. 1470. Auf einem hohen Untergeschoß in Ständerbauweise sitzt ein Obergeschoß in Stockwerkzimmerung.*

109 Limburg, Kr. Limburg-Weilburg, Rütsche 1: Haus um 1500, datiert nach der dominanten Fachwerkfigur des Vorläufers des Wilden Mannes. Das Haus schließt direkt an das 1289 errichtete und 1583 umgebaute Fachwerkensemble Römer 2-4-6 an, welches 1989 grundlegend restauriert wurde. ▽

110 Eberbach, Rhein-Neckar-Kreis: Haus »Im Hof«, um oder vor 1470. Stattlichster der Eberbacher Fachwerkbauten. Das Gerüst der Traufenwand zerfällt in konstruktiv notwendige Eck- und Bundstiele und dazwischenliegende Füllstiele mit kurzen, einseitigen Fußstreben.

111 Spangenberg, Schwalm-Eder-Kreis: Haus Kurzrock am Markt 198. In Gefüge und Erscheinung spätmittelalterlich, jedoch nicht »um 1300«, sondern erst in der 2. Hälfte des 15. Jh.s erbaut. 1969 gut restauriert.

112 Schotten, Vogelsbergkreis: Das Rathaus aus der 1. Hälfte des 16. Jh.s. Die breite Gebälkzone mit profiliertem Rähm und profilierter Schwelle betont das Lagernde der Stockwerkzimmerung. ▷ △

113 Gelnhausen, Bez. Wiesbaden, Holzgasse 1: Haus »Symmeren«. 1305 im Besitz des Bischofs von Chur (Schweiz) und Gelnhäuser Bürgers Siegfried von Breydenbach. Dominantes Fachwerkgebäude am oberen Marktplatz. ▷

114 Melsungen, Schwalm-Eder-Kreis: Das Rathaus von 1555/56 mit drei hohen Vollgeschossen, zwei weiteren im Giebel, vier Eckerkern und Dachreiter. Die das hessisch-fränkische Fachwerk beherrschende Strebenfigur, der Mann, noch nicht ganz in der klassischen Form: statt der Kopfstrebe in Winkelform eine kurze, mit einer Nase besetzte Strebe. ▽

115/116 Alsfeld, Vogelsbergkreis: Rathaus, erbaut 1512–17. Es gehört zu den bedeutendsten Fachwerkbauten im deutschen Sprachraum. Auch hier war das Untergeschoß ursprünglich ein einziger offener Raum. Konstruktiv neu im Außenwandgefüge ist der Verzicht auf Knaggen. Das Gebälk aus Rähm, Balkenkopf, Füllhölzern und Schwelle trennt die Stockwerke: Stilmerkmal der Renaissance. Einzig das hohe Dach und die spitzen Erkertürmchen noch aus gotischem Geist. Neu die wandhohen Streben, die vom Eckständer in einem leichten Bogen – die Wandstiele überblattend – zur Schwelle führen: sogenannte »Alsfelder Strebe«.

117 Hünfelden-Kirberg, Kr. Limburg-Weilburg, Bubenheimer Straße 3: Hauptgebäude des 1481 als Burgmannenhaus erbauten »v. Steinschen Hofs«. Mitte der 70er Jahre unseres Jh.s grundlegend restauriert. Spätmittelalterliche Elemente vor allem im hohen Untergeschoß mit seinen kräftigen Bund- und Eckständern, mit den sich überschneidenden, geschwungenen Kopf- und Fußstreben. Erscheinungsbild des sog. Vorläufers des Wilden Mannes im Obergeschoß durch barocken Umbau von 1747–52 beeinträchtigt. Die Erkertürmchen in den 80er Jahren nach Befund ergänzt.

118 Michelstadt, Odenwaldkreis: Rathaus von 1484. Der Mittelständer des Oberstocks von geschoßhohen, sich überkreuzenden Streben abgesichert. Die Füllständer durch steile Fußknaggen mit der Stockschwelle verstrebt. An der Traufenseite sind die Hauptständer beidseits nur durch eine hohe Strebe abgesichert. Zu den Besonderheiten des Rathauses gehört das doppelte Rähm, das obere kragt mit einer Hohlkehle nach außen.

119 Michelstadt, Kr. Erbach: Blick durch die Stützen der nach drei Seiten offenen Halle im Erdgeschoß des historischen Rathauses auf den malerischen Marktplatz im Kern der an Fachwerken des 16.–19. Jh.s reichen Altstadt

◁ *120 Fritzlar, Schwalm-Eder-Kreis, Markt 22: Haus in Ständerbauweise mit dreimaliger Auskragung im straßenseitigen Gebiet von ca. 1480. Niederdeutsch ist die Entsprechung von Balken und Ständern. Haus Markt 20 (rechts) stammt aus dem Anfang des 16. Jh.s.*

121 Tauberbischofsheim, Main-Tauber-Kreis: Gebäudetrakt des ehem. kurmainzischen Schlosses, Ende 15./Anfang 16. Jh.

122 Homberg, Bez. Kassel, Schwalm-Eder-Kreis: Gasthaus zur Krone, 1480. Reiner Ständerbau mit

121 △

122 ▽

bis zum Dach durchgehenden Ständern, durch die die Deckenbalken der drei oberen Geschosse durchgezapft und mit Zapfenschloß gesichert sind. Veränderungen in den Eckerkern und am Giebelwalm. Der auf zwei Steinkonsolen stehende mächtige Erker in Giebelmitte im späten 16. Jh. angefügt.

123 Laubach, Kr. Gießen: Haus Untergasse 1/3, vermutlich Mitte 15. Jh., Südwestansicht. Trotz seiner Auskragung nach zwei Seiten noch ein echter Ständerbau. Die Vorkragung ruht giebelseitig auf den längs verlegten Deckenbalken, die der südlichen Traufenseite auf Stichbalken.

125 Aschaffenburg, Ecke Pfaffengasse/Fürstengäßchen: Die Kurie Starkenburg, heute evangelisches Pfarrhaus, vor 1500. Ursprünglich noch mit einem zweiten bis ins Dach gehenden Erker und statt einer »welschen Haube« mit einem Spitzhelm versehen. Das Außengerüst wird bestimmt durch die in der Verstrebung herausgehobenen Eck- und Bundständer und die dazwischenliegenden Felder- oder Wandstiele.

123 △ 124 ▽

124 Eppstein, Main-Taunus-Kreis, Burgstr. 32: 1459 erbaut, wurde dieses älteste Fachwerkhaus des Main-Taunus-Kreises nach einem Brand von 1979 entdeckt und restauriert. In städtebaulich bedeutender Lage zu Füßen der Burg setzt das Fachwerk mit seinen gebogenen Streben einen besonderen Akzent. Der spätere Seitenanbau hingegen zeigt eine fortentwickelte Mannfigur und ein Andreaskreuz aus gebogenen Hölzern.

126 Rhens, Kr. Mayen-Koblenz: Rathaus. Im Untergeschoß aus der Mitte des 16. Jh.s die sich überkreuzenden, teils wandhohen, gebogenen Streben an den Eckständern, die noch ins späte Mittelalter weisen. Giebel und Zwerchhaus 1709, das Rathaus 1914 vom Putz befreit, der Laubengang im Erdgeschoß mit den schmalen, spitzbogigen Arkaden 1935 wieder geöffnet.

127 Wagenfurth, Schwalm-Eder-Kreis: Fachwerkkirche in dem kleinen Dorf an der Fulda aus vorreformatorischer Zeit, mit einem Fruchtspeicher kombiniert. Der um Balkenstärke vorkragende Oberstock war der Speicher, der früher durch eine Außentreppe zugänglich war. In den sechziger Jahren restauriert.

128 Breuberg-Neustadt, Odenwaldkreis: Das Fürstenhaus im Stadtteil Neustadt, angeblich von 1569. Schmuckloses Fachwerk mit hohen, von der Schwelle bis zum Rähm gehenden, geraden Streben. Auf Stichbalken ruhender fünfseitiger Erker.

129 (Ober-)Lahnstein, Rhein-Lahn-Kreis: Das Rathaus aus dem späten Mittelalter. Mittelalterlich an dem Bau sind die offene Halle im Erdgeschoß mit den spitzbogigen Arkaden und die wandhohen, sich überkreuzenden Streben.

130 Spay, Kr. Koblenz-Mayen, Schnatzenstraße: Das sog. Schnatzsche Haus von 1579 im Ortsteil Osterspay. Rheinische Variante des fränkischen Fachwerkbaus der 2. Hälfte des 16. Jh.s: Mannfigur an Eck- und Bundständern, rheinische Strebe in der Brüstung, Zierstrebenfigur als Durchdringung von Andreaskreuz und Raute mit gebogenen Armen, keine Füllhölzer, in die Eckständer eingeschnittener Taustab mit »Schreckgesicht«.

131 Miltenberg, Kr. Miltenberg: Südostseite des Marktes, eines der schönsten Ensembles im deutschen Sprachraum, mit dem »Hohen Haus« als dessen Glanzpunkt.

◁ 132 Miltenberg, Kr. Miltenberg, Hauptstraße 97: Gasthof zum Riesen, 1590. Am Fachwerk der Nordseite steht (übersetzt): Jakob Sturz, Bürger zu Miltenberg, hat ihn gemacht mit seiner Hand im Jahr 1590. Vor diesem Bau hatte es schon eine Fürstenherberge an gleicher Stelle gegeben. Die rein dekorativen Brüstungsfriese binden den Erker in die Front des Giebels ein, nur die Gefache an der Ecke bleiben frei für die Fußstreben des jeweils »halben Mannes«.

△ 133 Groß-Gerau: Rathaus von 1578/79. Über massivem Untergeschoß mit ursprünglich offener Halle Oberstock und Giebel in reichem Fachwerk mit Betonung der geschoßtrennenden, waagrechten Elemente. Das Rathaus wurde 1908/09 restauriert, wobei u. a. das Fachwerk teilweise erneuert werden mußte, da einst alle vorkragenden Teile vor dem Verputzen abgebeilt worden waren.

134 Limburg, Kr. Limburg-Weilburg, Domplatz 7: »Alte Stiftsvikarie«, entstanden um 1522. Haus eines Stiftskanonikers. Um 1600 als Burgsitz der Herren von Staffel genannt. An den Eckpfosten sitzen gekrümmte Streben ähnlich einer halben Mannfigur, während in den Brüstungszonen sich überkreuzende, gebogene Fußbänder das Erscheinungsbild wesentlich bestimmen. Der Treppenturm erscheint separat, doch ebenfalls im 16. Jh. angefügt worden zu sein.

135 Külsheim, Main-Tauber-Kreis: Rathaus, nach einer eingemeißelten Inschrift aus dem Jahre 1522. Die Fenster im Obergeschoß vergrößert, das Fenster in der Nähe des rechten Eckständers später eingebrochen. Neu die dichte Reihung von X-Kreuzen und eine Frühform des Feuerbocks.

136 Wertheim, Main-Tauber-Kreis, Ecke Rathausgasse/Wenzelgasse: »Haus der vier Gekrönten« aus dem letzten Drittel des 16. Jh.s. Benannt nach den mit einer Krone versehenen plastischen Figuren an den Kragsteinen des steinernen Untergeschosses. Typisches Beispiel des mitteldeutsch-fränkischen Fachwerkbaus, sowohl im Hauptbau als auch in dem in der Gestalt eines kleinen Hauses vorgesetzten Vorbau. Verschalung der Gebälkzone mit profilierten Bohlen, in die Eckständer eingeschnitzte Taustäbe.

137 Seeheim, Kr. Darmstadt-Dieburg: Rathaus, erbaut 1599. Es gehört zu den frühen Beispielen der Verschalung der Balkenköpfe und der Profilierung von Schwelle und Rähm. Das Band des Gebälks zieht so ohne Unterbrechung – ohne das Staccato der Balkenköpfe – rund um den Bau.

138 Bacharach, Kr. Mainz-Bingen, Am Markt 61: »Altes Haus« von 1568. Vier Giebel und ein Eckerkertürmchen mit polygonalem Spitzhelm geben dem Haus das romantische Aussehen, das den historisierenden Fachwerkbau um die Jahrhundertwende inspirierte.

139 Herborn, Kr. Wetzlar-Dillenburg: Haus Bast am Kornmarkt, erbaut 1594, 1911 freigelegt. Auffallend die Durchfensterung der Giebelseite. Flachschnitzerei an Ständern und am abstützenden Bug unter der auskragenden Ecke des zweiten Oberstocks mit der Reliefdarstellung eines Löwen. ▷

137 △

138 ▽

141 △ 142 ▽

△ 143 Berkach, Kr. Groß-Gerau: Rathaus von 1597. Es ist das kleinste der zahlreichen Rathäuser in Fachwerk an der Bergstraße und im hessischen Ried. Auch das Untergeschoß noch in (schlichtem) Fachwerk. Unter- und Oberstock bestehen aus je einem großen (Saal-)Raum, dem ein schmaler Querraum für die Treppenflure angefügt ist.

◁ ◁ 140 Weinstadt-Strümpfelbach, Kr. Waiblingen: Rathaus von 1591 mit offener Halle unter dem weit vorgezogenen Oberstock. Dreifache Rähme zur Überbrückung des Abstandes zwischen den freistehenden Ständern. Das Fachwerk ist eine Mischung aus fränkischen und alemannischen Elementen.

◁ △ 141 Uffenheim, Kr. Neustadt/Aisch-Bad Windsheim, Würzburger Straße 3: Der Scherenhof von 1571. Außer schrägen Streben im ersten Dachgeschoß Zierstreben in der Form von mit Nasen besetzten Feuerböcken.

◁ 142 Bretten-Bauerbach, Kr. Karlsruhe: Rathaus von 1585 mit weit vorkragendem Giebel auf kräftigen, nach zwei Seiten verstrebten Ständern, im Oberstock der einstige Bürgersaal. Fränkische Erker, auch das Fachwerk rein fränkisch.

144 Fulda, Kr. Fulda, Unterm Hl. Kreuz 10: Das Alte Rathaus. Die steinernen Spitzbogenarkaden im Erdgeschoß vermutlich aus dem letzten Viertel des 16. Jh.s. Aus dieser Zeit auch die Fachwerkgeschosse. Restaurierungen im 17. Jh. und in neuerer Zeit. Grundlegende Restaurierung Ende der 60er Jahre. ▽

ALFONS RYNA

◁ 145 *Prichsenstadt, Kr. Gerolzhofen: Der ehem. kaiserliche Freihof von 1592. Fränkische Erker mit Schreckköpfen, enges Zierstrebenwerk unterhalb des durchlaufenden Brustriegels.*

△ 146 *Nassau, Rhein-Lahn-Kreis: Ehem. Adolzheimer Hof, (seit 1912) Rathaus. Erbaut 1607–09 von Adam Freiherr von und zum Stein, nach Kriegsende wiederhergestellt, die Erker in ihrem oberen Teil neu.*

147 *Tauberbischofsheim, Main-Tauber-Kreis: Das Jägerhaus beim ehem. kurmainzischen Schloß (1609). Renaissance-Fenstererker im Oberstock mit geschnitztem Gewände und reichem Brüstungsschmuck.* ▷

148 *Forchheim, Kr. Forchheim, Hornschuchallee 32: Ehem. Gasthaus Zum Schwarzen Adler, jetzt Brauhaus-Bräustübl. An der Ostseite Jahreszahl 1604. Die zum Fries gereihten, mit Nasen besetzten Feuerböcke in der Brüstung des Oberstocks sind typisch für die späte Renaissance und für Forchheim. Kräftige Ständer mit zur Knagge verkümmerten Kopfstreben.* ▷ ▷

149 Camberg, Detail von Abb. 150, reiche Schnitzerei an einem Erker des ehem. Amtshofs.

150 Camberg, Kr. Limburg-Weilburg, Obertorstraße: Ehem. Amtshof, eine weiträumige, vielgestaltige Anlage um einen großen Hof. Der älteste Teil des Amtshofs ist das Herrenhaus von 1608 (links). Die anschließenden Gebäude mit doppelstöckigen, mit reichem Zierat versehenen Erkern. Rechts die um 1650 durch Ausbau einer Scheune entstandene Hohenfeldsche Kapelle.

151/152 Alsfeld, Vogelsbergkreis, Markt 6: Stumpfhaus von 1609. Zwei Beispiele für aus dem Eckständer herausgeschnittene Figuren, Abb. 152 die als Portrait verstandene Darstellung des Bürgermeisters Josef Stumpf.

153 *Bad Sooden-Allendorf, Werra-Meißner-Kreis, Kirchstraße 29: Haus Bürger, erbaut 1639. Aufwendiger, stolzer Bau mit vorzüglich durchgebildetem Zimmerwerk. In der dichten Ständerstellung und der Auflösung der oberen Stockwerke in Fenster niederdeutsch geprägt.* ▽

154 *Grünsfeld, Main-Tauber-Kreis: Rathaus (ab 1579). Fachwerk mit reichem Dekor in den Brüstungszonen. In einem Brüstungsfeld des Turmes die Jahreszahl 1620. Im Kontrast von massivem (schwerem) Unterbau und fein differenziertem Oberbau ein bemerkenswertes Rathaus der deutschen (späten) Renaissance, im Fachwerk von rein fränkischer Art.* ▷ △

155 *Detail des Treppenturms von Abb. 154* ▷

Hotel-Deutsches-Haus
Altdeutsches Restaurant
Hotel

Colorarbeiten, Ansichtskartenverlag, Filme, Reiseandenken,
Paßbilder
DIAS
FILME
Kodak

◁ ◁ 156 Dinkelsbühl, Kr. Ansbach, Weinmarkt: Fachwerkfront des Deutschen Hauses der Grafen von Trechsel-Deufstetten, um 1600; heute Hotel, einer der wenigen Bauten, in denen sich die Renaissance in einem Fachwerkbau rein verwirklicht hat. Für den plastischen Dekor des Hauses stand die Steinarchitektur der Zeit Pate. Bundständer und die Ständer zu Seiten der großen Fenster (ursprünglich wohl Aufzugsluken) sind als Hermen gebildet. Das Strebenzierwerk ist fränkischer Art.

◁ 157 Bad Wimpfen, Kr. Heilbronn, An der Badgasse: Das Gorjupinsche Haus, um 1600. Kleines Handwerkerhaus, Stockwerkzimmerung, profilierte Gebälkzone und typisch fränkische Zierstreben.

158 Limburg, Kr. Limburg-Weilburg, Nonnenmauer 7: Haus, gemäß Inschrift 1584 erbaut. Das Fachwerkgeschoß mit einem mächtigen welschen Giebel und fast ebenso großem Zwerchhaus erhebt sich über einem massiven Untergeschoß. Die reiche Gliederung aus gebogenen Streben, Andreaskreuzen, Rauten und Kreisen weist zusätzlich figürliche Schnitzereien auf. ▷

159 Nürtingen, Kr. Esslingen, Marktstraße 5: Haus von 1578 (Jahreszahl am Eingang). Mehr von fränkischen als von alemannischen Elementen bestimmtes Fachwerkgefüge. ▷

160 Boppard, Rhein-Hunsrück-Kreis, Oberstraße 90: Haus von 1651. Weit vorkragendes Obergeschoß, von frei stehenden Ständern unterstützt. Reicher Dekor in den Brüstungen der Traufenseite und an den beiden fränkischen Erkern. Fachwerk und Dekor weitgehend (perfekt) erneuert.

161 Mosbach, Neckar-Odenwald-Kreis, Marktplatz 46: Das Palmsche Haus von 1610, Spätphase der Blütezeit des fränkischen Fachwerkbaus. Einfache und doppelte (fränkische) Fenstererker, in den Brüstungen fast eine Mustersammlung von Zierstrebenwerk. Spätform des Mannes mit S-förmiger und mit Nasen besetzter Gegenstrebe. Die Dichte des Hölzerwerks erinnert an oberfränkische Bauten des späten 17. Jh.s. ▷

Anton
Palm
Lieferverkehr
frei
Fußgängerzone

162 Bernkastel-Kues, Kr. Bernkastel-Wittlich: Eingang in die Römerstraße mit den flankierenden Bauten Markt 9 und 10. Erker im zweiten Oberstock mit in die Konsolen eingeschnittenen Köpfen. Das Strebenwerk ist hier zum rein dekorativen Flächenornament geworden. Im Haus rechts Profilierung der Gebälkzone und in die Eckständer eingeschnittene Taustäbe.

163 Lich, Kr. Gießen, Kirchplatz 4: Haus Textor, erbaut 1632, heute Museum. Ein schmaler dreigeschossiger Bau mit sechsteiligem Fenstererker in den beiden oberen Stockwerken. Nur die Gefache an den Ecken bleiben frei für einen halben Mann. Reiche Schnitzereien an den Fensterstielen, an Brustriegel, Balkenköpfen und Füllhölzern. Schönes Beispiel für das Fachwerk der späten Renaissance.

164 Rachelshausen, Kr. Marburg-Biedenkopf: Fachwerkkirche von 1680. Wie ein Wohnhaus in Stockwerkzimmerung errichtet, im Strebenwerk barocke Elemente fränkischer Art mit stark gespreizten Fußstreben, für die krummwüchsige Hölzer – in der Mitte aufgesägt und spiegelbildlich angeordnet – verwendet worden sind.

163 △ 164 ▽

165 Trais-Münzenberg, Wetteraukreis: Fränkisches Gehöft (Dreiseithof) aus dem späten 17. Jh. Breites Tor als Wageneinfahrt und schmale Pforte für Fußgänger. Links vom Hoftor das Altenteil, das Wohnhaus rechts mit (fränkischem) Fenstererker, Fußstreben aus krummwüchsigen Hölzern und Flachschnitzereien an Eckständern und Fenstererkern.

166 Eschwege, Werra-Meißner-Kreis, Stad 44: Das sog. Raiffeisenhaus (früher »Krone« genannt). Reiche ornamentale und figürliche Schnitzereien an den Eckständern, in der Gebälkzone und an den Streben. Im Eckständer des ersten Oberstocks eingeschnittene Figur eines »Edelknaben«. Er soll dem Haus den früheren Namen gegeben haben. Der Bau ist vom gleichen Zimmermann errichtet, der das Alte Rathaus baute; auch der Bildschnitzer soll für beide Bauten der gleiche sein. Das Haus wurde 1679 gebaut, das oberste Geschoß und das Dach im Biedermeier aufgesetzt und das Haus verputzt. 1923 wiederhergestellt und vom Putz befreit.

167/168 Zwei Detailaufnahmen zu Abb. 166: links der »Edelknabe« an einem Eckständer des Raiffeisenhauses, rechts eine Figur an einem Eckständer des Hauses Marktplatz 20. Flachschnitzerei auf Füllhölzern und Streben, groteske Tierfiguren am Kopf der Ständer. ▷

Zu Seite 123
169 Weismain, Kr. Lichtenfels, Hauptstraße: Fränkisches Zierstrebenwerk auf der Schauseite einer Reihung von zweigeschossigen Giebelfachwerkhäusern mit massivem Erdgeschoß

Georg Wündisch
MILCH · LEBENSMITTEL
Fisch
INH. ANNA WOLF
16-93

170 Calw, Kr. Calw, Ledergasse 39: Wohn- und Handelshaus von 1694, das größte und aufwendigste der alten Calwer Bürgerhäuser. Das Fachwerk hat mitteldeutschen Charakter, es fehlt auch nicht der fränkische Erker.

171 Burgkunstadt, Kr. Lichtenfels: Rathaus. Auf die Mauern eines abgebrannten Steinbaus wurden 1689–90 durch den Zimmermeister Jörg Hofmann aus Zeil ein Fachwerkgeschoß und das Dachgeschoß mit den hohen Giebeln gesetzt, von denen der eine verschiefert ist. Ein konsequenter Versuch, das Streben des Barock nach kraftvoller plastischer Form in einem Fachwerkbau zu verwirklichen.

172 Nordheim vor der Rhön, Rhön-Grabfeld-Kreis: Das ehem. Zehnthaus von 1681. Das Interessanteste an dem Haus sind die naiven, flachplastischen Darstellungen in der Brüstung des Straßengiebels.

173 Nordheim vor der Rhön, Rhön-Grabfeld-Kreis: Darstellung des Sündenfalls in einem Brüstungsfeld des Zehnthauses von 1681, ursprünglich wohl bemalt (Detail zu Abb. 172)

173 △

174 Tauberbischofsheim, Main-Tauber-Kreis: Flachplastische Darstellung in der Brüstung der Traufenseite des Hauses Hauptstraße 21 von 1678, ein süddeutsches Pendant zur Darstellung jener fischschwänzigen Wesen, wie man sie im niederdeutschen Raum, u. a. am Markt in Einbeck und im besonderen in Wiedenbrück und Umgebung findet.

175/176 Schnitzereien an Eckständern: Links im ersten Oberstock der »Alten Kaserne« (1686) in Riedlingen, Kr. Biberach, rechts am Haus Hersfelder Gasse 9 (2. Hälfte 17. Jh.) in Alsfeld, Vogelsbergkreis

174 ▽

177 Forchheim, Kr. Forchheim, Wiesentstraße 10: Alte Mühle von 1698. Über hohem massiven Erdgeschoß Oberstock und Giebel in Fachwerk mit dem gerade für Forchheim typischen Zierstrebenwerk – Fries aus mit Nasen besetzten Feuerböcken in der Brüstungszone. Der Eckständer durch Flachschnitzerei betont.

178 Heppenheim, Kr. Bergstraße: Rathaus. Das massive Erdgeschoß von 1551, die Fachwerkobergeschosse mit dem aus dem breiten Mittelerker aufsteigenden, hohen Glockenturm und den beiden Erkern in den Jahren nach der Brandschatzung durch die Franzosen 1693 wieder aufgebaut. Im Erdgeschoß eine große Säulenhalle. Starke Durchfensterung der Wände der oberen Geschosse, in den Brüstungen das Zierstrebenwerk des späten Barock.

179 Grebenhain, Vogelsbergkreis: Die Teufelsmühle im Ortsteil Ilbeshausen-Hochwaldhausen, erbaut 1683. Der Schöpfer dieses herausragenden Fachwerkbaus war der Zimmermeister Hans Muth aus Lauterbach, von ihm stammt auch das gleichzeitige »Edelhaus« in Crainfeld. Überaus reiches Zierstrebenwerk, außergewöhnlich die aufgeblatteten Sturzriegel des Erdgeschosses und die in den schmalen Gefachen darüber angebrachten feinen Zierstreben sowie die kurzbeinigen »Männer«.

180 Großhabersdorf, Kr. Fürth: Gasthof Rotes Roß. Einst Fürstenherberge und schon Mitte des 15. Jh.s erwähnt. Der jetzige Bau aus dem Jahre 1697. Wie ein netzartiges Gespinst überzieht das Strebenwerk die Wände, die konstruktiv notwendigen Hölzer des Gefüges überspielend. Einer der westlichsten Ausläufer des für Oberfranken (und Teile des Egerlandes) so typischen dichten Zierstrebenwerks bei den Bauten des 17. und 18. Jh.s.

181 Weismain/Oberfranken, Hauptstraße: Fränkisches Zierstrebenwerk. Erdgeschoß aus Sandsteinquadern. Über dem Rundbogen die Jahreszahl 1693.

182 Wanfried, Werra-Meißner-Kreis, Marktstraße 20/22: Gasthof (Hotel) Zum Schwan. Über größtenteils massivem Untergeschoß mit einem von Hermenpilastern (teils ergänzt) flankierten Portal (bez. 1690) zwei Fachwerkgeschosse und ein zweistöckiger Fachwerkerker an der Ecke zum Steinweg. Gruppenbildung im Fachwerk in der Verbindung älterer und jüngerer (barocker) Verstrebungsfiguren. Spätstufe der Leiterbrüstung im zweiten Oberstock.

183 Hersfeld, Kr. Hersfeld-Rotenburg, Kirchplatz 2: Evangelisches Pfarrhaus von 1714. Ein dreistökkiger, hoher Bau mit Zwerchhaus in der Symmetrieachse. »Männer« an den Bundständern und halbe »Männer« an den Eckständern. Eckständer und Stockwerksnähte mit sparsamer plastischer Gestaltung.

184 Scheßlitz, Kr. Bamberg: Das Dillingsche Haus (Nr. 17), erbaut 1692 als Zunfthaus der Brauer und Küfer von dem Zimmermeister Jörg Hofmann aus Zeil. Ein in ungewöhnlich reicher Plastik durchgebildetes Obergeschoß in Fachwerk mit sieben Feldern, im mittleren ein Erker unter welscher Haube. Die gleichen flaschenförmigen Säulen mit korinthischem Kapitell wie beim Rathaus in Burgkunstadt.

185 Harmuthsachsen, Werra-Meißner-Kreis: Ehem. Burghof der Herren von Hundelshausen, der Forsthof mit einem erkerartigen, dreistöckigen Vorbau und einem Eckerker

186 Reutlingen, Marktplatz: Nebengebäude des vormaligen Spitals. Das Gebäude schloß einst den großen Hof des Spitals nach Süden ab. Beim Stadtbrand von 1726 wurde es weitgehend zerstört, bis 1731 durch den Stadtwerkmeister Andreas Bardtenschlager wiederaufgebaut. Heute vom Friedrich-List-Gymnasium genutzt.

187 Mönchbruch, Kr. Groß-Gerau: Das ehem. Jagdschloß, 1729 von Helferich Müller errichtet

188 Hofseite des ehem. Jagdschlosses Mönchbruch

189 *Hünfelden-Kirberg, Kr. Limburg-Weilburg, Burgstraße 38: Das seit dem 19. Jh. als Rathaus und heute als Museum genutzte, schlichte Fachwerkgebäude wurde im späten 18. Jh. anstelle eines Burgmannenhofes als Adelshof erbaut. Beachtenswert ist die im Ort typische Oberlichttür in frühklassizistischen Formen mit Pilastern und Beschlägen.*

190 *Duderstadt, Kr. Göttingen: Ehem. Stadtschule an der Propsteikirche St. Cyriakus von 1767, heute Heimatmuseum. Typische Merkmale des Fachwerkbaus dieser Zeit: Reduktion des Fachwerkgefüges, Doppelständer, nur kurze Fußstreben in der Brüstungszone, Streben in halber Wandhöhe an den Eckständern, schwach profiliertes Brett über den Balkenköpfen.*

191 Rhens, Kr. Mayen-Koblenz, Hochstraße 20: Haus »Im Marienbiltchen« von 1734 mit einer Marienstatue in der Brüstung des von zwei figürlichen Bügen abgestützten Erkers. Reiches Zierstrebenwerk in den Formen des späten Barock.

192 Ingoldingen-Winterstettenstadt, Kr. Biberach: Der ehem. Halderssche Hof nach seinem Umbau in den frühen 70er Jahren. Der Hof stammt vermutlich aus dem ersten Viertel des 18. Jh.s. Ein Vergleich mit niederdeutschen großen Hallenhäusern aus dem Artland drängt sich auf. Die Winkelbänder an den Füßen der Eck- und Bundständer sind eine Abwandlung geknickter Knaggen. Doppelt geschweifte Brüstungsstreben. Die durchlaufenden Brust- und Sturzriegel ein Relikt alemannischen Fachwerkbaus, die dreiviertel- und wandhohen Schrägstreben mitteldeutsch. Der Hof dient heute als Dorfgemeinschaftshaus.

193 Meschede-Eversberg, Hochsauerlandkreis: Rathaus aus der Zeit um 1750. Einstöckiger Fachwerkbau auf massivem Unterbau mit Freitreppe, hohem Mansarddach mit kleinen Gauben. Flacher Zwerchgiebel über dem Eingang. Stärkere Eckständer, nur wenige gerade, bis zum Sturzriegel gehende Streben. Stiele und Riegel teilen die Wand in fast gleichgroße, gedrungene Rechtecke.

194 Monschau, Kr. Aachen: Haus eines Textilfabrikanten. Nüchterner Zweckbau aus der 2. Hälfte des 18. Jh.s.

195 Fritzlar, Schwalm-Eder-Kreis: Ostseite des Marktes mit dem den Markt beherrschenden gotischen Kaufhaus aus der 2. Hälfte des 15. Jh.s (Markt 4). Zur Eigenart dieses Hauses gehört neben den auf der Innenseite mit einer Nase besetzten, viertelkreisförmigen Fußstreben der turmartige, mit einem spitzen Helm gekrönte Erker.

196 Limburg, Kr. Limburg-Weilburg, Schiede 9: Haus, datiert 1904. Das historische Fachwerk wurde in den 80er Jahren nach Farbbefund restauriert. Es steht in markanter Position am Eingang der Neustadt nahe der neuen Lahnbrücke.

197 Herbstein, Vogelsbergkreis: Rathaus und Ratsschenke, nach dem Stadtbrand von 1907 in überlieferten Formen, aber schwächer dimensionierten Hölzern erbaut

198 Wanfried, Werra-Meißner-Kreis: Das sog. Schlagdhaus, Schlagdstraße 33 (rechts), ein altes Speicherhaus an der Werra. Untergeschoß aus dem 16., zwei Fachwerkgeschosse wohl Mitte des 17. Jh.s. Leiterbrüstungen, die nach Thüringen hinüberweisen. Der mächtige Bau links wurde 1919/20 in historisierendem Fachwerk errichtet.

199 Marktzeuln, Kr. Lichtenfels, Im Flecken 57/59: Ehem. Gasthaus aus dem 18. Jh. Haus mit überaus reichem Zierstrebenwerk im Oberstock.

200 Marburg, Steinweg 8: Eklektizistischer Fachwerkbau um 1900

201/202 Straßburg: Kammerzellsches Haus, Erdgeschoß von 1465, Obergeschosse von 1589. »Kunst am Bau« überspielt die Fassade. Starke Profilierung der Gebälkzone, durchgehende Reihen kleingeteilter Fenster. Die starken Eckständer, vom Programm der plastischen Darstellung her, herausgehoben. Glaube, Hoffnung, Liebe in Symbolgestalten, an der Traufenseite erscheinen Helden und berühmte Frauen des Altertums, unter den Fenstern musizierende Putten.
Das Kammerzellsche Haus ist zwar ein Grenzfall, aber doch ein Höhepunkt des Fachwerkbaus.

203 Saverne/Lothringen, Grand'Rue Nr. 80: Haus Katz von 1605, Anbau von 1658 – ein Haus ganz im Geist der späten Renaissance mit einer Überfülle flachplastischen und figürlichen Schmucks

204 Saverne/Lothringen, rue des Eglises 6: Haus mit doppelstöckigem Eckerker und typisch fränkischem Brüstungsschmuck des frühen Barock – Zierstreben in Form des mit Nasen besetzten Feuerbocks.

◁ 205 *Marcigny/Bourgogne: Fachwerkhaus aus dem Anfang des 17. Jh.s. Das erste Stockwerk auf breiten Pfeilern einer ursprünglich wohl offenen Halle. Dichte Balkenlage auch des zweiten, nach zwei Seiten auskragenden Oberstocks. Kräftig dimensionierte Eckständer, dichte Stellung auch der Wandstiele; alle Gefache, die keine Fenster haben, mit halbwandhohen Schrägkreuzen verstrebt.*

206 *Amriswil-Oberaach, Kanton Thurgau: Einer der stattlichsten Fachwerkbauten dieses Kantons, der »Goldene Löwe« von 1711, auch Haus Häberli genannt. Ursprünglich als Wohn- und Gerichtshaus erbaut, 1927 durchgreifend renoviert.*

207 Oberseebach bei Weißenburg/Elsaß: Dorfstraße mit Anwesen annähernd gleicher Besitzgröße

208 und 209 Zwei Bauernhäuser des 18. Jh.s in Gambsheim/Elsaß mit den für die Region typischen Klebedächlein und Giebellauben

210 Colmar/Elsaß, rue des Marchands: Häuser des 15. bis 17. Jh.s

211 Riquewihr/Elsaß: Haus vom Ende des 16. Jh.s, Besitzer A. Schusnel. Rein fränkisches Fachwerk mit Feuerbock, rheinischer Strebe und dem »Mann« in seiner klassischen Form. Charakteristisch für das Elsaß sind die mehrgeschossigen Erker, durch Steinkonsole oder freistehende Säule abgestützt.

212 Straßburg: Die zwischen der Thomasbrücke und den gedeckten Brücken an der Ill stehenden Fachwerkhäuser tragen zu dem besonderen Reiz des Altstadtviertels »Petite France« bei. Auffallend sind die alten Schleppgaupen und die Segmentbogen-Fenstergalerien über relativ schlichten Verstrebungen.

213 Dijon/Bourgogne, rue de la Liberté/rue Bossuet: Häusergruppe mit dem für die westliche Mitte Frankreichs charakteristischen Fachwerk. Alle Wandflächen außerhalb der Fensteröffnungen mit verschieden hohen Schrägkreuzen überzogen; starke Auskragung nach beiden Straßen zu, Steilgiebel mit Firstpfettenkonstruktion. Das Fachwerk weitestgehend im ursprünglichen Zustand.

215 Dingelsdorf, Kr. Konstanz, Ecke Schiff- und Fließhornstraße: Ehemaliges Gästehaus der Mainau, erbaut vom gleichen Zimmermann, der auch das Kudermannsche Haus in der Brotgasse errichtete. Man sieht das u. a. an der etwas derben plastischen Gestaltung der Eingänge und des Schwebegiebels in Renaissanceformen. Das Hölzerwerk ist noch mit dem Breitbeil aus Eichenstämmen des nahen Bodanrückens bearbeitet. Renovierung des Hauses 1974. ▷

214 Bermatingen bei Überlingen: Bodenseehaus, Vielzweckbau

Der niederdeutsch-sächsische Fachwerkbau

◁ 216 *Rathaus in Frankenberg, Eder in der Ansicht vom Obermarkt aus. Die Erkertürmchen mit den spitzen Dachhelmen atmen noch mittelalterlichen Geist.*

217 *Frankenberg, Eder, Kr. Frankenberg-Waldeck: Rathaus, erbaut ab 1509, Ansicht vom Untermarkt aus (Ansicht vom Obermarkt s. Abb. 216). Rein konstruktives Wandgerüst aus starken Hölzern und geraden Streben. Die hohe Halle des Untergeschosses in Ständerbauweise hat eine Höhe von fast sechs Metern. Niederdeutsch ist die Ausmauerung der Gefache mit Ziegel. Die Fachwerkwände wurden erst 1935 freigelegt.* ▷

218 Braunschweig, Hinter der Magnikirche 1: Haus, 1916 von Ölschlägern 29 hierher übertragen. Front der beiden Untergeschosse um 1510, 1645 vom zweiten Oberstock an völlig neu aufgebaut. Aus dieser Zeit auch das Zwerchhaus mit dem Windeerker.

219 Braunschweig, Hinter der Magnikirche 4: Die ehem. Ulricipfarre von 1514

221 Goslar, An der Gose 31: Das älteste erhaltene Haus in Goslar vom Ende des 15. Jh.s. Über Erd- und Zwischengeschoß ein stark vorkragender Speicherstock und ein noch weiter vorkragendes Dachgeschoß. Drei Gefache der ursprünglichen Däle sind als Laden erhalten. An der Schwelle der Treppenfries, die Fußstreben unter der Fensterlatte friesartig gereiht. Die Buckelstreben im Wohnteil des Erdgeschosses nachträglich eingesetzt. ▷

220 Braunschweig, Alte Knochenhauerstraße 11 (links) und 12: Das 1470 erbaute Haus links verkörpert den ältesten Bestand Braunschweiger Fachwerkbauten. Fünf Spann (Gefache) eines ursprünglich 19 Spann langen Gebäudes. Auffällig sind die vielfach gekerbten Knaggen und der tief eingeschnittene Treppenfries.

222 Braunschweig, Alte Knochenhauerstraße 13: Haus, Ende 15. Jh. In seinem konstruktiven und ornamentalen Bestand relativ wenig durch spätere Eingriffe geschädigt. Erbauer Hans Haverland, Ratsherr und Bürgermeister. Steinwand im Erdgeschoß 17./18. Jh. Zwerchgiebel um 1700.

224 Hornburg, Kr. Wolfenbüttel, Am Knick 1: Das sogen. »Stelzenhaus« von 1609 mit seiner weit vorkragenden Giebelwand, die nur durch freistehende Ständer statisch gesichert werden konnte. Im Erdgeschoß entstand so eine Laube.

225 Olsberg-Assinghausen, Hochsauerlandkreis: Alter Speicher am Kirchhügel, der einst zu einem großen Hof gehörte. Über einem tonnengewölbten Keller zwei Geschosse in Bruchstein mit schießschartenähnlichen Lichtöffnungen. Darüber ein um Balkenstärke auskragender Fachwerkstock. Nach Schepers ist der Speicher 1556 datiert.

226 Duderstadt, Kr. Göttingen: Rathaus. Der heutige Bau aus dem 16., der Kernbau aus Sandstein noch aus dem 13. Jh. Die Laube mit den drei Rundbogenöffnungen und die Treppe zur Marktstraße 1532–33 von Meister Valentin Colst aus Nordhausen, Fachwerkgeschosse mit den drei turmartigen Erkern und deren verschieferten Helmen von Zimmermann Hans Weske. Das Schutzdach über der Treppe von 1673. ▷

223 Goslar, Schreiberstraße 12: Außenansicht und Innenhof des Siemenshauses. Ungewöhnlich für den niederdeutschen Raum ist die Verstrebungsfigur des »Wilden Mannes« in der Hofansicht rechts.

227 Schwalenberg/Lippe: Rathaus, Hauptbau von 1579, linker Anbau von 1603, rechter Anbau von 1908

GASTHOF RURBLICK

◁ 228 *Monschau, Kr. Aachen: Fachwerkensemble an der Rur*

229 Rheda-Wiedenbrück, Kr. Gütersloh, Markt 11: Fassade des Ratskellers von 1560 im Stadtteil Wiedenbrück nach der Langen Straße zu. Beim Umbau zu einem Hotel im Jahre 1966 wurde dieser Teil des Ratskellers unter Verwendung von Bauelementen abgebrochener Bürgerhäuser aus Wiedenbrück und Umgebung stark verändert, aber doch in eine akzeptable neue Gestalt gebracht, die sich den erhaltenen Wiedenbrücker Fachwerkbauten gut einpaßt. ▷

230 Goslar, Hoher Weg 1: Das »Brusttuch«, 1521 von einem reichen Bergwerks- und Hüttenbesitzer erbaut, heute Hotel. Über massivem Erd- und Zwischengeschoß ein Speicherstock in Fachwerk, der 1526 aufgesetzt oder zu dieser Zeit von Simon Stappen aus Braunschweig am Giebel und der Seite zum Hohen Weg hin mit figürlichen und ornamentalen Schnitzereien versehen wurde.

231 Braunschweig, Burgplatz 2/2a: Handwerkskammer (links) und Gildehaus, das ehem. Huneborstelsche Haus. Erstere ist das ehem. Adelspalais des Achatz von Veltheim, 1573 errichtet. Gildehaus oder Huneborstelsches Haus 1556 erbaut und 1901 von Sack 5 hierher versetzt. Jetziges Portal (1901) anstelle des im 18. Jh. zerstörten Originals. Plastische Zier von Simon Stappen.

232/233 Detailaufnahmen vom plastischen Dekor des Gildehauses (Abb. 231) von 1556. Putten mit Engelsflügeln reiten auf Delphinen mit Eselskopf, fischschwänzige Wesen spielen oder streiten miteinander. Ebenso skurrile Gestalten auf seltsamen Podesten sind aus den Ständern herausgearbeitet: Bauern, ein Briefbote, eine Heilige, heidnische Planetengötter. ▷

◁ *234 Hornburg, Kr. Wolfenbüttel, Vor dem Vorwerkstor 20: Haus von 1566 mit friesartig gereihten Fächerrosetten in den Brüstungszonen und Schriftbändern auf den Schwellen – auf der obersten Schwelle im Wechsel mit einer Abwandlung des Laubstabes. Das Erdgeschoß trotz Verwendung als Laden noch nicht aufgebrochen.*

235 Hameln, Osterstraße 8: »Stiftsherrenhaus«, vermutlich von Ratsherr Friedrich Poppendieck 1556–58 erbaut. Ursprünglich besaß das traufständige Fachwerkhaus sogar vier Stockwerke. Bemerkenswert die figürlichen Schnitzereien auf den Balkenköpfen (Gottvater, Christus, Apostel, David, Simson, Kain u. Abel, antike Planetengottheiten) sowie die beiden Beischlagwangen mit welschen Giebeln der Haustür.

◁ 236 Höxter, Kr. Höxter, Marktstraße 21: Detail der ehemaligen Dechanei von 1561. Die aus einem größeren und einem kleineren Haus zusammengesetzte Dechanei ist ein schönes Beispiel für das Schmuckmotiv der Fächerrosette. Sie tritt meist in Verbindung mit Taustäben oder in einer Verbindung von Taustab und Schiffskehle (wie hier) auf der Unterseite der Schwelle und den Füllhölzern auf.

237 Eine der Windeluken am Haus Güldenstraße 7 (Detail zu Abb. 238) mit – nach Fricke – entstellenden Zutaten im Giebel

238 Braunschweig, Güldenstraße 7: Haus zur Hanse, angeblich 1567, Restaurierung 19. Jh. Das Haus wurde im Jahre 1863 »mit Spitzgauben am Dach und einem Übermaß zusätzlichen Zierats im Holzwerk der Front versehen, das dessen historischen Gehalt fast überstimmt« (Rudolf Fricke).

△ 240

△ 241

▽ 242

△ 239

△ 243

△ 246

△ 244

▽ 245

239 Osnabrück, Krahnstraße 7: Das Willmannsche Haus von 1586 mit großen Fächerrosetten, deren vollrunde Innenform von Perlschnüren, Taubändern und Zahnschnitten umgeben ist.

240 Renaissance-Dekor an niederdeutschen Fachwerkbauten. Brüstungs- und Gebälkzone des Hauses Kreuzgasse 1 von 1612 in Goslar: Fächerrosetten verschiedener Form auf den Brüstungsbohlen, Rechteckornamente auf den Ständerfüßen.

241 u. 244 Rheda-Wiedenbrück, Kr. Gütersloh, Markt 11: Tiergrotesken auf den viertelkreisförmigen Fußstreben des Ratskellers von 1560 im Wohngiebel zum Markt (Stadtteil Wiedenbrück) (Detail zu Abb. 229)

242 Detail zu Abb. 239. Schwellen- und Brüstungsdekor des Willmannschen Hauses von 1586.

243 Bad Salzuflen, Kr. Lippe, Lange Straße 33: Detail. Reliefhafter Dekor überspinnt Ständer, Riegel und Brüstungen.

245 Detailaufnahme vom Gasthaus »Alt Lemgo« (s. Abb. 247). Zeittypischer Dekor in flachem Relief an Ständern, Gebälken, Riegeln und Brüstungen.

246 Langenberg, Kr. Wiedenbrück: Haus Aussel (an der Straße Wiedenbrück-Langenberg), 1580. Hervorragende Schnitzereien an Schwellen, Füllhölzern und Ständerfüßen.

248 Goslar: Das »Brusttuch«. Plastischer Dekor am Giebelerker, Detail zu Abb. 230.

247 Lemgo, Kr. Lippe, Mittelstraße 17: Gasthaus »Alt Lemgo« von 1587. In immer neuen Variationen werden Fächerrosette oder Rankenmotive abgewandelt, daneben humanistischer Bildung entstammende Motive in derb-ursprünglicher Gestaltung.

249/250 Paderborn, Hathumarstraße 7: Das sog. Adam-und-Eva-Haus, Ende 16. Jh. Details der figürlichen und ornamentalen Schnitzereien in den Brüstungszonen.

◁ 251 Alfeld a.d. Leine, Kr. Alfeld: »Altes Seminar«, Südwestecke mit dem Portal in der westlichen Traufenseite

252 Rheda-Wiedenbrück, Kr. Gütersloh, Wasserstraße 19: Tor eines Hallenhauses von 1656 (im Stadtteil Wiedenbrück). Die Herme, ein beliebtes Motiv des 17. Jh.s, ist hier zart, fein und zierlich gebildet. Feingliedrig auch die Metall- oder Beschlagwerkornamente in den Zwickeln des Torgewändes und die Engelsfigürchen über den Hermen. ▽

253 Einbeck, Kr. Northeim, Marktstraße 16: Haus von 1653 mit reicher, farbig gefaßter Schnitzerei auf der Schwelle des stark auskragenden Oberstocks, den Ständerfüßen und am Deelentor – Abwandlungen der Fächerrosette und Sinnzeichen. In Erd- und Zwischengeschoß ist manches späteren Veränderungen zum Opfer gefallen. ▷

254 Herzberg, Kr. Osterode: Schloß, heute Amtsgericht, nach Kriegsschäden 1948–67 gründlich wiederhergestellt. Das Bild zeigt links den die Nordwestseite begrenzenden »Sieberflügel«, 1648–60 erbaut mit zwei Fachwerkgeschossen über massivem Erdgeschoß. Der zweigeschossige Flügel rechts, der »Graue Flügel«, diente ursprünglich als Jagdschloß; er wurde 1861 in den Formen des späten Klassizismus neu erbaut. In der Ecke beider Flügel der Schloß- oder Uhrturm mit drei Fachwerkgeschossen, welscher Haube und reicher figürlicher Plastik an den Ständern.

255 Bevern, Kr. Holzminden: Nordostecke vom Innenhof des 1603–12 erbauten Schlosses, einem Vierkantbau in den Formen der Renaissance. Der Oberstock in Fachwerk ist den Formen des Erdgeschosses in Stein angepaßt. Eine neuere Restaurierung hat den alten Zustand wiederhergestellt.

◁ 256–258 *Einbeck, Kr. Northeim: Ausschnitte aus der Gebälkzone von Einbecker Häusern des 16. und 17. Jh.s mit ihrem so verschiedenen, teils farbig gefaßten, flachplastischen Dekor auf Schwellen und Ständerfüßen. Keine Füllhölzer, sondern Windbretter zwischen den Balkenköpfen.*

259/260 *Einbeck, Kr. Northeim, Marktstraße 13/ Ecke Knochenhauerstraße: Das »Eickesche Haus« vom Anfang des 17. Jh.s. Die fast freiplastischen Reliefs entstammen der antiken und biblischen Welt.*

261 Schaumburg, Kr. Grafschaft Schaumburg: Höhenburg der Fürsten zu Schaumburg-Lippe. Unterhalb des erhaltenen Renaissancepalasts aus der 2. Hälfte des 16. Jh.s gelegener Torbau, der zu den in den Anfängen unseres Jahrhunderts wiederaufgebauten, ehemals verfallenen Gebäuden zählen dürfte, die den Renaissancestil imitieren.

262 Rietberg, Kr. Gütersloh, Sennstraße 33: Hallenhaus von 1663, das im Zuge von Sanierungsmaßnahmen hierher versetzt und zu Verwaltungs- und Wohnzwecken innen umgebaut wurde.

DER WEG ZUR SIEDLUNG LEGT' MICH NIEDER · DOCH NEBENAN ERSTAND ICH WIEDER · 1951 ·
ARGUNST DER MENSCHEN KAN NICHT SCHADEN WAS GOTT GUNNET MUS MIHR GERATEN OB SIE VORMEINEN ICH SEI VERDORBEN SO MUSSEN SIE VOR SICH SOLBER SORGEN
IOHAN TIMAN
ANNO 1663
CLARA EFELDTS
DEN 24 APRIL
Polizeiposten
Sennstraße
33

263 Lennestadt-Kirchveischede, Kr. Olpe: Zwei der nach dem Brand von 1784 erbauten Hallenhäuser, die heute vielfach für den Fremdenverkehr ausgebaut sind. Charakteristisch für die Häuser sind die durch Stiele und Riegel gleichmäßig gefelderten Giebel, der durch kreisförmige Ornamente betonte Ständer in Giebelmitte und die langen Texte meist biblischen Inhalts auf den Schwellen. Mit besonderem Aufwand sind vielfach die Tore und Oberlichter der hohen Dielen in Formen des Rokoko gestaltet worden.

264 Rietberg, Kr. Gütersloh: Rathaus, 1805. Im Herbst 1977 abgebrochen. Nach vollständiger Unterkellerung und neuem Innenausbau soll es in der alten Gestalt wiedererrichtet werden.

265 Schmallenberg-Oberkirchen, Hochsauerlandkreis: Neubau eines Fachwerkhauses aus dem Jahr 1946. Es ist ein sehr solider Bau in Eichenholz mit kräftigen Eckständern, breiten Gebälkzonen mit profilierten Füllhölzern, Schriftband auf der Schwelle des Giebels und verschieferter Wetterseite, wie es im Sauerland üblich ist.

◁ 266 *Bei Enger/Westfalen: Sattelmeierhof. Vierständerbau mit Putten in den Zwickeln des Dielentores. Großartige Einheit von Architektur und Vegetation.*

267 Jork, Kr. Stade, Osterjork 97: Haus von 1848, Besitzer Ulrich Heinrich

268 Museumsdorf in Cloppenburg: Die Wehlburg aus Wehdel im Artland, erbaut 1750. Im Grundriß ein Flettdeelenhaus, der Konstruktion nach ein Zweiständer-Hallenhaus mit Dachbalkengerüst, Unterrähmgefüge und Sparrenschwelle. Ställe, Scheunen und Schuppen umstehen den hohen Giebel der Einfahrt.

269 Museumsdorf in Cloppenburg: Der Quatmannshof aus Elsten von 1805. Als erstes Gebäude in das neu konzipierte Museumsdorf transloziert, ging er kurz vor Ende des letzten Krieges mit Nebengebäuden durch Artilleriebeschuß in Flammen auf. Nach Wiederaufbau wurde er 1959 zum dritten Mal gerichtet. Ein Vergleich mit der Wehlburg liegt nahe. In beider Giebel wirkt städtisches Vorbild nach.

270 Jork, Kr. Stade, Osterjork 45: Haus von 1750, Besitzerin Marga Neck. Das Alte Land, jenes fruchtbare Marschenland an der Unterelbe westlich von Hamburg, ist besonders reich an Fachwerkbauten des Hallenhaustyps. Im Gegensatz zum gewohnten Bild von Fachwerkbauten mit dunklem Skelett und heller Ausfachung ist das Hölzerwerk weiß gestrichen, und die roten oder gelben Ziegel der Gefachausmauerung in vielfältiger Musterung bilden zusammen mit den weiß nachgezogenen Mörtelfugen eine Ornamentik ganz eigener Art. Aus den wenig geschlossenen Siedlungen hebt sich die Gemeinde Jork mit ihren Ortsteilen Oster- und Westerjork heraus. Ein Großteil der auch vom Bauvolumen her sehr stattlichen Bauten ist noch im 19. Jh. gebaut worden.

◁ 271 Backhaus von 1742 vom Hof Mackeprang in Mummersdorf (Fehmarn). Die Gefache der Außenwand sind im oberen Bereich noch in Lehmstakung ausgeführt. Dieses Backhaus stand bis zum Abbau und zur Überführung der gesamten Hofanlage Bockwoldt ins Museum in Teschendorf (Fehmarn). Heute Freilichtmuseum Molfsee.

△ 273 Satemin, Kr. Lüchow-Dannenberg: Vierständer-Hallenhaus von 1805. Reduktion aller gestalterischen Elemente auf einen Restbestand, wie er gegen Ende des 18. und im Verlauf des frühen 19. Jh.s fast allgemein erfolgt. Schriftbänder als einzige Verzierung.

◁ 272 Freihof aus Bergenhausen (Stapelholm) von 1765, ein typisch niederdeutsches Fachwerk-Hallenhaus aus der nördlichen Verbreitungsgrenze für diesen Haustyp. Freilichtmuseum Molfsee.

274 Tecklenburg, Kr. Steinfurt: Haupthaus des 1789 erbauten Driehofes bei Ledde, Besitzer H.-G. Gallenkamp. Über Knaggen zweifach vorkragender Giebel, im rückwärtigen Wohnteil stark verändert.

Ensembles

275 Schönhagen, Solling, Kr. Northeim: Ein beeindruckendes Ensemble aus Hallenhäusern des 18. Jh.s, eines der Häuser trägt die Jahreszahl 1769. Ein solches Ensemble mit den dunklen Bretterschürzen in allen Giebeln wird nur noch selten anzutreffen sein. Nur das erste Haus zeigt noch weitgehend den ursprünglichen Zustand, in anderen Häusern ist teils auch die Deele zu Wohnzwecken umgebaut.

276 Monreal, Kr. Mayen-Koblenz: Das 1229 vom Grafen Hermann III. von Virneburg gegründete Dorf brannte 1689 völlig nieder. Die noch erhaltenen Fachwerkbauten des 17. u. 18. Jh.s wurden im vorgefundenen rot-weißen Akkord restauriert.

277 Monreal, Kr. Mayen-Koblenz: Die Fachwerkhäuser des im 18. Jh. vornehmlich von Tuchmachern bewohnten Dorfes liegen malerisch unterhalb der kleinen Burg, das »Rech« genannt, im Elzbachtal. ▷

◁ △ 278 Homburg(Ohm)-Büßfeld, Kr. Alsfeld, Bleidenröder Straße: Fachwerkensemble mit kleiner Saalbaukirche, die nach Entwürfen des Landbaumeisters Johann Ernst Müller aus Gießen 1699/1700 errichtet wurde. Das zweizonige Fachwerk mit durchgehenden Eckständern hat eine sechsteilige Horizontalgliederung und hohe Streben.

◁ 279 Limburg, Kr. Limburg-Weilburg, Plötze: Am Eingang der Altstadt platzbildprägende Häusergruppe des 17. und 18. Jh.s zwischen Böhmergasse und Fleischgasse

280 Freudenberg, Kr. Siegen: Blick auf den nach 1540 am Hang des Schloßbergs planmäßig angelegten Alten Flecken mit seinem noch weitgehend erhaltenen Bestand an Fachwerkhäusern ▷ △

281 Frankfurt/Main, Römerberg: Rekonstruktion der durch den letzten Weltkrieg zerstörten Römerbergbebauung (Großer Engel, Goldener Greif, Wilder Mann, Klein Dachsberg/Schlüssel, Gr. Laubenberg, kl. Laubenberg und das Haus Schwarzer Stern hinter der Nikolaikirche) in althergebrachter Technik nach historischen Vorlagen. Umstrittenes »Denkmalschutz«-Projekt, 1980er Jahre. ▷

Souvenirs

282 *Goslar: Fachwerkensemble in der Bäckerstraße, links Nr. 2 von 1606, rechts Nr. 3 von 1592. Im linken Haus Sonnenrosenornamente und Fächerrosetten, Schrift in Flachschnitzerei auf den Schwellen. Im Hause rechts Nachahmung von Steinarchitektur, wie dies für die Jahrzehnte um 1600 charakteristisch ist.*

Die Fachwerkbauten in den ostdeutschen Bundesländern

284 Breitungen, Kr. Schmalkalden: Kapelle im Ortsteil Herrenbreitungen an der Farnbachbrücke, das steinerne Untergeschoß wurde 1721, der zweigeschossige Fachwerkaufbau 1743 erbaut. Oben war die Wohnung des Nachtwächters, unten eine Herberge. Seinen Namen hat das Bauwerk von der früher hier stehenden Wallfahrtskapelle.

Betrachtet man die Fachwerklandschaft der ostdeutschen Bundesländer, so fällt zunächst auf, daß weitgehende Gemeinsamkeiten bestehen. Hausformen, konstruktiv bedingte Besonderheiten oder Verzierungen ähneln den in den bisherigen Kapiteln beschriebenen. In Mecklenburg und der nördlichen Altmark stehen niederdeutsche Hallenhäuser, in den Harzstädten von Sachsen-Anhalt trifft man vor allem niederdeutsch-sächsische Fachwerke an, und für die Mark Brandenburg sowie Thüringen und Sachsen sind mitteldeutsch-fränkische Fachwerkhäuser typisch.
Der Bildteil geht auf regional bedingte Fachwerkformen gesondert ein.
So gesehen schließen sich die Fachwerkbauten der ostdeutschen Bundesländer mit den übrigen zu einem bedeutenden gesamtdeutschen kulturellen Erbe zusammen, das es nach den Veränderungen der jüngsten Zeit nun gemeinschaftlich zu bewahren gilt.
Fotos und Text von Hans-Joachim Manthey

283 Hauröden, Kr. Worbis: Dorfkirche von 1670, reicher Fachwerkbau

285 Dingelstädt, Kr. Heiligenstadt: Einfaches Fachwerktorhaus an der Unstrut

286 Nordhausen, Altendorfer Kirchgasse 3: Hofseite, 17. Jh.; bemerkenswert die kräftigen, in dieser Zeit eigentlich nicht mehr üblichen Hochständer.

287 *Waltersdorf-Saalendorf, Kr. Zittau: Umgebindehaus des späten 18. Jh.s*

288 Schmalkalden, Ortsteil Weidebrunn: Neue Hütte (Happelshütte), klassizistische Industrieanlage von 1835, seit 1966 als technische Schauanlage restauriert (Hochofen auf Holzkohlenbasis).

289 Weischlitz, Kr. Oelsnitz bei Plauen: Wirtschaftsgebäude und Scheune des ehem. Rittergutes, 18. Jh., der »Wilde Mann« als Hauptmotiv

290 Hohnstein, Kr. Sebnitz: Apotheke am Markt von 1680

291 Zschaitz, Kr. Döbeln: Fachwerkhaus mit Spitzsäule im Giebel

292 Landwüst, Kr. Oelsnitz bei Bad Brambach, Dorfstraße 48: Museal genutztes Umgebindehaus mit reichem Fachwerkgiebel Egerländer Art von 1782

◁ ◁ 293 Holzhausen, Kr. Arnstadt: Restaurierter Fachwerkbau auf kräftigem Steinsockel, stockwerkhohe angedeutete Mannfiguren im Erdgeschoß, senkrechte Fußstreben und naturgekrümmte Streben im Obergeschoß, vermutlich Mitte des 18. Jh.s

◁ 294 Weimar, Geleithaus, 2. Hälfte des 16. Jh.s: Doppelte Andreaskreuze in den Gefachen führen zu einer fast filigranen Auflösung der Giebelseite.

296 Erfurt, Krämerbrücke, Rückfront: Beidseitig mit Häusern überbauter, 1110 urkundlich erwähnter, 1293 abgebrannter und 1325 in Stein wiederhergestellter Brückensteg, einzige erhaltene Brückenkonstruktion dieser Art nördlich der Alpen, die Fachwerkhäuser in der jetzigen Art aus dem 18. Jh.

295 Paulinzella, Kr. Rudolstadt: Ehem. Amtshaus (jetzt Oberförsterei), Fachwerkbau neben der Klosterruine von 1665 auf massivem Erdgeschoß von 1542, sehr dekorativ der umlaufende Andreaskreuzfries.

297 Meiningen, Georgenstraße 20: Büchnersches Hinterhaus von 1596 im Hennebergstil, doppelt geschweifte Andreaskreuze mit Nocken in den Gefachen

298 Suhl, Ortsteil Heinrichs: Rathaus, reicher Fachwerkbau von 1657 auf steinernem Erdgeschoß von 1551 im sogenannten hennebergischen Stil. Es beeindruckt die Vielfalt unterschiedlicher mitteldeutscher Formen, verbunden mit reichen Schnitzarbeiten an den Hölzern, die die ursprünglich konstruktiv bedingten Streben auf das rein dekorative Element reduzieren.

299 Worbis: Fachwerkdetail am ehem. kurmainzischen Rentamt (heute Heimatmuseum) niedersächsischen Stils. Brüstungssonnen mit Kerbschnittrosetten als Mittelpunkt, tauartig gedrehte Stäbe in der Saumschwelle, Kerbschnitzarbeiten über den Rosetten in Form mehrzackiger Sterne und bildlicher Darstellung.

301 Eisenach: Detail am Haus Goldschmiedenstraße/Ecke Markt mitteldeutsch-fränkischen Stils, um 1760, zur V-Form zusammengerückte Fußstreben, die gebogen und verziert wurden, darüber Mittelzapfen

300 Bernterode/Wipper, Kr. Worbis: Toreinfahrt der Schwerdt-Mühle von 1591, mit bildlichen Darstellungen im Torbogen, Taustäbe mit hervorgehobenen Noppen in der Saumschwelle, stockwerkhohe Mannfigur

302 Stolberg, Kr. Sangerhausen: Tor des Hauses Rittergasse 44 von 1567, mit Brüstungssonnen niedersächsischen Stils

303 Mühlhausen: Möbelwerk in der Waidstraße, seltenes Beispiel eines Fachwerkmanufakturgebäudes aus dem vorigen Jahrhundert, das sich zwar auffallend, dennoch wohltuend in das mittelalterliche Stadtbild einfügt.

304 Quedlinburg, Wordgasse 3: Das wohl älteste erhaltene Hochständerhaus in Deutschland, wahrscheinlich um 1400, vielleicht auch früher. Lange, von der Fußschwelle bis zum Rahmen der Dachschwelle durchgehende Holzständer, die durch wenige Querriegel versteift sind, bilden das Gerüst. Die Balkenköpfe des Obergeschosses sind in den Ständern verzapft. Das Haus wird jetzt museal genutzt.

305 Stolberg, Kr. Sangerhausen, Rittergasse: Die kleine Fachwerkstadt im Südharz steht unter Denkmalschutz, die ältesten Fachwerkhäuser der Stadt stammen aus dem 15. Jh., die abgebildeten wurden im 16. Jh. errichtet.

306 Wernigerode, Pfarrstraße

307 Wernigerode, Hinterstraße: In deutlichem Gegensatz zu teilweise reichverzierten Patrizierhäusern und zum Rathaus stehen die einfachen Ackerbürgerhäuser in der Pfarrstraße wie auch die ehemalige Hörigensiedlung der Kleinbürger in der Hinterstraße.

308 Detail des Rathauses von Wernigerode

309 Wernigerode: Rathaus, 1420 als Spielhaus errichtet, 1494 bis 1498 vor allem am vorkragenden Fachwerkobergeschoß und zwischen 1538 und 1543 zum Rathaus umgebaut. Abgewalmtes Dach zwischen zwei vorspringenden Erkertürmchen und doppelläufiger Freitreppe.

310 Halberstadt: Haus St. Florian. Das Haus überstand sowohl den großen Stadtbrand von 1650 als auch die Bombenangriffe vom April 1945, bei denen von den 223 datierbaren Fachwerkhäusern Halberstadts die allermeisten nicht erhalten blieben. Es wurde in jüngster Zeit restauriert und erhielt seinen Namen nach dem Schutzheiligen St. Florian; für den niedersächsischen Fachwerkbau typische Fächerrosetten, Fußstreben in den Giebelgeschossen.

311 Neubrandenburg: Um 1300 errichtete Stadtmauer (Umfang 2300 m) mit eingebauten Wiekhäusern. Von den ursprünglich 56 Wiekhäusern, die den Stadtsoldaten als Unterkünfte dienten, ist nur noch die Hälfte erhalten. Sie werden heute vorrangig für kulturelle Zwecke genutzt.

312 Pessin, Kr. Nauen: Spätgotischer Fachwerkbau von 1419, ältestes Herrenhaus der Mark Brandenburg, durchgehende Diele im Inneren ▷

313 Görne, Kr. Nauen: Fachwerkkirche, vermutlich Anfang 18. Jh. ▷ ▽

314 Grabow, Kr. Ludwigslust: Zweigeschossiges barockes Rathaus, nach dem Stadtbrand von 1725 in den Jahren 1726/27 erbaut mit Giebeldreieck und Türmchen mit geschweifter Haube. ▷ ▽

312 △

313 ▽

314 ▽

315 Lenzen, Kr. Ludwigslust: Fachwerkensemble in der Innenstadt (Ende 17., Anfang 18. Jh.), einfache Querdielenhäuser in Traufenstellung zur Straße mit teilweise größeren Toreinfahrten für die Ackerbau treibenden Bürger

316 Freilichtmuseum Klockenhagen: Katen von einem Bauernhof in Stäbelow, Kr. Rostock, wahrscheinlich 2. Hälfte des 18. Jh.s (rechts im Bild), 1976/77 in das Freilichtmuseum umgesetzt. Quergeteilter Dreiständerbau, im Grunde zwei kleine Hallenhäuser, die mit dem Rücken zusammengestellt wurden, daher auch die volkstümliche Bezeichnung »Tweipott«.

317 Freilichtmuseum Klockenhagen: Katen ohne Schornstein (Rauchkaten) aus Völkshagen, Kr. Ribnitz-Damgarten, 2. Hälfte des 18. Jh.s, 1973 in das Freilichtmuseum verbracht. Die Kate gehört zum Typ des Hallenhauses, ist jedoch kleiner, typisch das tiefe Walmdach mit einem Dacheinschnitt für das Einfahrtstor.

318 Lüdersdorf, Kr. Eberswalde: Fachwerkhaus mit Vorlaube in ganzer Giebelbreite aus dem 18. Jh. Giebellaubenhäuser sind, an alte Traditionen anknüpfend, im gesamten Oder-Neiße-Gebiet nachweisbar.

319 Heimatmuseum Diesdorf, Altmark: Bauernhaus aus dem Jahre 1787. Typisch für Häuser im Südwesten Mecklenburgs der Krüppelwalm des Daches, der die repräsentative Gestaltung der Giebelfläche ermöglichte. In den Gefachen Rauten und Ausmauerung mit roten Ziegeln und weißen Mörtelfugen.

Beispiele gelungener Restaurierung

320 Ehingen, Alb-Donau-Kreis: Heilig-Geist-Spital. Das »Neuhaus« bezeichnete Spitalgebäude des als bürgerliche Stiftung gegründeten Heilig-Geist-Spitals weist zwischen der gleichmäßigen, weiten Ständerstellung seines mit geschweiften Streben und Bügen verzierten alemannischen Fachwerks eine aufgemalte Ziegelausfachung auf. Die beiden allseits leicht auskragenden Fachwerkobergeschosse erheben sich über einem massiven Erdgeschoß.

321 Tübingen: Innenhof des Schlosses, Südflügel. Der 1533 als »Neuer Bau« begonnene Südflügel mit seinem wiederhergestellten ockergelben Fachwerk über massivem EG mit aufgemalter Sockelquaderung weist die einzige erhaltene der vier Innenhofgalerien auf. Das seit 1816 von der Universität genutzte Gebäude hatte bis ins 19. Jh. Sichtfachwerk.

322 Nürtingen: »Salemer Hof«. Der ehem. Pflegehof des Klosters Salem (1482–1645) wurde kürzlich restauriert und von der Stadtverwaltung bezogen. Das zweigeschossige alemannische Fachwerk über massivem Untergeschoß erhielt dabei eine rote Fassung.

323 *Esslingen, Marktplatz 2: »Haus Kielmeyer«. Der reichdekorierte, in originaler Befundfassung wiederhergestellte fränkische Fachwerkgiebel bildet einen besonderen Anziehungspunkt des Marktplatzes. Er wurde 1582 als Kelter des seinerseits nach dem Brand von 1484 wiederaufgebauten und nach 1811 abgebrochenen St. Katharinen-Hospitals errichtet.*

324 *Bietigheim-Bissingen, Hauptstraße: Hornmoldhaus. Im Inneren des 1536–1625 erbauten, stattlichen Fachwerkensembles blieb die dekorative Innenraumbemalung erhalten, die einen umfassenden Eindruck von der großbürgerlichen Wohnkultur der Renaissance vermittelt. Im Vordergrund: »Adam ist die Frucht« von Waldemar Otto (1981).*

325 *Bietigheim-Bissingen: »Lateinschule« neben dem Hornmoldhaus, erbaut 1476. Wohnhaus des Forstmeisters in Stromberg, Max von Scharnstetten, und seit 1547 Domizil der 1476 gegründeten Lateinschule. Das bis Mitte des Jahrhunderts noch als Oberschule genutzte Gebäude wurde 1984/86 mit rosa Balken und schwarzem Begleiter restauriert.*

◁ *326 Waiblingen, Schmiedener Straße 11: Direkt an der Stadtmauer gebautes Fachwerkhaus des 17./18. Jh.s*

△ *327 Waiblingen, Schmiedener Straße 11: Detail eines weitgestellten Bundständers. Die Begleiter im Feld tragen halbseitig ockerfarbene Schattierungen.*

328 Esslingen, Hafemarkt 2: Haus der Künstlergilde. Im Schnittpunkt dreier Gassen und als Blickfang der vom Rathausplatz zuführenden Straße steht das behäbige, ockergefärbte, alemannische Fachwerk neben einem strahlend ockergelben, fränkischen Giebel.

329 *Esslingen, Hafemarkt 2: Haus der Künstlergilde (Detail). Alemannisches Fachwerk des 16. Jh.s mit fränkischem Einfluß in Ockergelb mit blaugrauem Begrenzer und schwarzem Begleitstrich.*

330 *Waiblingen, Lange Straße 11: Beachtenswert an diesem alemannischen Fachwerk ist die wiederhergestellte Fassung der auf Ockergrund aufgebrachten schwarz-weißen Rankenornamentik sowie ein graues Rankenmotiv, das in den weißen Gefachen des Obergeschosses auf der rechten Traufenseite erhalten blieb.*

331 Idstein, Rheingau-Taunus-Kreis, König-Adolf-Platz: Blick in die Himmelsgasse auf den Gasthof »Zur Peif«. Unterhalb von Burg und historischem Rathaus säumen reichverzierte Fachwerkhäuser den Platz.

332 Idstein, Rheingau-Taunus-Kreis, Himmelsgasse 2: Gasthof Zur Peif. Detail eines Eckpfostens gegenüber dem nebenstehenden. Hier läuft die Schnitzerei aus Voluten, Blüten- und Blätterranken sowie Früchten über zwei Geschosse. Die beiden Gebäude stehen unweit des prächtigen Killinger-Hauses zu Füßen der alten Burg sowie des 1698 erbauten Rathauses.

333 Idstein, Rheingau-Taunus-Kreis, König-Adolf-Platz 11: Detail eines Eckpfostens. Aufwendige, im Stil der Renaissance verhaftete Voluten und Maskenschnitzerei. ▷

334/335 Bad Camberg, Kr. Limburg-Weilburg, Marktplatz 9: Im Zentrum des Hauses steht der durch beide Obergeschosse laufende Dreiseiterker, dessen obere Erkerbrüstung durch ein plastisches Volutendekor hervorgehoben ist. Einfache Andreaskreuze wechseln mit nasenbesetzten, geschweiften Streben; flach geschnitzte Eckpilaster flankieren das einfachere erste Geschoß.

336 Vallendar, Kr. Mayen-Koblenz, Rathausplatz 12: »Haus Meffert« (Zur Traube), nach der Inschrift 1698 erbaut. Von welschen Giebeln bekröntes, fränkisches Fachwerk mit Rautenmusterverstrebungen sowie mit Kopfbügen versehenen Figuren des »Wilden Mannes« und mehreren reichgeschnitzten fränkischen Erkern.

337 Kobern-Gondorf, Kr. Mayen-Koblenz, Marktstraße: Aus Elementen des 17. und 18. Jh.s errichtetes und mit postmodernen Erkerchen erweitertes, zeitgenössisches Fachwerk von 1973

338 Diez, Rhein-Lahn-Kreis, Pfaffengasse 7: Auf der Lahnseite erscheint der im Kern spätgotische Fachwerkbau nur in den oberen Geschossen als solcher, sein Anbau bezieht den ehemaligen Wehrgang der 1329 begonnenen Stadtmauer heute sogar in Form einer Loggia mit ein. Seine volle Pracht kann das 1690 umgebaute und kürzlich restaurierte Haus somit erst von der rückwärtigen, der »innerstädtischen Seite«, entfalten. Die graugefärbten Balken und weißen Felder entsprechen weitgehend dem freigelegten Befund.

339 Limburg, Kr. Limburg-Weilburg, Rütsche 5/7: »Werner Senger Haus«. Das wegen seiner nach Befund wiederhergestellten Diamantbemalung vielbeachtete Fachwerk war um 1600 in die bestehenden, spätmittelalterlichen Seitenmauern eingelassen worden. Die schwarz-rote Zeichnung auf grauem Balkengrund wird von einem blau-grauen Schattenschlag unterstützt.

340 Reutlingen: Das früher Metmanns Tor genannte »Tübinger Tor« wurde zwischen 1220 und 1240 erbaut, im Inneren haben sich noch Reste gotischer Malerei aus dem 14. Jh. erhalten. Mit Fachwerkwänden wurde der Turm erst nachträglich geschlossen, auch der Fachwerkaufsatz datiert ins 16. Jh. Bis 1834 verfügte die Anlage über ein Doppeltor.

341 Koblenz, Mainzer Str. 98: Die aufwendig mit Türmchen und Balkons ausgestattete »Fachwerkvilla« ließ der Architekt Peter Friedhofen um 1885 nach eigenen Plänen erbauen. Sogen. Rayon-Fachwerkhaus.

◁ 342 Wetzlar: Die Häuserzeile des Brodschirm beginnt mit dem ältesten Fachwerkhaus Wetzlars, erbaut 1356, das bei der jüngsten Restaurierung einen modernen Anbau erfahren hat. Die historische Bebauung markiert gleichzeitig die Grenze der Altstadt am Dom hin zur zeitgenössischen Gestaltung des Stadthauses.

◁ ▽ 343 Homberg(Ohm)-Büßfeld, Kr. Alsfeld, In der Rosselbach 4: Das schlichte, konstruktive Fachwerk dieses großen Scheunentraktes in der Dorfmitte überrascht mit einem frischen, grün behandelten Balkenwerk, dessen Plastizität aus dem roten Begleitstrich erwächst.

344 Stuttgart-Bad Cannstatt, Marktstr./Ecke Überkinger Straße 7: »Klösterle«. Das einzige Beginen-Nonnen-Ordenshaus Europas war im Mittelalter die Sozialstation des mildtätigen Frauenordens, der 1541 aufgelöst wurde. Das 1463 erbaute Fachwerkhaus, in dem sich im Obergeschoß noch eine gotische Kapelle befindet, konnte 1983 in den Originalfarben wiederhergestellt werden, außen rot mit schwarzen Bandelieren, innen ocker. Ferner haben sich an den Flurdecken im Obergeschoß Pflanzenranken und auf den Balken kleine Rosetten gefunden. ▷

Seite 228
345 Idstein, Rheingau-Taunus-Kreis, König-Adolf-Platz 7: »Killingerhaus«. Das 1615 in Straßburg erbaute und nach dem Dreißigjährigen Krieg hierher translozierte Gebäude erstrahlt nach der letzten Restaurierung (1982–84) in den Originalfarben der untersten vorgefundenen Schicht. Begleiter ließen sich nicht nachweisen, da Killinger, als er in die Dienste des Grafen Johann von Nassau-Idstein trat, nur das Balkengerüst nach Idstein verbringen ließ. Besonders die Brüstungszone der fränkischen Erker und der über zwei Geschosse laufende Erker sowie der welsche Giebel sind mit reichen ornamentalen Schnitzereien versehen, die in sich farblich abgesetzt erscheinen.

Anmerkungen

[1] Verlag und Autor waren sich darin einig, auf ein Vorwort zu verzichten und alles, was mit der Sache keinen unmittelbaren Zusammenhang hat, hintenan zu stellen.
Die Sache, die hier dargestellt ist, ist ein Phänomen im ursprünglichen Sinn des Wortes. Das Erscheinende, das Bild einer bestimmten Wirklichkeit, war es, was der Autor im Nachhinein als Anstoß oder als die entscheidende Motivation für seine Arbeit ansehen könnte: Ich hatte Jahre hindurch die Ferien zu Studienreisen in südliche Länder genutzt, hatte gerade einige Wochen in Apulien, dem Land mit den Kragkuppelbauten seiner Trulli, verbracht und machte im Anschluß daran die erste Kur meines Lebens in dem nordhessischen Bad Sooden-Allendorf. Nach der Steinwelt Apuliens überfiel mich geradezu die Andersartigkeit der Erscheinung dieser durch die Werra getrennten Gemeinden, vor allem des Stadtteils Allendorf mit seinem geschlossenen Bestand an Fachwerkbauten. Was sich hier den Augen bot, war nicht nur anders als das Erscheinungsbild menschlicher Siedlungen an den Rändern des Mittelmeeres, sondern in seiner Art vielleicht sogar schöner, weil differenzierter, gegliederter, offener, formenreicher. Aus der ursprünglichen Freude an der Erscheinung als solcher wurde nach und nach ein bewußtes Aufspüren, Untersuchen, Unterscheiden, Werten. Reisen durch die ganze Bundesrepublik und das benachbarte westliche Ausland gaben dazu reichlich Gelegenheit. Sie gingen einher mit dem Studium dessen, was andere schon zur Sache gesagt haben, von Carl Schäfer, seinem Schüler Heinrich Walbe, Otto Gruber, Hermann Phleps – bis etwa zu den Autoren der Reihe »Das deutsche Bürgerhaus«. Namentlich seien nur genannt Hans-Günter Griep, Rudolf Fricke, der verstorbene Heinrich Winter, Rudolf Helm, Wilhelm Schwemmer, Walter Sage und Horst Ossenberg. Immer wieder zur Hand genommen wurde der Band von Josef Schepers: Haus und Hof westfälischer Bauern.
Ohne die genannten Autoren, ohne Anregungen von anderer Seite und auch die freundlichen Auskünfte städtischer Dienststellen und Archive hätte die Arbeit nicht geschrieben werden können. Das photographische Abbild ist dabei weniger Illustration zum Text als dessen Ergänzung und Erweiterung.
Da keine der Aufnahmen älter als vier Jahre ist, heißt das auch: die Arbeit orientiert sich am erhaltenen Bestand. Was ins Bild gesetzt ist, existiert noch.
Vom Thema her ist die vorliegende Arbeit geographisch nicht eingeengt. Eine Ausdehnung des Untersuchungs- und Darstellungsraumes auf das weitere europäische Ausland, etwa das nördliche und westliche Frankreich oder gar England, hätte aber den vorgegebenen äußeren Rahmen der Arbeit gesprengt. Der Schwerpunkt der Orientierung lag daher im Gebiet der Bundesrepublik. Die nicht in gleicher Weise gegebene Freiheit des Herumreisens, des Photographierens und Orientierens brachte es mit sich, daß der Fachwerkbau im östlichen Deutschland, im Bereich der DDR, nicht dargestellt werden konnte, wie es von der Sache her geboten gewesen wäre.

[2] Hans Soeder, Urformen der abendländischen Baukunst, Köln 1964.

[3] Aus Max Gschwend, Schweizer Bauernhäuser, Bern 1971, Zeichnung nach A. Zippelius, Vormittelalterliche Zimmerungstechnik, Bonn 1954.

[4] Zeichnung nach einer Aufnahme von H. Feldtkeller in Bendix Trier, Das Haus in vorgeschichtlicher und volkskundlicher Forschung, Jahresbericht Husum des Arbeitskreises für deutsche Hausforschung, 1970.

[5] Aus Josef Schepers, Haus und Hof westfälischer Bauern und A. Zippelius, Das vormittelalterliche dreischiffige Hallenhaus in Mitteleuropa, Bonner Jahrbücher 153, 1953.

[6] Horst Ossenberg, Das Bürgerhaus im Bergischen Land (Das deutsche Bürgerhaus IV) Tübingen 1963, S. 25ff.

[7] Heinrich Winter, Das Bürgerhaus in Oberhessen (Das deutsche Bürgerhaus VI) Tübingen 1965, S. 58ff. (Im folgenden zitiert: Winter, Oberhessen.)

[8] Rudolf Helm, Das Bürgerhaus in Nordhessen (Das deutsche Bürgerhaus) Tübingen 1967, S. 63ff. (Im folgenden zitiert: Helm, Nordhessen.)

[9] Winter, Oberhessen, S. 20ff.

[10] Albrecht und Konrad Bedal, Dachstühle im Hofer Land vor 1650, in »Beiträge zur Hausforschung«, Bd. 1. Detmold 1975.

[11] Die folgenden Aussagen betreffen nur den deutschen Sprachraum. Paris hat noch ein Fachwerkhaus aus dem Ende des 13. Jahrhunderts, auch in Rouen gibt es noch eine Reihe sehr alter Fachwerkbauten.

[12] Die Beschreibung des Hauses Römer 1 stützt sich auf einen Bericht von Franz Josef Hamm, der als Architekt die in Teamarbeit erfolgten Maßnahmen zur Wiederherstellung des Hauses leitete – im Rahmen der Altstadtsanierung der Stadt Limburg.

[13] Aus einem Brief von Erich Wieser an den Autor.

[14] Helm, Nordhessen, S. 92ff.

[15] Wilhelm Schwemmer, Das Bürgerhaus in Nürnberg (Das deutsche Bürgerhaus XVI) Tübingen 1972, S. 52ff.

[16] Ludwig Loewe, Schlesische Holzbauten, Düsseldorf 1969.

[17] Josef Schepers, Bürger- und Bauernhäuser in Westfalen, in Tagungsbericht Münster des Arbeitskreises für deutsche Hausforschung (1963).

[18] Helm, Nordhessen, S. 121.

[19] Wilhelm Schwemmer, a. a. O., S. 63.

[20] Helm, Nordhessen, S. 116ff.

[21] z.B. das Projekt »Historische Farbigkeit im Fachwerkbau« an der Technischen Hochschule Darmstadt, Fachgebiet Baugeschichte. – Siehe dazu auch: Johannes Cramer, Historische Farbigkeit im Fachwerkbau. Sicherung und Wiederherstellung, in: Farbe + Design 27/28, 1984, S. 23–29.

[22] Klaus Scholkmann, Das »Neuhaus« des Heilig-Geist-Spitals in Ehingen, Alb-Donau-Kreis, in: Denkmalpflege in Baden-Württemberg, Nachrichtenblatt des Landesdenkmalamtes, Heft 1, 1983, S. 16–19.

[23] Horst Wengerter, Rückgewinnung historischer Farbigkeit in der Altstadt von Besigheim, in: Denkmalpflege in Baden-Württemberg, Nachrichtenblatt des Landesdenkmalamtes, Heft 1, 1982, S. 28–32.

[24] Eckart Hannmann, Das Schloß in Tübingen. Sanierung des Süd- und Westflügels, in: Denkmalpflege in Baden-Württemberg, Nachrichtenblatt des Landesdenkmalamtes. Heft 3, 1986, S. 93–101.

[25] Horst Wengerter, Ochsenblut – eine Farbe? Neue Beobachtungen zur Farbigkeit alter Fachwerkbauten, in: Denkmalpflege in Baden-Württemberg, Nachrichtenblatt des Landesdenkmalamtes, Heft 1, 1978, S. 11–16.

[26] Klaus Scholkmann, Das »Schlößle« in Pfullingen – ein »Musterhaus« des 15. Jahrhunderts, in: Denkmalpflege in Baden-Württemberg, Nachrichtenblatt des Landesdenkmalamtes, Heft 1, 1981, S. 9–12.

[27] Reinhold Elenz, Fachwerkfarbigkeit. Untersuchungen, Befunde, Analysen, in: Denkmalpflege in Rheinland-Pfalz. Fachwerk, Worms 1986, S. 67.

[28] wie Anm. 27, S. 65.

[29] wie Anm. 27, S. 73.

[30] Norbert Bongartz, Jahrzehntelang hart am Abbruch vorbei – Das »Klösterle« in Stuttgart-Bad Cannstatt, in: Denkmalpflege in Baden-Württemberg, Nachrichtenblatt des Landesdenkmalamtes, Heft 1, 1986, S. 17–24.

[31] Jörg Schulze, Das Haus »Tannenbaum« in Siegburg, in: Jahrbuch der Rheinischen Denkmalpflege, Bd. 30/31, 1985, S. 363–371.

[32] Klingenhof, in: Jahrbuch der Bayrischen Denkmalpflege, Bd. 36, 1982, S. 507f.

[33] Norbert Bongartz und Rolf Hekeler, Historische Fensterformen in Baden-Württemberg (1), in: Denkmalpflege in Baden-Württemberg, Nachrichtenblatt des Landesdenkmalamtes, Heft 3, 1983, S. 119–127.

[34] Christoph Gerlach, Fenster aus Westfalen, Zur Konstruktion und Entwicklung des Fensters im Fachwerkbau, Detmold 1987.

[35] Ingrid Krupp, Die Geschichte der Herren von Elkerhausen und ihrer Burgen, in: Mitteilungen des Oberhessischen Geschichtsvereins Gießen, N.F. Bd. 67, Gießen 1982, S. 13–94.

[36] Magnus Backes, Fachwerk-Bürgerhäuser – Zum Abbruch gebaut, in: Denkmalpflege in Rheinland-Pfalz. Fachwerk, Worms 1986, S. 92–100.

[37] Hinterloh, in: Jahrbuch der Bayrischen Denkmalpflege Bd. 36, 1982, S. 433.

[38] Veit Geißler, Monreal. Ein Fachwerkdorf ändert seine Bestimmung, in: Denkmalpflege in Rheinland-Pfalz. Fachwerk, Worms 1986, S. 101–106.

Glossar

Abbinden, Abbund, das Zupassen, Zusammenlegen vorgerichteter Hölzer zu Gefügeeinheiten auf dem Zimmerplatz, etwa zu Gebinden. Abbinden und Abbund erinnern noch an das einstige Zusammen-»binden« der Gefügeeinheiten.

Abfasen, das Abarbeiten einer Kante zu einer schrägen, glatten Fläche.

Ackerbürger, Stadtbewohner, der neben seiner (städtischen) Berufstätigkeit noch soviel Land bewirtschaftet, daß er den größeren Teil seines Lebensunterhalts davon bestreiten kann.

Andreaskreuz, X-förmige Verstrebungsfigur, zumeist in der Brüstung und dann oft als Fries, aber auch in stockwerkhoher Form und in Verbindung mit anderen Strebenfiguren.

Ankerbalken, horizontales, quer zum First liegendes Kantholz, das ein Ständerpaar oder die Längswände querachsig gegen den Seitenschub (des Daches) verbindet und auf Zug beansprucht wird.

Anschuhen, Verlängerung von Hölzern.

Aufsatteln, Aufeinanderfügen von Gefügeelementen ohne Holzverbindung, Arretierung der Lage nur durch Gewicht bzw. Reibung.

Aufschiebling, dem unteren Sparrenende aufgesetztes, angeschäftetes Holz zur Überbrückung und zum Schutz der Verbindung von Sparrenfuß und Balkenkopf, das die Dachneigung über der Traufe verringert.

Auskragung, Vorspringen eines Bauteils (Erker, Balkon) oder ganzer Stockwerke, im Fachwerkbau insbesondere durch Auskragen der Deckenbalken nach einer oder zwei Seiten. Bei Auskragung nach allen Seiten sind Stichbalken notwendig.

Auslucht (niederdeutsch: Utlucht), erkerartiger Vorbau, der – im Gegensatz zum Erker – vom Boden aufsteigt und vornehmlich bei niederdeutschen Renaissancebauten (selten im Bauernhaus) dazu dient, den Wohnteil an einer oder beiden Seiten der Deele in die Straße hinein zu verlängern.

Band (Kopfband, Fußband), ein schräggestelltes Holz in Bohlenstärke zur Versteifung zweier (in der Regel im rechten Winkel) verbundener Hölzer, das vorzugsweise mit diesen Hölzern verblattet ist und Zugkräfte aufnimmt.

Balken, allgemein jedes tragende horizontale Bauelement, das nur senkrechte Auflagerdrücke, keinen Schub, erzeugt. Im Holzbau ist der Balken ein Holz von hochrechteckigem Querschnitt, das insbesondere der Überdeckung eines Raumes dient (Deckenbalken). Die obersten Deckenbalken können mit einem Sparrenpaar einen Dachbinder bilden (Dachbalken, bzw. Bundbalken.)

Balkenkopf, eines der beiden Balkenenden.

Balkenlage, in Abständen nebeneinander verlegte (Decken-)Balken (Gebälk.)

Binder, Gebinde, 1. eine feste Gefügeeinheit aus einem Sparrenpaar und einem sie an den Fußpunkten verbindenden Balken, dem Dach- oder Bundbalken = Dachbinder oder Dachgebinde, 2. eine Verbindung von einem Ständerpaar und einem sie an den Köpfen verbindenden Balken (Anker- oder Jochbalken) = Quergebinde oder Querbinder.

Blatt, das blattartig verschmälerte Ende eines Holzes, das in die entsprechend zugerichtete Vertiefung eines anderen Holzes paßt und auf diese Weise Hölzer in der gleichen Ebene, über Eck oder sich überkreuzend verbinden läßt.

Blendarkade, ein dem Formenschatz der Renaissance entlehntes dekoratives Motiv im niederdeutschen Fachwerkbau, wobei eine oder mehrere Arkaden als flaches Relief den Brüstungsplatten nur vorgeblendet, bzw. aufgelegt werden.

Bohle, ein glattflächiges breiteres Holz von ca. 4–6 cm Stärke.

Brett, ein breites glattflächiges Holz von geringerer Stärke als eine Bohle, geringerer Belastbarkeit und darum vorzugsweise für Verkleidungen verwendet.

Bug, Büge, ein schräggestelltes, »frei in den Raum vorstoßendes«, in der Regel einen auskragenden Balken abstützendes Holz.

Bundbalken, ein mit einem Sparrenpaar zum Dachbinder oder Dachgebinde fest verbundener Balken.

Bundständer, ein Ständer, an den eine Innenwand anschließt.

Dach, der obere Abschluß eines Bauwerks, der es gegen Witterungseinflüsse abschirmt. Der Form nach, d. h. nach der Art, wie die Dachflächen zueinandergestellt sind, werden unterschieden: das *Pultdach* als einfachste Dachform über Abseiten (Kübbungen) oder niedrigen Anbauten, auch Halbdach genannt; das *Satteldach* aus gegeneinandergestellten Dachflächen, die verbreitetste Dachform mit senkrechten dreieckigen Giebeln; das *Walmdach,* bei dem auch die Giebel durch schräge Dachflächen ersetzt werden. Ist nur der obere Teil des Giebels abgeschrägt, so spricht man von einem Halb- oder Krüppelwalm. Das *Mansarddach* ist ein Dach mit geknickten Dachflächen, mit steiler Schräge im unteren und flacherer Schräge im oberen Teil. Das Dach besteht aus dem Dachgerüst und der Dachhaut. Dem Dachgerüst oder der Dachkonstruktion nach kann ein Dach ein – Rofendach oder – Sparrendach sein. Die Dachfläche wird horizontal von der Traufe und dem First, in der Schräge vom Ort begrenzt.

Dachbalkenlage (Dachgebälk), die oberste Deckenbalkenlage, die gleichzeitig Teil der Dachkonstruktion ist.

Dachraum, der Raum zwischen Dachbalkenlage und Dachhaut, auch als Dachboden bezeichnet. Im engeren Sinn ist der Dachboden der Fußboden über der Dachbalkenlage.

Dachstuhl, Teil des Traggerüstes für die Dachhaut → Sparrendach.

Decke, der in der Regel waagrechte Abschluß eines Raumes nach oben, der nicht immer identisch ist mit dem Boden des darüber liegenden Raumes.

Deele, Däle, das breite Mittelschiff im niederdeutschen Hallenhaus.

Dekoration, das Ganze dessen, was der Ausschmükkung eines Bauwerks dient – im Gegensatz zum Ornament, das ein einzelnes Motiv oder Element der Dekoration ist.

Döns, Dönse (Dönz, Dörns), heizbare (Wohn-)Stube im niederdeutschen Hallenhaus.

Dreiseithof, ein Gehöft, bei dem die Wohn- und Wirtschaftsräume in der Regel rechtwinklig zueinander auf drei Seiten eines Hofes angeordnet sind, die vierte Seite durch ein Tor abgeschlossen ist.

Drempel → Kniestock.

Drolerie, »drollige« Darstellung von Fabelwesen aus pflanzlichen, tierischen und menschlich-figürlichen Elementen, Schmuckmotiv der Renaissance vorwiegend im niederdeutschen Fachwerkbau.

Erdgeschoß, die untersten, dem Erdboden nahen, von Decken begrenzten übereinandergeschichteten Räume.

Erker, ein- oder mehrgeschossiger Anbau in Fassadenmitte oder den Ecken der Hauptfront eines Gebäudes, selten außermittig. Der Erker steigt – im Gegensatz zur Auslucht – nicht vom Boden auf, sondern wird von auskragenden Balken oder Konsolen getragen.

Ern, mitteldeutsche Bezeichnung für Hausflur.

Ernhaus, traufseitig aufgeschlossenes Haus, bei dem Hausflur und Küche unmittelbar zusammenhängen.

Fach, bedeutet 1. die Öffnung im Skelett eines Fachwerkbaus, die später ausgefacht oder durch Fenster geschlossen wird, 2. die von zwei Quergebinden begrenzte Raumeinheit bzw. der Raum zwischen zwei Ständerpaaren und dem sie verbindenden (Anker-)Balken. (Es ist das gleiche, was man im Kirchenbau ein Joch nennt.)

Falz, winkelförmige Ausarbeitung einer Kante.

Fassade, die »schöne« Seite eines Gebäudes, meist nach der Straße oder einem Platz hin, auf die sich die besonderen Gestaltungsbemühungen vornehmlich konzentrieren.

First, die meist waagrechte obere Begrenzungslinie zweier schräg zueinander geneigter Dachflächen.

Firstpfette, die direkt unter dem First liegende → Pfette, die auf den Firstsäulen (Firstständern) aufsitzt. Die Firstpfette wird auch Firstbaum genannt.

Firstsäule (Firstständer), die Pfosten oder Ständer, die vom Boden oder von einem Fundament bis zur Firstpfette durchgehen und diese abstützen.

Firststiel, eine gekappte Firstsäule, die nur noch aus dem Teil zwischen dem äußersten Dachbalken in einem Giebel und der Firstpfette besteht.

Füllholz, ein in der Regel profiliertes und oft auch noch dekoriertes Holz, das den Zwischenraum zwischen zwei Balkenenden einer Deckenbalkenlage nach außen abschließt.

Fußband, ein verstrebendes Band zwischen Ständer und Schwelle.

Fußstrebe, Strebe zwischen Ständer und Schwelle.

Gabelpfosten, ein in einer (natürlichen) Astgabel endender Pfosten.

Gaube, Gaupe, überdachte stehende Luke oder überdachtes stehendes Fenster in einer Dachschräge.

Gebinde, als Dachgebinde die feste Verbindung eines Sparrenpaares mit einem Bundbalken (Dachbalken).

Gerüst- oder Gerippebau → Skelettbau.

Geschoßbau, ein Ständerbau mit bis zum Dachansatz durchlaufenden Ständern, in die bei zwei- oder mehrgeschossigen Bauten die Deckenbalken »durchgeschossen« sind, d. h. mit Durchsteckzapfen durch die Ständer gehen und durch Zapfenschloß gesichert sind. Im normalen Sprachgebrauch wird nicht immer zwischen Geschoß und dem für sich abgezimmerten Stockwerk unterschieden.

Gestelztes Haus, normalerweise ein Haus auf Stützen, im Oberdeutschen Bezeichnung für ein Haus, in dem das Wohngeschoß über dem Wirtschaftszwecken dienenden Erdgechoß liegt.

Gratstichbalken, ein in der Diagonalen angeordneter Stichbalken.

Grundschwelle, die dem Boden oder einem gemauerten Sockel aufliegende Schwelle.

Hahnenbalken, der oberste Kehlbalken in einem Kehlbalkendach. Hahnenbalken werden nicht mehr für einen Dachboden genutzt.

Hauslandschaft, der geographische Raum oder das Verbreitungsgebiet eines bestimmten Haustyps.

Hermenpilaster, ein sich nach unten verjüngender Pilaster, dessen oberer Teil als Kopf oder Büste ausgearbeitet ist.

Hirnholz, eine Fläche in einem Stück Holz quer zu dessen Faserverlauf.

Hochrähmzimmerung, eine Hallenkonstruktion (Ankerbalkengefüge), bei der die Rähme ein Stück oberhalb der zumeist durchgezapften Ankerbalken liegen.

Kammerfach, der an das Flett anschließende Wohnteil eines niederdeutschen Hallenhauses.

Kate, Behausung von verheirateten Arbeitskräften eines Bauernhofes.

Kehlbalken, ein horizontaler Balken zwischen Mitte und oberem Drittel eines Sparrenpaares, der zu dessen Versteifung dient und mit den Sparren verblattet, seltener verzapft ist.

Klaue, Verbindung zweier Hölzer, bei denen das aufgeklaute Holz schräg gegen zwei Langseiten des anderen gesetzt wird (wird zumeist am Dachfuß angewendet).

Klebdach, ein schmales Schutz- oder Vordach, zumeist auf der Giebelseite, das von einer leichten Stützkonstruktion getragen wird.

Knagge, ein Ständer und überstehendes Balkenende verriegelndes bzw. abstützendes Holz, das – im Gegensatz zur Büge – den Winkel zwischen Ständer und Balkenkopf satt ausfüllt. Grundform der Knagge ist ein rechtwinkliges Dreieck mit einer längeren Kathete und hohlkehlig ausgearbeiteter Hypotenuse.

Kniestock, Dachraum mit bis etwa in Kniehöhe senkrechten Seitenwänden. Er entsteht bei Ankerbalkenkonstruktionen, wenn der Ankerbalken ein Stück unterhalb des Ständerkopfes durchgeschossen wird.

Kötter, ein in der Landwirtschaft Beschäftigter, der nicht oder nicht allein von der eigenen Ackernahrung leben kann.

Konsole, im Fachwerkbau ein in der Form aus dem Steinbau übernommenes Gefügeelement, das bei geringerem Überstand eines Deckenbalkens die Funktion der Knagge erfüllt.

Kopfband, verstrebendes Band zwischen Ständer und Rähm.

Kopfstrebe, Strebe zwischen Ständer und Rähm.

Kübbung, die niederen Seitenschiffe im niederdeutschen Hallenhaus.

Lucht, Bezeichnung für die beiden Seitenarme des Fletts im niederdeutschen Hallenhaus.

Mann, die für den mitteldeutsch-fränkischen Fachwerkbau typische Verstrebungsfigur mit knaggenartigen Kopfstreben und langen Fußstreben zu beiden Seiten eines Bund- oder Eckständers.

Niederlaß, niedriger Anbau an einem Gebäude, dessen Dach über den Anbau herunter-»geschleppt« wird.

Ort, Begrenzungslinie der Dachflächen im Giebel.

Pfette, firstparalleles Holz, das auf Querwänden oder Stützen aufruht.

Pfettendach, eine Dachkonstruktion, bei der die Dachlast von Pfetten aufgenommen wird.

Pfosten, eine in die Erde eingespannte Stütze.

Querbindergefüge, Hausgerüst aus hintereinandergestellten Querbindern.

Rähm (Rahmen), ein den Ständerköpfen aufgesetztes und sie verbindendes horizontales Holz.

Rähmbau, zuweilen als synonyme Bezeichnung für Stockwerkbau gebraucht.

Rähmkranz, die vier auf gleicher Höhe liegenden Rähme eines Stockwerkgerüstes, die in ihrer Lage dem Schwellenkranz entsprechen.

Riegel, waagrechtes Holz zwischen Ständern oder Stielen. Entsprechend der Lage unterscheidet man Schwellriegel, Brustriegel, Sturzriegel und (selten vorkommend) Rahmenriegel.

Rofen (Roofen, Rafen), an der Firstpfette aufgehängte Dachhölzer, die die Dachhaut tragen.

Rofendach, eine Dachkonstruktion, bei der die Dachlast von der Firstpfette aufgenommen und über die Firstsäulen in den Boden abgeleitet wird. Die »hängenden« Rofen üben – im Gegensatz zu den »stehenden« Sparren – auf die Auflager einen nach innen gerichteten Druck aus.

Säule, frei stehende Stütze, im allgemeinen Sprachgebrauch auch Bezeichnung für jedes stützende Holz, im Süddeutschen besonders für Ständer gebraucht.

Sasse, der Einschnitt eines Holzes bei bestimmten Holzverbindungen, in den sich ein anderes Holz voll oder im Ausschnitt einfügt.

Saumschwelle → Stockschwelle.

Schopf, Bezeichnung für einen Halb- oder Viertelwalm bzw. Krüppelwalm.

Schwebeblatt, blattartige Verstärkung des Ständerfußes, die die Fuge zwischen Ständer und Schwelle abdeckt und damit schützt.

Schwebegiebel, feste Verbindung von auf den Giebelseiten vorkragenden Sparren mit einem frei schwebenden Dreiecksverband, dem Flugsparrendreieck.

Schwelle, horizontales Kantholz, in das die Ständer eingezapft sind.

Schwellenkranz, die im rechten Winkel verbundenen vier Schwellen eines Hausgerüstes oder Stockwerks.

Schwertung, in der Regel über mehrere Hölzer schräg hinweglaufendes eingeblattetes, verstrebendes Holz, seltener sind horizontale Schwertungen.

Skelettbau, eine Bauweise, bei der – im Gegensatz zum Massivbau – alle tragenden Funktionen auf die Elemente eines Gefügesystems beschränkt werden, deren Form weitestgehend durch den Kräfteverlauf innerhalb der Konstruktion bestimmt wird. Die Raumabschlüsse (Gefache) haben im allgemeinen keine statischen Funktionen. Die wichtigsten Elemente des Skelettbaus in Holz sind Ständer, Schwellen, Rähme, Riegel und Streben (Bänder).

Sparrendach, Dachgerüst aus hintereinandergestellten Dachgebinden, die aus einem Sparrenpaar und einem Dachbalken (Bundbalken) bestehen. Die Sparrenpaare können durch einen Spannriegel (→ Kehlbalken) gegen Durchbiegen gesichert werden. Bei hohen und weit spreizenden Dächern muß das Dachgerüst zusätzlich durch Unterzüge unter den Kehlbalken und die Unterzüge stützende Säulen gesichert werden, den *Dachstuhl.* Nach der Anzahl der Säulenreihen gibt es den einfachen und doppelt stehenden (Dach-)Stuhl und – bei geneigten Stuhlsäulen – den doppelt liegenden (Dach-)Stuhl.

Staken, die bei der Ausfachung zwischen waagrechte Hölzer (Riegel) eingezwängten, auch gespaltenen Stöcke oder Stäbe, die ausgeflochten und beidseits mit Lehm verstrichen werden.

Ständer, auf Steinplatte, Sockelmauer oder Schwelle aufgesetzte Stützen, die durch mehrere Geschosse gehen können.

Stichbalken, ein an dem einen Ende mit einem Deckenbalken verbundener und am anderen Ende über das Rähm oder eine Mauer mehr oder minder weit auskragender kurzer Balken.

Stiel, ein nicht stützendes, nur ein Wandgerüst füllendes senkrechtes Holz zwischen Schwelle und Rähm oder zwischen Riegel und Schwelle bzw. Rähm. Fensterstiele dienen Fenstern als seitlicher Halt.

Stockwerkbau, Bauweise, bei der jedes Stockwerk für sich abgezimmert wird und mehrere Stockwerke übereinandergestellt werden können.

Stockschwelle, auch Saumschwelle genannt: die Schwelle eines Stockwerks.

Strebe, schräggestelltes, Dreiecksverbindungen bildendes und damit das Wandgerüst versteifendes Holz, das vorzugsweise auf Druck beansprucht wird.

Stütze, allgemeine Bezeichnung für ein stützendes senkrechtes, stärker dimensioniertes kantiges Holz.

Sturzriegel, dient in der Regel als obere Begrenzung der Fenster.

Überhang, Vor- oder Auskragen von Balken bzw. Stockwerken.

Unterzug, Entlastungsbalken unter einer Balkenlage.

Verblattung → Blatt.

Verkämmung, Verbindung zweier übereinanderliegender Hölzer, wobei die kammartig ausgearbeitete Unterseite des oberen Holzes das untere Holz übergreift oder in eine entsprechend ausgearbeitete Sasse eingreift.

Verstrebungsfigur, zeichenhafte Anordnung von verstrebenden Hölzern (Mann, Wilder Mann, Schwäbischer Mann oder Schwäbisches Weible, Andreaskreuz, Feuerbock) an Eck- und Bundständern oder die Gruppierung solcher Verstrebungsfiguren zu Friesen in der Brüstung.

Verzapfung, Holzverbindung, bei der am Ende eines von zwei zu verbindenden Hölzern ein Zapfen ausgearbeitet wird, der in den Schlitz eines anderen Holzes passend eingreift. Beim Schlitz- und Durchsteckzapfen geht der Schlitz durch das zu verbindende Holz hindurch. Das gegebenenfalls ausstehende Ende des Zapfens kann durch einen Holznagel oder Splint gesichert werden, das sogenannte Zapfenschloß.

Weichschwanz, halber Schwalbenschwanz, Ausarbeitung der Endungen von eingeblatteten Kopf- und Fußbändern.

Windbrett, abdichtendes, schräggestelltes Brett zwischen den Enden zweier Deckenbalken, dem Rähm (unten) und der Schwelle (oben).

Windrispe, an der Innenseite von Sparren hinweggeführtes Holz zur Aussteifung des Dachgerüstes.

Winkelholz, vorwiegend im niederdeutschen Fachwerkbau angewandtes verstrebendes Holz in Dreiecksform zwischen Schwelle und Ständer, seltener zwischen Rähm und Ständer. Dem Winkelholz verwandt sind die viertelkreisförmigen breiten Fußstreben in Landschaften des niederdeutschen Fachwerkbaus.

Zwerchhaus/Lukarne, ein über der Fassade aufsteigender, nicht zurückgesetzter Dachaufbau, der – im Gegensatz zum Zwerchgiebel – zwei senkrechte seitliche Begrenzungen von mindestens Geschoßhöhe hat.

Literatur (Auswahl)

Allgemein

Bedal, Konrad: Historische Hausforschung, Münster 1978

Binding, Günther, Mainzer, Udo u. Wiedenau, Anita: Kleine Kunstgeschichte des deutschen Fachwerkbaus. Darmstadt 1975

Böhm, Theodor: Handbuch der Holzkonstruktionen des Zimmermanns. Berlin 1911

Fiedler, Wilhelm: Das Fachwerkhaus in Deutschland, Frankreich und England. Berlin 1902 = Beitr. z. Bauwissenschaft 1

Gruber, Otto: Deutsche Bauern- und Ackerbürgerhäuser. Karlsruhe 1926

Gebhard, Torsten: Alte Bauernhäuser von den Halligen bis zu den Alpen. München 1977

Gerner, Manfred: Fachwerk – Entwicklung, Gefüge, Instandsetzung; Stuttgart 1979

Hansen, Hans Jürgen (Hrsg.): Holzbaukunst. Eine Geschichte der abendländischen Holzarchitektur und ihrer Konstruktionselemente. Hamburg 1969

Phleps, Hermann: Holzbaukunst. Der Blockbau. Karlsruhe 1942

Sage, Walter: Deutsche Fachwerkbauten (Neuausgabe des Blauen Buches von Hermann Phleps). Königstein i. T. 1976

Sage, Walter: Fachwerk, Fachwerkbau. In: Reallexikon z. dt. Kunstgesch. 6, 1972, 938–992

Schäfer, Carl: Die Holzarchitektur Deutschlands vom 14. bis 18. Jahrhundert, 1883–88; neu herausgegeben Hannover 1981

Schäfer, Carl: Deutsche Holzbaukunst. Dresden 1937, hrsg. von P. Kanold

Schäfer, Dietrich (Einleitung) und andere Autoren: Das Bauernhaus im Deutschen Reiche und in seinen Grenzgebieten. Textband und Atlas. Dresden 1906. Unveränderter Nachdruck Hannover o. J.

Tiede, Klaus: Deutsche Bauernhäuser. Königstein i. T. – Leipzig 1941 = Die Blauen Bücher

Vogts, Hans: Dach. In: Reallexikon z. dt. Kunstgesch. 3, Stuttgart 1954, 932–944 mit Lit.

Werner, Paul: Der Bergbauernhof, München 1979

Zippelius, Adelhart: Handbuch der europäischen Freilichtmuseen. Bonn 1974

Ursprünge/Früh- und hochmittelalterlicher Fachwerkbau

Hinz, Hermann: Zur Vorgeschichte der niederdeutschen Halle. In: Zeitschr. f. Volksk. 60, 1964, 1–22

Hinz, Hermann: Über eisenzeitliche Hallen auf der cimbrischen Halbinsel. In: Bericht über die Arbeitstagung des Arbeitskreises für deutsche Hausforschung in Schleswig 1955

Phleps, Hermann: Die norwegischen Stabkirchen. Karlsruhe 1958

Radig, Werner: Frühformen der Hausentwicklung in Deutschland. Berlin 1958

Sage Walter: Frühmittelalterlicher Holzbau. In: Karl der Große 3, Karolingische Kunst, Düsseldorf 1965, 573–590

Soeder, Hans: Urformen der abendländischen Baukunst, Köln 1964

Trier, Bendix: Das Haus in vorgeschichtlicher und volkskundlicher Forschung. In: Bericht über die Tagung des Arbeitskreises für deutsche Hausforschung in Husum 1970

Zippelius, Adelhart: Vormittelalterliche Zimmertechnik in Mitteleuropa. In: Rhein. Jb. f. Volkskunde 5, 1954, 7–52

Zippelius, Adelhart: Stand und Probleme der urgeschichtlichen Hausforschung in Mitteleuropa (Zusammenfassung). In: Niederschrift über die Tagung des Arbeitskreises für deutsche Hausforschung in Büdingen 1950

Der oberdeutsch-alemannische Fachwerkbau

Eitzen, Gerhard: Zur Geschichte des südwestdeutschen Hausbaues im 15. und 16. Jh. In: Zeitschr. f. Volksk. 59, 1963

Götzger, Heinrich u. *Prechter, Helmut:* Das Bauernhaus in Bayerisch-Schwaben, München 1960

Gruber, Otto: Bauernhäuser am Bodensee, Konstanz u. Lindau 1961, hrsg. von Karl Gruber

Gschwend, Max: Schweizer Bauernhäuser, Bern 1971

Heinitz, Oskar: Das Bürgerhaus zwischen Schwarzwald und Schwäbischer Alb (Das deutsche Bürgerhaus XII), Tübingen 1970

Helm, Rudolf: Das Bauernhaus im Gebiet der freien Reichsstadt Nürnberg. Berlin 1940

Kolesch, Hermann: Das altoberschwäbische Bauernhaus. Tübingen 1967

Kretzschmar, Frank u. *Wirtler, Ulrike:* Das Bürgerhaus in Konstanz, Meersburg und Überlingen (Das deutsche Bürgerhaus XXV), Tübingen 1977

Mayer, Eugen: Das Bürgerhaus zwischen Ostalb und oberer Tauber, Tübingen 1978 (Das deutsche Bürgerhaus XXVI)

Mehl, Heinrich: Die Bauernhäuser in Rhön und Grabfeld, Fulda 1977

Phleps, Hermann: Alemannische Holzbaukunst, Wiesbaden 1967, hrsg. von E. Mix. (Zitiert: Phleps)

Schahl, Adolf: Fragen der Fachwerkforschung in Südwestdeutschland. In: Zeitschr. f. württemberg. Landesgesch. 26, 1967
Schilli, Hermann: Das Schwarzwaldhaus, Stuttgart 1964
Wieser, Erich, Becker, Bernd: Die Entwicklung des spätmittelalterlichen Säulenbaus in Bad Windsheim und Uffenheim. In: Jahrbuch der bayerischen Denkmalpflege, Band 29

Der mitteldeutsch-fränkische Fachwerkbau

Becher, Bernd u. Hilla: Fachwerkhäuser des Siegener Industriegebietes (Bildband). München 1977
Bedal, Karl: Haus und Hof in Fichtelgebirge und Frankenwald, Hof 1975
Bedal, Karl: Das Bauernhaus im nordöstlichen Franken. In: Bericht über die Tagung des Arbeitskreises für deutsche Hausforschung in Bayreuth 1968
Bedal, Konrad: Fachwerk in Franken, Hof (Saale) 1980
Bickell, Ludwig: Hessische Holzbauten. Marburg 1906
Ehemann, Kurt: Das Bauernhaus in der Wetterau und im SW-Vogelsberg. Remagen 1953 = Forschungen zur Deutschen Landeskunde Bd. 61
Eitzen, Gerhard: Rheinische Hausformen südlich der Hallenhausgrenze. In: Bericht über die Tagung des Arbeitskreises für deutsche Hausforschung in Aachen 1961
Eitzen, Gerhard: Rheinisches Fachwerk im 15. und 16. Jh. In: Rhein. Heimatpflege N. F. 6, 1969
Erffa von, Wolfram: Das Bürgerhaus im westlichen Oberfranken (Das deutsche Bürgerhaus XXVII), Tübingen 1977
Förderkreis Alte Kirchen e. V., Marburg (Hrsg.), unter Mitarbeit verschiedener Autoren: Fachwerkkirchen in Hessen. Königstein im Taunus 1976
Gerner, Manfred: Fachwerk in Frankfurt am Main, Frankfurt am Main 1979
Großmann, G. Ulrich: Limburg – Quedlinburg – Marburg – Alsfeld – Fachwerkbau vor 1400. In: Hessische Heimat, Heft 4, 1979
Hanftmann, B.: Hessische Holzbauten. Marburg 1907
Helm, Rudolf: Das Bürgerhaus in Nordhessen (Das deutsche Bürgerhaus IX), Tübingen 1967
Hauke, Karl: Das Bürgerhaus in Ost- und Westpreußen (Das deutsche Bürgerhaus VIII), Tübingen 1967
Höhn, Alfred: Fachwerkbauten in Franken, Würzburg 1980
Huxhold, Erwin: Das Bürgerhaus zwischen Schwarzwald und Odenwald, Tübingen 1980 (Das deutsche Bürgerhaus XXIX)
Klöckner, Karl: Der Fachwerkbau in Hessen, München 1980
Loewe, Ludwig: Schlesische Holzbauten. Düsseldorf 1969
Meyer-Barkhausen, Werner: Das Rathaus zu Alsfeld und die Wende im hess. Fachwerkbau des 16. Jh. In: Zeitschr. d. Ver. f. hess. Gesch. u. Landesk. 69, 1958
Nachtigall, Helmut: Alte Bauernhäuser in Mittelhessen, Gießen 1979
Nebel, H.: Fachwerkbauten im Ortsbild am Mittelrhein, Koblenz 1976
Ossenberg, Horst: Das Bürgerhaus im Bergischen Land (Das deutsche Bürgerhaus IV), Tübingen 1963
Ossenberg, Horst: Das Bürgerhaus in Oberschwaben, Tübingen 1979 (Das deutsche Bürgerhaus XXVIII)
Sage, Walter: Das Bürgerhaus in Frankfurt am Main bis zum Ende des Dreißigjährigen Krieges (Das deutsche Bürgerhaus II), Tübingen 1959
Schier, Bruno: Hauslandschaften und Kulturbewegungen im östlichen Mitteleuropa. 2. Aufl., Göttingen 1966
Schirmacher, Ernst: Die Altstadt und ihre Sanierung. In: Hessische Heimat, Sonderheft Limburg, 1/2 1979
Schmolitzky, Oskar: Das Bauernhaus in Thüringen. Berlin 1968 = Veröffentl. d. Inst. f. dt. Volksk. 47
Schwemmer, Wilhelm: Das Bürgerhaus in Nürnberg (Das deutsche Bürgerhaus XVI), Tübingen 1972
Stein, Rudolf: Das Bürgerhaus in Schlesien (Das deutsche Bürgerhaus VII), Tübingen 1966
Stephan, Ernst: Das Bürgerhaus in Mainz (Das deutsche Bürgerhaus XVII), Tübingen 1974
Vogts, Hans: Die Fachwerkbauten im Moseltal. In: Die Mittelmosel; Rhein. Ver. f. Denkmalpflege u. Heimatschutz 1957
Walbe, Heinrich: Das hessisch-fränkische Fachwerk, Gießen 1954², unveränderte Neuauflage 1979 (Zitiert: Walbe)
Winter, Heinrich: Das Bauernhaus des südlichen Odenwaldes vor dem 30jährigen Krieg. Essen o. J. (1957)
Winter, Heinrich: Mittelalterliche Bürgerhäuser in Hessen nördlich des Mains. In: Hess. Blätter f. Volkskunde 51/52, 1960
Winter, Heinrich: Das Bürgerhaus zwischen Rhein, Main und Neckar (Das deutsche Bürgerhaus III), Tübingen 1961 (Zitiert: Winter, Rhein, Main, Neckar)
Winter, Heinrich: Das Bürgerhaus in Oberhessen (Das deutsche Bürgerhaus VI), Tübingen 1965. (Zitiert: Winter, Oberhessen)

Der niederdeutsche Fachwerkbau

Busch, Ralf: Die Fachwerkbauten der Celler Altstadt. Celle 1965
Eitzen, Gerhard: Zur Geschichte des Bauernhauses im nördlichen Harzvorland. In: Bericht über die Tagung des Arbeitskreises für deutsche Hausforschung in Braunschweig 1965
Fricke, Rudolf: Das Bürgerhaus in Braunschweig (Das deutsche Bürgerhaus XX), Tübingen 1974. (Zitiert: Fricke, Braunschweig)
Gaul, Otto: Herforder Fachwerkbauten. In: Herforder Jb. 7, 1966
Gaul, Otto: Fächerrosette. In: Reallexikon z. dt. Kunstgesch. 6, 1972, 933–937
Griep, Hans-Günther: Das Bürgerhaus in Goslar (Das deutsche Bürgerhaus I), Tübingen 1959. (Zitiert: Griep, Goslar)
Griep, Hans-Günther: Das Bürgerhaus der Oberharzer Bergstädte (Das deutsche Bürgerhaus XIX), Tübingen 1975
Hansen, Wilhelm: Fachwerkbau im Oberweserraum. In: Kunst u. Kultur im Weserraum 800–1600. Katalog Corvey 1966, 1
Hansen, Wilhelm: Fachwerk der Weserrenaissance. In: Ostwestfälisch-weserländische Forschungen z. gesch. Landesk. 19, 1970
Hansen, Wilhelm, Kreft, Herbert: Fachwerk im Weserraum, Hameln 1980
Kaspar, Fred: Fachwerkbauten in Westfalen vor 1600, Münster 1978
Langematz, Rolf: Fachwerk in Wernigerode. Weimar 1961
Müther, Hans: Niedersächsische Fachwerk-Bürgerbauten am Nordharz. Dresden 1955
Poppe, Roswitha: Das Osnabrücker Bürgerhaus. Oldenburg 1944
Poppe, Roswitha: Alt-Osnabrück – seine Bürgerbauten und Straßenzüge. Osnabrück 1966
Reuther, Hans: Fachwerkhäuser der Renaissance an der Werra. In: Niederdt. Beitr. z. Kunstgesch. 11
Reuther, Hans: Das Fachwerkhaus in Hannoversch-Münden. In: Dt. Kunst u. Denkmalpflege 1964
Schepers, Josef: Haus und Hof westfälischer Bauern. 4. Auflage des Werkes »Haus und Hof deutscher Bauern«, 2. Band: Westfalen-Lippe. Münster 1977. (Zitiert: Schepers)
Schepers, Josef: Westfalen in der Geschichte des nordwestdeutschen Bürger- und Bauernhauses. In: Der Raum Westfalen 4, 2, Münster 1965
Stein, Rudolf: Das Bürgerhaus in Bremen (Das deutsche Bürgerhaus XIII), Tübingen 1970
Stender, Friedrich: Das Bürgerhaus in Schleswig-Holstein (Das deutsche Bürgerhaus XIV), Tübingen 1971
Theopold, Hans-Bernhard: Der Quedlinburger Fachwerkbau. Quedlinburg 1957 = Museumsbücherei Quedlinburg 3
Weidhaas Hermann: Fachwerkbauten in Nordhausen. Berlin 1955
Wolf, Gustav u. Herpin, Joachim: Schleswig-Holstein. Berlin 1940 = Haus und Hof deutscher Bauern 1

Register

Die geraden Ziffern verweisen auf die Seitenzahlen, die kursiven auf die Abbildungsnummern.

Bildnachweis

Das Umschlagbild und die Fotos des Bildteils stammen vom Verfasser. Sie wurden ergänzt durch folgende Abbildungen:

Aufsberg, Lala, Sonthofen 201
Baur-Callwey, Helmuth, München 271, 272
Franz, S., Kehl 212
Krupp, Hermann, Hofheim 63–65
Krupp, Ingrid, Weinbach 66, 99, 101, 103, 106, 109, 113, 115–117, 125, 134, 158, 189, 195, 196, 235, 261, 276–279, 281, 320–345
Manthey, Hans-Joachim, Riederich 283–319
Metz, Tübingen 132
Orlishausen, Karl Heinz, Lichtenfels 169
Pfistermeister, U., Fürnried 156
Schmidt-Glassner, Helga, Stuttgart 67, 230
und mit freundlicher Genehmigung durch den Verlag te Neues, Kempten 227
Weitere Abbildungen wurden aus Büchern entnommen:
Torsten Gebhard, Alte Bauernhäuser 62
Aus der Reihe DAS DEUTSCHE BÜRGERHAUS, Verlag E. Wasmuth, Tübingen:
Hans-Günther Griep, Goslar 56, 60a
Hans-Günther Griep, Oberharzer Bergstädte 24
Heinrich Winter, Oberhessen 17, 17a, 19, 20, 21, 26, 28, 43, 44, 45
Heinrich Winter, Zwischen Rhein, Main und Neckar 39
Rudolf Fricke, Braunschweig 11, 12, 16, 25, 54, 57, 58, 60
Rudolf Helm, Nordhessen 18
Horst Ossenberg, Bergisches Land 61
Erffa von, Wolfram, Westliches Oberfranken 34a
Josef Schepers, Haus und Hof westfälischer Bauern 8, 47, 48, 52, 53, 55
Hermann Phleps, Alemannische Holzbaukunst 29, 30, 32
Heinrich Walbe, Das hessisch-fränkische Fachwerk 14, 27, 35
Otto Gruber, Vom rechten Bauen 31
Otto Gruber, Bauernhäuser am Bodensee 33
Hans Soeder, Urformen der abendländischen Baukunst in Italien und im Alpenraum 4, 10
Karl Bedal, Haus und Hof in Fichtelgebirge und Frankenwald 40
Albrecht und Konrad Bedal, Dachstühle im Hofer Land vor 1650 in Beiträge zur Hausforschung, Band 1 22, 23
Max Gschwend, Schweizer Bauernhäuser 5
Walter Sage, Deutsche Fachwerkbauten 34
Ludwig Loewe, Schlesische Holzbauten 41
Geschichts- und Museumsverein Alsfeld e.V. (Hrsg.), Alsfeld – Europäische Modellstadt 46
Bendix Trier, Das Haus in vorgeschichtlicher und volkskundlicher Forschung, in Bericht über die Tagung des Arbeitskreises für deutsche Hausforschung in Husum 1970 6, 9
Führer durch das Freilichtmuseum Lyngby 1, 50
Führer durch das Museumsdorf Cloppenburg 51
Bauernhaus-Atlas 42, 49, 60c
Holzbaukunst (1668), Nachdruck Hannover 1977 38
Vom Verfasser 7, 13 (nach Phleps), 15, 36, 37, 60b